科学是什么

【法】亨利·庞加莱◎著 宋秋池◎译

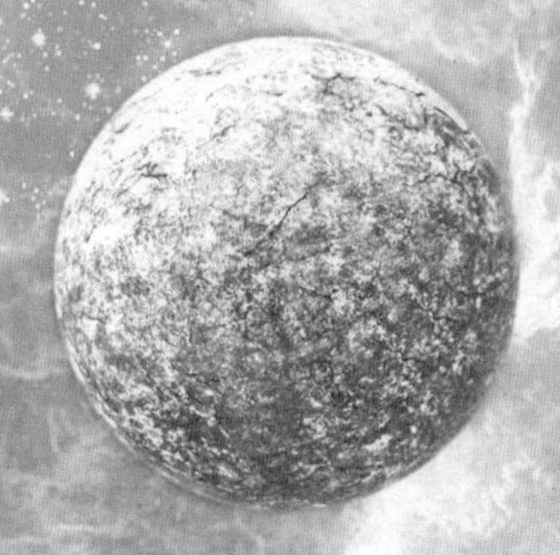

长江出版传媒
湖北科学技术出版社

图书在版编目(CIP)数据

科学是什么 / (法) 亨利・庞加莱著 ; 宋秋池译.
—— 武汉 : 湖北科学技术出版社, 2017.1
ISBN 978-7-5352-9228-5

Ⅰ. ①科… Ⅱ. ①亨… ②宋… Ⅲ. ①科学 Ⅳ. ①G301

中国版本图书馆 CIP 数据核字(2016)第 277059 号

策　　划:李艺琳　　　责任校对:王　迪　李　洋
责任编辑:张波军　李大林　　　封面设计:胡开福　王　梅

出版发行:湖北科学技术出版社　　　电话:027-87679468
地　　址:武汉市雄楚大街 268 号　　　邮编:430070
(湖北出版文化城 B 座 13-14 层)
网　　址:http://www.hbstp.com.cn

印　　刷:三河市华晨印务有限公司

710×1000　1/16　　　28.5 印张　289 千字
2017 年 1 月第 1 版　　　2024 年 10 月第 2 次印刷
定价:49.80 元

目　录

科学与猜想

科学的价值

科学与方法

科学与猜想

简　介

对于一般的学者来说，科学研究是不能被质疑的，科学逻辑也是不能被推翻的，就算有些科学研究被证实是错的，那也是因为未遵照科学的基本法则进行罢了。

数学起源于由已知的公理通过一系列完美的证明推理，得出很多的推论。很多时候都是数学给我们很多相关的认知，也用数学的思维方式给我们展现了一个自然界。所以说，数学也规范了造物主的框架，给了它一定规律下的选择权。我们通过实验来了解它的选择。我们的每一项实验都涉及一系列的数学推理并得出很多结论，因此，我们也就一点一滴地积累了我们对宇宙的认知。

学者们获得的第一手有关科学及物理定律的材料成了世界上很多人了解宇宙知识的来源。他们认为，这些就是实验和数学所涉及的。100 年前，很多学者用相同的理论，靠实验尽可能地解释我们这个世界。

随着对这些科学的了解，人们也认识到了假想在科学中的地位，数学研究者如果没有假想，研究也就无法进行，更别说实验了。但人们同时也怀疑这种解释是否可靠，或者会不会出现一个新的结论就推翻了以往所有的理论体系构建。这种怀疑显然是很浅显的。另外，认为一切都正确，或者一切都错误是完全相同的两件事，我们因此不用再继续思考。

所以，我们不能一概了之，应当仔细想想猜想的作用。我们不仅要认可它的必要性，还要认可它的道理。并且，猜想还不止一种。能够用实验证实的就成了真理,对以后的研究起着很大的用处;不能指导我们研究的,也可以用来纠正我们的想法。最终它们就成了我们看似表面上的猜想,即使是错的,也是我们对某些事情的认知。

数学及其他科学都有这方面的见证。这些认知为我们的科学研究注入新鲜的动力,而这些我们已经认知的东西,不管能否证实,都是我们自由思考的产物,一般都是没有任何思想障碍的。我们变得很坚定,因为我们有了自己的判断。但同时我们也明白,尽管这些认识是我们人为地强加于科学的判断,但没有这些,我们的科学就会毫无进展,然而这些并不是强加于自然的。难道这些就是我们杜撰的?不是,只是它们现阶段没什么用处。我们的思想因为实验而解放,我们对实验结果作出选择,找到最简单的方法。我们的判断思维就像一个独裁但明智的王子,管制着他的国家委员会。

一些人在对科学的基本定律研究的自由思潮中感到迷茫,他们希望能在实验方法之上概括一切。但与此同时他们忽略了自由不是通行证,于是就成了命名主义者,而且怀疑过自己那些学者是不是自欺欺人,或者他们探索的这个世界是不是按他们自己的感觉来解释的。这样的话,科学尽管没有了争论,但变得一文不值。

科学因此没有任何价值。而我们每天都在眼皮底下见证其发展。我们并不关注这些是不是告诉我们事实。因为在那些自我主义者中,一切事物都不可能是自己本身,都是事物之间的关系,在这些关系之外,我们什么都不知道。

这就是我们想要的结论,但我们也要回顾一下算术、几何、力学,还有实验物理学等分支科学。

数学逻辑的价值是什么?就是我们所认为的推理。深度地剖析一下就是一种对过渡推理方法的把握,也就因为这些,数学逻辑就非常有意义。尽管这样,它的特点照样体现得不死板。我们应该首先给大家说明一下。

由于我们现在对数学的思想方法有了更深的认识，就应该研究另一个基本问题，那就是数量级的问题。我们在自然界发现过吗？或者我们听说过吗？如果是上述的第二种情况，我们是不是要和一切都沾上边？比较一下那些我们凭感觉得来的粗略数据和数学里面的数量级，一个极其复杂又微妙的概念，我们就能得出它们两者的不同点。这个体系其实是我们人为的，因为我们想用我们的道理来解释一切，但我们不是想当然地列出一个框架。我们根据观测结果将事实按符合的条件，不改变里面的核心内容，整理出一个体系。

另外，空间这个概念也是我们人为赋予的，也是几何的第一法则。这是不是我们给它强加的一个概念？罗巴切夫斯基已经证实不是这样，并因此创造出非欧几里得几何学。那我们能否感知空间？仍然不行！因为我们感觉到的空间跟几何给我们展现的完全不一样。那难道几何来源于我们的经验？更深层次的交流告诉我们，不是这样的。据此，我们推断出几何的第一法则只是我们传统的认知，但这些已知的不是想当然的。假设是另一个世界（就是非欧几里得几何的世界，尝试现象），我们就应该选用别的定律。

同样，在力学中，我们也要有相似的想法，也应当看到它的基本法则，尽管现在我们更多基于实验，但也是几何让我们了解到的一般特性。命名主义者在此就为自己欢呼，但我们现在来到物理科学的领域，正确的就应当这样叫。这里情况发生了变化，我们遇见另一种猜想，并看见猜想发展成熟。我们毫不犹豫地觉得这种理论看起来似乎很难有说服力，而且科学史对我们来说虽然短暂，但并没有全部消亡，每一个科学领域都有一些保留下来，也是我们给它们划出分支，这也就是我们的研究史。

物理科学的研究方法就在于引导我们从屡次出现的现象中找出结

论。如果我们能马上重现当时发生的情况，我们毫无疑问可以将这种方法应用在实际中，但这只是理想主义化的，因为在真实情况中，总有一些情况无法复原，而我们无法确认这是否重要，很显然我们没这个能力，也许我们有一天可以实现这一理想，但不能自信地确定可以。因此，我们在物理科学研究里面就考虑概率这个理论。我们计算概率不仅仅是为了重现当时的情况，或者像玩巴卡拉牌一样，而是我们在基础知识上要往深层次思考。即使如此，我们也只能得出不完整的结论，这种天生但不确定性的感觉既让我们发现了情况发生的概率，也让我们否认了逻辑分析。

了解物理学家的研究范围后，我觉得可以说服他在研究中展现自己的能力。因此，我举出了光学还有电学史上的一些事例，然后又见证了菲涅尔还有麦克斯韦和安培及其他的研究电动力的学者如何研究那些无意间的猜想。

第一部分 数字与数量级

第一章 数学逻辑的本质

从已知到未知的推理

在数学这门科学里，多数情况看起来是有些冲突甚至无解的。如果科学只能是从我们看到的现象来进行推断，那之后有些结论我们是不是根本不会去怀疑？相反，如果所有的道理都是根据逻辑推出来的，数学的所有理论在很大程度上是不是就是一个概念，只是表达的方式不同而已。推论不是引导我们发现新的理论，而是说所有理论都是从一个事物衍生而来，从某种意义上说，万物是完全一样的。我们是不是可以说所有的这些理论都仅仅是为了说明 A 是 A?

我们回到大家都接受的公理上，也就是推论的源头。如果假设这已经是一切的最开始，不能再往前推了，到了不能说是对是错的地步了，或者说数学逻辑已经在实验中失去它的用处时，我们仍然将这些列为我们自己认为是最初的公理中。因此，这并不能叫解决问题。另外，就算我们对自己的推理方法的本质都了解，还是不能说所有的问题都可以解决，只是在我们进展时，向后退了一步。逻辑推理一般都不能强加于这些事物任何东西。这些通常被称作公理，作为既定的结论。

如果没有新的公理参与我们的研究，我们也不可能再得出什么新理论。推理分析依赖我们的感觉，将我们带入结论。因此，我们没有理由问所有的逻辑推理是不是仅仅就是为了掩饰我们内心深处的想当然。

如果我们接触数学，不合理的解释会让我们更加吃惊。作者几乎每一页都在将我们已知的事物总结归类。数学的规律方法难道就是从特殊到一般吗？如果这样，怎么能叫用有限的信息推出尽可能多的结论？

我们要是觉得数字科学最终就是一门纯分析的学科，或者是从一点点我们形成的观点中推理分析并且发展而来，那么是不是可以说一个足够聪明的人只要稍微接触一点，就可以完全明白数学。我们还指望有一天能发明一种语言来表述这些，并且让一般人看着更简洁明了。

我们要是不承认这些结果，那最后我们只能认为是数学逻辑本身有创造的特质，与推理有着结果上的不同。甚至，区别会很大程度地不一样。举个例子，我们不应该在探究未知时频繁使用已知推理法。同样的方法用于两个相同的数字，结果也当然完全一样。

这些证明方法都有分析法的成分，无论是不是所谓的已知到未知的推理法，都没有什么用。

验证过程和证明

布莱尼茨曾经尝试证明 2+2=4，以下是他的证明方法。

假设 1 已经定义，$x+1$ 是由给出的 x 组成的一个整体。

无论这些定义是什么，都不能算作论证的范畴。

然后，我们用以下等式来定义数字 2,3,4：

(1)1+1=2　　　　(2)2+1=3　　　　(3)3+1=4

同理，我们这样定义 $x+2$：

(4)$x+2=(x+1)+1$

因此，我们假设

2＋1＋1＝3＋1

3＋1＝4

2＋2＝(2＋1)＋1

然后

2＋2＝4

毋庸置疑的是这些推理纯粹是分析。但我们要是跟任何一个数学家说，这根本就不是所谓的演示证明，那么他会说，这是验证。我们事实上已经陷入比较两个完全已知的概念，并确认它们存在的误区。我们其实根本没有探索到新事物。证明和验证细节上是不同的，一个是纯分析的，没什么作用的。验证没作用是因为得出的只是我们论点的开始，只是转换成了另一种语言。相反，真正的证明是有用的，证明出来的结论比论点更具有一般性。

因此，就算等式 2＋2＝4 有某种验证的成分，也是个特例。数学里每一个特殊事例要是都可以这么验证，我们就不能称之为科学。比如，一个棋手在策划下棋时，就不能算作科学，因为科学离不开一般性。我们甚至还可以说具体科学的研究对象，给了我们检验的机会。

算术的基本要素

我们来看看几何是如何形成的，再来了解其形成过程。

这也并不容易，因为我们就这样展开工作分析里面的内容是远远不够的。

首先，我们要撇开几何学，因为里面的问题执着于追求教学，还有自然界和宇宙的模型，从而显得过分复杂。我们总不能因为这些差不多相同的原因总是有做不完的分析吧！所以，我们得把目光转向纯数学的思想，那就是算术。

我们仍然有必要作出选择，因为在高深的数学理论中，最原始的数学思想都已经发展成型，变得很深奥，我们也很难入手。

所以，我们一开始在算术领域，就指望找到答案，但这只能在最基础的理论中，而且这方面是作者最不感冒的，解释得也是最不准确的。但我们不能断定这是完全不对的。因为，这都是必需的，只是数学的初学者并没有感受到对数学内容的热情所在，他们认为这些没什么用处，觉得只是一些很麻烦的细节。在条件不成熟的情况下把这些细节发展成更细微的东西，只能是浪费时间。所以说这些基础理论要在前辈建立的基础上慢慢发展，中途不能有跳跃。

为什么对数学的热情要有很长的一段时间来感受，之后自然而然地将大脑锻炼成为最有智慧的。这问题在逻辑还有心理学领域值得研究。

但我们不能因此展开研究工作，这与我们最初的目的不符。我非常肯定地期望，重新看待那些最基本理论的价值，不应该只看到它们最初的模样，那样只会让初学者困惑，应该修改成让有经验的几何学者满意的形式。

加法的定义：假设我定义式子 $x+1$，由数字 1 和 x 组成。

不管是什么，这与我们之后的证明无关。

现在，我们来定义式子 $x+a$，由数字 a 和 x 组成

假设我们定义了 $x+(a-1)$

同理，式子 $x+a=[x+(a-1)]+1$

之后，我们知道了 $x+(a-1)$ 是多少，我们就可以知道 $x+a$，就和我之前假设的开始已知 $x+1$，就相继推出 $x+2$，$x+3$……

这定义应该要关注一下，这属于与纯逻辑区别开的一个特例。等式 $x+a=[x+(a-1)]+1$ 有无数种定义，每种只有在知道前一种后才有意义。

加法的特征：

(1)结合律

比如$a+(b+c)=(a+b)+c$

如果假设，当$c=1$时，这才能成立，那就是

$a+(b+1)=(a+b)+1$

但除了形式不同，其实和$x+a=[x+(a-1)]+1$是一样的，我用这个定义加法。

假设$c=y$时成立，那么，$c=y+1$也成立。

其实，假设

$(a+b)+y=a+(b+y)$

之后就是

$[(a+b)+y]+1=[a+(b+y)]+1$

或者

$(a+b)+(y+1)=a+(b+y+1)=a+[b+(y+1)]$

经过一系列纯分析推出当$y=1$时，理论正确。

当$c=1$时正确，那么$c=2,3\cdots$时都正确。这其实都是重复论证。

(2)交换律

$a+1=1+a$

当$a=1$是，我们可以用纯分析法推出$a=y$时成立，那么$a=y+1$时也成立。

$(y+1)+1=(1+y)+1=1+(y+1)$

$a=1$时，成立，那么$a=2,3,4$时都成立。

如果$a+b=b+a$

$b=1$时成立，我们也可以先假设$b=b$时成立，那么$b=b+1$时也成立。

因此，这些例子都是重复论证出来的。

乘法的定义：

(1)$a\times1=a$

(2)$a\times b=a\times[a\times(b.1)]+a$

和(1)一样,(2)也有无数种定义,定义了 $a\times 1$,就可以定义 $a\times 2$,$a\times 3\cdots$

乘法的实质:

(1)分配律

$(a+b)\times c=ac+bc$

我们可以验证等式在 $c=1$ 时成立,那么在 $c=y$ 时也成立,$c=y+1$ 时也成立。

(2)交换律

$a\times 1=1\times a$

因为 $a=1$,这式子很明显成立。

我们可以检验当 $a=a$ 时成立,那么 $a=a+1$ 时也成立。

$ab=ba$

当 $b=1$ 时成立,我们可以验证当 $b=B$ 时成立,$b=B+b$ 时也成立。

重复推理验证

在此,我不再重复无味地证明了。但我要说这种证明虽然乏味,却是正规的步骤所需,每一步都会遇见。

事实上,这其实是重复验证,首先,我们假设 $n=1$,条件成立,$n=n-1$,条件也成立,那么 $n=n$ 时,条件也成立,这样所有数字都是适用的。

这都在加法还有乘法里面经常用到,来证明加法和乘法的定义,事实上也是代数法则。这种计算就是一种形式上的转换,比起推论,有着很多结合的方式,但也在分析范畴之内,我们也得不出什么新结论。如果数学没有了新东西,那其发展也就停滞了,但在相同的方法中寻找不同,虽然都是重复验证,这也是向前发展。

如果我们更加注意这些,我们就会看到每一步都是这种证明方法,不管我们用的是简单的方法，还是调整后的方法。

这样，我们就有了完整的数学逻辑。

由特殊到一般的论证

简单概括数学逻辑的本质就是用简单的公式重复证明，也是无数次从已知到未知的推理。

我如果列举出一个又一个这种方法，你认同我的表达方式的话，这些推理就像瀑布一样，一泻千里，一环扣一环，这种特点就更明显。

当然，这些都是建立在假想基础上的推理。

假设数字1使我们的自定义理论成立。

既然1成立，2也成立。

所以，数字2成立。

假设数字2成立。

既然2成立，3也成立。

所以，数字3成立。

假设数字3成立。

既然3成立，4也成立。

所以，数字4成立。

因此，每次推理的结论都是下一个推论的基础。

所有这些推论都可以简化成一个规律来表达，叫：

如果$n-1$成立，n也成立。

我们可以看到，这种重复论证使我们局限于推理出来的结论以及下一次同样推理的基础，总的规律就是为了得出特定的一个数字作为下一次推理的基础。

事实上，这种永不结束的推理可以简化成几行然后省略。

我之前也解释过，每一个这种类型的规律都可以用纯分析的办法来验证。

我们其实也有必要罗列出所有的数字，如果只证明到 6，我们罗列出 5 个就足够了，如果证明到 10，罗列出 9 个就足够了，数字越大，列举的就越多。但不管数字多大，我们都要列举到它完为止，才能说完成分析过程。

如果将所有的数字当作研究对象，我们这样肯定永远都证明不完。通常为了证明所有的数字，我们会罗列出所有的数字。所以，如果只是用逻辑方法我们得忽略这个无底洞，这会让那些分析家像陷入黑洞一样。

开始我就问过，为什么一个足够聪明的大脑无法仅仅瞥一眼就明白所有的数学知识。

答案也很简单，我举个例子，一个棋手可以提前了解 4 步棋，甚至 5 步，但不管他能力有多强，都只能在有限数字以内。如果这种方法他运用到算术上，光凭感觉无法掌握其中的规律，就算是最简单的规律，他都不可能不借助重复论证，而这也是我们从有限过渡到认知无限的重要一步。

这一步尤为重要，我们有机会验证之前渴望验证的步骤，虽然过程很枯燥，没有实用性，但我们分析总结性的理论时会认为验证是相当重要的一步，因为分析性的验证渐渐将我们引入结论，我们会感到以前从未离结果这么近。

但在算术中，我们又觉得自己对于无限的分析远远不够，不过我们也意识到数学中的无限概念其实很重要，如果没有这个概念，科学也不会存在，因为我们无法概括。

数学建模

对于重复论证的判断可以有很多形式。比如说，我们可能觉得在这些无限多的数集中，和其他的比起来，总是有个数是最小的。

我们与他人交流时，总能听到别人说重复论证的正确性。那些看起来无法证明的公理，实际上也是被证明出来的，不过是换了一种语言表达。因此，重复论证在矛盾理论中有着举足轻重的作用，这一点，我们无法否认。

我们也不能仅仅通过经验得出这些。经验只能告诉我们，1.10 或者 1.100 都是正确的，远远达不到无极限领域的研究要求，因此，经验只是一部分，多多少少会限制我们的研究。

矛盾原则的知识足够解决这些问题，因为我们总能列出推理——只要我们乐意这样。但在讨论无限的领域，经验也就失去它的指导作用。这个规律无法用于展示分析和经验，只是和我们第一感觉判断的标准很相似。另一方面，我们不能从中看到可循的办法，就和在几何里面一样。

为什么这种判断方式要强加于我们的大脑？因为我们的大脑自认为可以理解无法定义的、反复出现的现象。这也是我们的直觉，而经验让我们的大脑有机会来这样表现自己，所以，我们对此有了一定认知。

但也有人会说，第一手经验无法说明重复论证的正确性，所以这些经验也只是在实验中引导我们。因此，我们相继证明出数字 1，2，3 都能使理论成立，以此类推，似乎我们已经很清楚地得出规律。同理，我们通过观察得出的结论也是可以保证完全正确的，虽然涉及的数字很大，但只要是有限数字就可以。

然而，我们必须承认这与一般导论有着很大的相似度。不过，这也有决定性的不同点。导论在物理学里面有很多不确定的地方，因为它是基于我们对宇宙的总体规律的把握，独立于我们的意识客观存在。相反，通过重复论证，我们觉得数学导论是很有必要的，因为这是大脑对结论的意识上的肯定。

我之前提到过，数学家总是致力找出他们观察到的现象的一般规律，没有别的可以取代，就如下面的等式一样，我们稍后证明 $a+1=1+a$。

同理，$a+b=b+a$ 就是一个普遍现象。

数学跟其他科学一样，需要从特例总结出一般规律。

可以肯定的是，数学中的重复论证和物理中的引论根基不同，但它们都是同步发展，本质上都是差不多的，都是由特殊到一般。

然后，我们再来证明等式 $a+2=2+a$。

与成立的“定理”$a+1=1+a$(1)相转换，

得出 $a+2=a+1+1=1+a+1=1+1+a=2+a$(2)

等式(2)就是通过等式(1)用纯分析法推出的，但并不是特例，而是其他的东西。

我们不能因此简单地说这就是数学逻辑中的从特殊到一般。等式(2)里面的两个加数就比等式(1)里面的两个加数复杂得多，我们的分析只是把这些式子里的各个成分分开，弄清它们之间的关系。

因此，数学家不停地将这些结构加东西，使其越来越复杂，数学也就因此发展。然而，我们回到对这些成分以及整体的分析当中，在最基本的成分中分析它们之间的关系，并推断出整体是什么样的。

这虽然可以说是纯分析的，但不能说是从一般到特殊的过程，因为整体不能与那些单个成分一样，被当作特殊情况。

我们对这些式子是如何构建的非常重视，而且有人已经把它们看作具体科学里面的一个充分必要条件。

说是必要的，没问题，但未必是充分的。

因为，我们说一个式子有用处而且用起来很方便，首先就要涵盖里面所有要表达出的现象，成为我们研究时的助力器。

或者更准确地说，研究整体结构会比研究里面的组成个体更有用处。那会是什么用处？

比如，要证明一个多边形，可以分解成三角形，但不是基本的三角形。因为，不管是几边形，总是有符合的条件，而且可以用于任何一种多边形。

一般，这反而是最值得我们花费精力的方向，我们直接研究基本三角形之间的关系就行，而我们的理论水平足以解决问题。

因此，我们在一个形状与我们认知的相似时，才会产生兴趣，因为这成了我们研究对象的一种。例如，如果四边形由两个三角形合成，那就是属于多边形一类。

还有，我们在研究这些特征时，不能强加于上一个研究对象作基础。我们要从个体情况，总结出规律，这使我们的研究层次上升了至少一个台阶。

但我们通过分析步骤建立起来的理论不会把我们的思维层次降低，但只会停留在同一水平。

只有通过数学推导才能提升我们的思维层次，得出新结论。物理的推导尽管有着成熟的思维体系，但没有这种与之有些不同的数学推导，我们就无法根据这些结构总结出一般结论，科学就无法产生。

我们最后观察到，这种方法只有在一种公式无规则的重复进行时才有用。这也是为什么棋谱不能成为一门科学，因为一盘棋里不同的走法没有任何相似性。

第二章　数量级与实验

什么叫不可通约的数

如果我们要学习数学家通过连续性所理解的空间，就不要在几何学里找答案。几何学家一直或多或少模拟他们研究的空间，但他们都是借助工具来帮助自己理解。为了模拟空间，他们经常用到粉笔。因此，我们就不能偏离其重点，相反要关注粉笔本身的白色。

但是纯分析的学者对此根本无须担心，因为他们将数学这门科学变得不再那么陌生，他们可以回答我们提出的问题，“数学家们所研究的连续性到底是什么？”很多分析家都回答过，而且也通过自己的艺术作品展现了出来。比如，塔内里先生就在他的蒙里菲奥里得函数的介绍里面提到过。

我们先从衡量数的大小开始。在两个数值中间，会有很多其他种类的数和值来衔接，以此类推。因此，我们就有很多词汇来描述它们，除了分数、有理数，还有不可通约数，但这还是不够，所以后来又有了无理数、不可衡量的数。我们理解的这种连续性其实就是按大小顺序排列的一堆数。

虽然可以这么说，但每个数都是独立于其他数而存在的。这不是一个普通的概念，而是连续的数里有一种紧密的联系将它们组合在一起，作为整体，线不会在没有点的情况下存在，但点存在时可以没有线。在我们熟知的结论里，我们认为连续性就是一个很多种类的数合起来的整体，如果只有这些数，整体也不复存在。尽管如此，分析家们还是能够用他们自己的方法把连续性解释出来。但这足以告诉我们数学连续性都可以和物理还有形而上学的相比，但也有不同点。

但有人也说，也许那些自认为满足于现有的相关理论的数学家说的都是假话，因为他们必须要准确说出数的衔接是怎么来的，还有如何衔接以及为什么可以这样衔接。但那些都是错的，只有他们用于证明的那些东西，前面的或者后面的那些才是真正的特性。所以这应该单独成为一个定义。

这些理论如何划分跟我们没太大关系。另一方面，也没人会怀疑这些是怎么形成的，除非他忘记几何学，可能这个词的意思就是没有争议的。

然而，我们并不能说我们的理论已经很完整了。说了这么多题外话，等会儿我们会回归正题。

不可通约数是什么数——柏林学校的数学家们，尤其是克罗列克，都致力不借助其他工具让分数和无理数连续起来。因此，照这么说，这种数学上的连续性纯粹就是脑子里思考出来的，没有什么实际经验可言。

有理数对他们来说似乎没什么大问题，他们主要都重视一些不可通约数。在我提到他们的理论之前，我要预先声明，很多读者反而会因此对常规的几何学又开始迷茫。

数学并不是用来研究物体，而只是研究物体之间的关系。只要它们的关系不变，物体怎么改变对数字不会有太大影响。数学家们对物体没多大兴趣，但他们却独独对物体形式非常着迷。

如果不说这些，迪德金提出的不可通约数，就是一个符号而已，与我们认知的数的概念就完全不同，不再是我们说的可以衡量并且看得见的那种。

以下就是迪德金的概念：

不可通约数可以用无数种方法来划分为两个级别，并且一个级别的任何一个数比另一个都要大。

所以，就有可能有一个数在第一级里面比其他的都小。比如，第一级的数都大于等于 2，那第二级别的所有数都小于 2，因此 2 就成了第一级数里面的最小数。因此，我们以数字 2 作为分界点。

但不排除有相反的情况发生，有一个数在第二级别里比其他的数都要大。我们再次用 2 来做例子。第一级别的数都小于 2，第二级别的都大于等于 2。2 再次成为分界线。

在他看来，不可通约数就是

$$\sqrt{2}\text{或者}(2)^{\frac{1}{2}}$$

其实也就是区分不可通约数的方式而已。因此，每次区分都要分出一个数，不管是不是不可通约数，这就成了那个符号。

但是，如果就此不前的话，我们便只知道这些符号，忘记它们是如何来的，无法用这些符号来进行我们的研究。此外，在分数里面，不会出现任何问题。如果先前都不知道无极限大小的连续性的存在，我们还需要研究数字吗？

物理世界的连续性

数学的连续性不是仅仅从经验中得来。就算是，那也是我们从中获得的原始“数据”，即我们的第一感觉，而且这都会因误差受影响。但我们会信以为真，因为之后我们都在不停尝试测量这些“数据”，甚至我们因此得出规律，费希纳定律认为，直觉和我们神经刺激的多少是有比例加减的。

然而，如果我们对该定律进行更深层次的探究，为了检验它，我们进行的试验，会将我们引向相反的结论。假设，我们观察一个物体，A 重 10g，B 重 11g，但给我们的感觉是一样的，而 B 和 12g 重的 C 给我们的感觉也是一样的，但是，A 和 C 给我们的感觉明显可以分辨。实验的初始结果可以这样表达：

$A=B, B=C, A<C$

这可以说成是物理世界的连续性。

但与数学的矛盾原则完全不符，为了解决这一问题，就产生了数学的连续性。

这不得不让我们觉得这理论完全是编造出来的，换句话说就是经验给了它用武之地。

我们难以相信，两个数都等于第三个数，它们互相就不相等了。我们因此假设 A 与 B 不同，且 B 与 C 不同，我们因感觉上认知的缺陷，无法继续辨别。

数学的连续性建模

第一步，在我们考虑事实情况后，我们在 A 和 B 之间添加一些名词术语，然后其间关系也变得非常微妙。我们要是借助外来工具，比如显微镜，来弥补我们本身认知的缺陷，情况会怎样？我们用 D 来填补这个空白，以此划分，而且从 A 和 B 都无法区分出 D 来。但是，尽管我们用了最理想的办法，实验得出的原始结果总是有着物理的连续性的特征，而且有无法避免的矛盾冲突。

为了能够避免这些冲突，我们在两个已知的概念中加一个新的概念，还要继续这样。如果我们能有办法使物理空间的连续性分解成具体的物质，就不再需要那些实验了，如同望远镜能让银河消失。但对此，我们无法想象。其实，我们都是通过眼睛在镜片里进行放大，因此，我们看到的图像应该要保持原来的特点，不能失去物理空间的连续性。

实际上，我们观测到的长度与其一半的长度，是在显微镜下放大一倍之后的样子。这两种长度，我们难以区分。整体和部分成了本质相同的东西，这又是新的矛盾的开始。或者，在物体性质可以全部认识的时候是这样。我们很明白组成部分的性质没有整体那么多时，不能与其等同。

然而，当性质不能全部被认知出来时，就没有这个矛盾了。比如，实数集和偶数集（实数集的一部分）。其实，在数集中，每一个数都和一个偶数有关系，都是它的两倍。

但这又不只是为了避免那个冲突，里面都是实验的结果，我们却被引入一个连续性的概念，又是一些杂乱无章的概念组成。

实际上，这都是由一列数字组成。我们有条件可以把一个单体列入一个整体。我们的实践经验就帮了我们很大的忙，也让我们了解它们的规律。但这时我们的能力已经摆脱限制，我们可以认知更多，像以前我们只能认知有限数衡量的物体数量。

自从我们在两个连续的对象里面，加入新的元素后，我们觉得这种方法在哪里都适用，所以，我们就一直在用这种方法。

我觉得第一法则在数学连续性里，里面每一个数都是基于相同的法则，都在不可通约数之内。如果我们根据不可通约数的形成来新加一些概念进去，那就是第二法则。

之前我们都是在第一法则里面探索，我们解释了第一法则的由来，但我们也要看到为什么第一法则不足以表达，为什么需要不可通约数。

比如，我们要假设一条直线，就要具备物理世界的连续性的特点，换句话说，就是我们没有赋予其宽这个概念，就无法模拟。之后，两条线就跟两条带子一样出现在我们眼前。我们满足这种现状的话，就会看到它们相交时有一个明显的交面。

但纯几何在这方面做得更好。虽然没有完全抛弃直觉的指示，它也做到了直线没有宽度，点没有占用其他维度空间。为了这样，直线的宽度就要尽量小，小的我们无法感知，点小到不再占用其他维度的空间。

不过，两条线还是会有宽度，相交的面，无论是有多小，都是一个共面，直到纯几何学里叫的点，就是无限小。

这也就是为什么说两条线相交有一个交点，这其实也符合我们的直觉。

但是，如果两条线在第一法则的世界连续性里，即线的坐标要可以用有理数表示出来，就会觉得行不通。譬如，只要你明白线和圆的存在，就知道为什么了。

我们非常清楚，如果坐标轴上的点只能用有理数表示，才是真正的数，圆就成了方形，方形就不能形成角，没有角度，因为这些点坐标是不可通约数。

但是就这些还是不够，因为我们这样只能得出一部分特定的不可通约数，而不是所有的。

我们可以把一条直线理解成两条光线。每一条光线我们都想象成有一定宽度的光带，两条光带合成一条光带，中间不能有丝毫间隙。由于我们把光带想得尽可能窄，它们的相交部分就是一个点，一直都存在。我们的直觉就认为想象一条直线是两条光带，前面的相交部分就是一个点。迪德金的理论我们就是这么理解的，一般，不可通约数就是两个等级的有理数的交集。

这就是第二法则的世界连续性，准确的叫法应该是数学连续性。

认　知

我们为了认知有意识地创造符号，这就是数学连续性的基础，也是符号体系的一部分。一般我们都用于避免所有理论相冲突。但只有在经验提到这时，我们才会想到这些符号。

因此，这里的经验就是我们所说的物理世界的连续性，是由我们五官感知到的，虽然不是很严谨。但这样我们就很有必要避免相冲突的一系列结论。也就因此我们的符号体系就越来越复杂(其实已经是很成熟的体系了),而且不会因为内部有相冲突的地方而不再继续。也不是与我们直觉的很多方面相矛盾,都是从实验结果得来,多多少少都有详细的证明。

可衡量的数量级

我们研究的数量级都无法测量大小。这就是为什么我们不能说一个数量级是不是比另一个大,除了倍数关系。

现在,我们知道如何以一些标准将那些概念划分。然而,对于大多数情况下,还是无法应用到实际。我们必须研究那些划分概念的标准。只有在这种情况下,连续的空间才能用单位数量来衡量,算术才会有作用。

我们只能借助新的特殊方法才能做到这一点。于是我们假设一种情况,A 与 B 之间和 C 与 D 的空间单位是相等的。一开始,我们用所有的数来表示,假设在这些 A、B 或者 C、D 之间,还有 n 个中间数,我们习以为常地认为这些中间数划分出来的量,在这些空间里,都是相等的。

这方法使数量级有了加减的大小概念,因为如果 A 和 B 与 C 和 B 的空间都是相等的,以此类推 A 与 D 的空间单位就是 A、B 或 B、C 的和。

事实上,这种定义很大程度上都是我们人为赋予的,尽管不能完全这样说。这种情况也是受一些情况影响的,比如加法的交换律还有结合律。但如果该定义能解释这种情况,我们的选择也就没有什么不对了,对此也不会过分纠结。

多方评论

以下是一些很有价值的疑问。

问:我们大脑的创造性是不是都纠结在数学连续性的建模上?

答:不是。杜波依斯·雷蒙德很经典地回答过。

我们知道数学家把不同的很小的数量级都划分出来了,第二级的数一般都特别小,虽然不是绝对的小,至少与第一等级相比是的。我们不难想象特别小的分数还有无理数,然后我们也就因此找到之前所提到过的数学连续性的尺度大小。

还有,这些特别小的数都是相对于第一级的数来说,几乎无限的小,但对于1+e级的数,又是几乎无限的大。无论e有多小。这又是一些我们添加到这体系的新概念,之后也会用到,非常的方便,虽然没有检验,要是可以回到词汇那部分去的话,我就说我们又创造出了第三等级的连续性。

我们还可以一直往下探索,但已经没多大意义,因为除了我们想象的一些符号,就没有什么实用性。也没人会那么做。第三等级的连续性是由不同等级的无限小的数推导而来,本身除了让几何学家感到好奇以外,并没有什么实用性,研究中我们也不怎么提起。其实,我们在实践上需要什么时,我们才会在此作出创造性的成绩。

问:如果一个人掌握了数学连续性的概念,会不会有研究数学连续性的人遇到的相似的矛盾在里面?

答:不会,有一个例子。

明智的做法是不去纠结每条曲线是否都有一条切线,如果我们用图展现出这条曲线和切线,就如两条窄窄的带状物,我们总能认为它们不相交也会有共同的点或面。如果我们想象这两条带的宽无限的小,这个共面会一直存在。所以说,在这种极限情况下,这两条线都会有一个共点,但它们并不相交。换句话说,它们是有切线的。

不管几何学家是不是刻意地要这样,都是在重复以上的步骤,因为两条线是有交点的,他们的直觉也都是有道理的。

然而,这样也会欺骗他们。因为我们还可以在分析第二级别的连续性里的曲线时,说明曲线是没有切线的。

毋庸置疑的是,我们那些钻牛角尖的办法与上面的类似,足以让那些问题不再有争议。但只有在很特殊的情况下,才能避免争议。

直觉与理性分析,两者我们可以去其一,不必要两者兼备,为了使分析不再有任何歧义,我们就让理性占据直觉。

多维空间的物理连续性

我们之前感性地认知了物理世界的连续性。如果你乐意满足费克纳的粗略的实验结果,这结果其实就是在矛盾中总结出来的:

$A=B,B=C,A<C$

以下就是这公式是如何总结出来的和多维空间的连续性的概念。

我们要是结合两种感官,不管我们能否区分出其中一种,就像费克纳的实验一样,10g 的重量可以在 12g 区分,但不能在 11g 区分。这就是建立多维空间的连续性所需要的。

这些感官的其中一种就是一个要素。其实数学上的点也与这相似。但不是一回事。我们不能说我们的感觉要素没有延伸可言,因为我们无法从周围的要素区分出我们自己的,我们对此一片迷茫。如果拿其与天文学比较,我们的感官要素就是星云,数学的点就是星星。

如果我们能从一个要素到另一个形成的体系,这个体系的构成要素是连续的,无法从前一个区分开来,这就可以形成一个连续性了。这种一系列的线性要素对于数学上的线就好比单独的要素对于点。

在更深层次的研究之前,我要解释一下空间断层。假设一个连续空间的 C,我们拿走一些要素,马上就不再属于这个空间了。这些被拿去的要素就会形成一个断层。由于断层被分成几个不同的连续性的空间,剩下的要素可能不会再组成一个新的连续空间了。

A 和 B 在 C 里都在两个有着连续性的空间里，因为 C 空间不再有线性的连续性，不再满足之前的条件，A 在第一个，B 在最后一个，这些要素都不再可以从前一个区分开来，或者断层无法区分。

但相反的是，对我们来说断层也许不足以打断连续空间 C。为了给予物理世界连续的定义，我们要仔细检验哪些断层可以分开 C 空间。

如果一个物理空间 C 可以被一个断层切开，断层里面的要素之间都可以区分开来（所以，这既不会是一个连续空间，也不会是几个连续空间），C 空间就是一维空间，并有连续性。

相反，如果 C 空间是由本身有着连续性的一个断层切开，C 空间就是多维空间。如果断层是一维的，C 就是二维空间；如果断层是二维的，C 就是三维空间；以此类推……

这就是多维空间的定义，也很简单，取决于我们感官能感知到的要素是否能区分开来。多维空间数学连续性——关于数学对于多维空间的连续性定义，我们最开始已经提到过，其过程也都很自然。里面点的出现，都是在坐标轴上，就是有着不同的数量级的一个系统。

这些数量级不一定需要衡量出来。于是，几何的一个分支就出现了，独立于测量这些数量级，里面就讨论曲线 ABC 的 B 点是否在 A 与 C 之间，AB 弧与 BC 弧并非等长或者两倍。这就是我们所说的位置分析。

这套体系让很多精英几何学家着迷，涌现了一批值得关注的新理论。这些新理论与普通的几何是不同的，因为这些新理论完全与数量无关。而且就算数据很粗略，连比例都能算错，直线如用笔脱手画的一样，证明结果也是正确的。

我们希望这种测量和连续性一起，连续空间就成了几何，几何也由此诞生。这方面我们会在第二部分具体讨论。

第二部分 空　间

第三章　非欧几里得几何

波尔约与罗巴切夫斯基几何

每个结论都是有基础条件的。这些基础条件要么是我们都知道的公理，无须证明，要么是通过其他方式证明而来。其实，任何科学里面只要有推理逻辑存在，特别是一些几何里面，都有一些无法证明的公理作为原始基础，因为我们不可能无限地往前推。所以，每一篇关于几何的学术文献一开始都是述说这些公理。但在这里面，就有一些不同于公理的推论产生。比如，两个事物都等于另一个，那它们两个也相等。这就不是公理，而是推论。通常大多文献也就简单明了说明以下三种情况：

(1)过两点有且只有一条直线；

(2)两点之间线段最短；

(3)经过直线外一点，有且只有一条直线与已知直线平行。

我们虽然忽略了第二个公理的证据，但可以从其他两个推断出来，并且从其他更多的推论也可以推断出来，然而我们只是间接承认，没有公开地声明。之后我们会讨论这些。

第三个公理我们费尽心思寻找证明，但还是没有结果，也就是欧几里得几何里面的。我们花费的大量精力都用到了完全不是现实世界的领域去了,我们对此无法想象。最后,在 19 世纪初,匈牙利的波尔约和俄国的罗巴切夫斯基,几乎在同一时间,说明这种证明是不可能的,当时无人反驳,几乎让我们不再相信那些谣言,从那以后,法国科学院每年也会收到一两封信,说我已经证明出来了。

但问题还在继续,黎曼发表了一本著作(在他的传记中有记载),引起了很大轰动,书名为《几何猜想》。这也是很多著作的基础,我之后会讲到。不过有必要提一下贝尔特拉米和赫尔姆霍兹。

波尔约与罗巴切夫斯基几何——如果可以从其他公理中推出欧几里得几何的结论,我们就否认了欧几里得几何结论,也不再承认以前的那些公理,就会被带入相矛盾的结论。因此,以此为基础的几何不可能做到有连续性。

这是罗巴切夫斯基的原话。开始就说给出一个点可以做出两条直线与已知直线平行。

此外,他也承认了欧氏几何的其他公理,并从这些猜想中得出一系列的结论,形成一个几何体系,而且找不出什么有矛盾的地方。他的几何逻辑仅次于欧氏几何。

当然,他的几何理论与我们了解的很不一样,我们起初对此感到很不适应。

因此,我们得出三角形的两边度数不可能大于两个直角的度数,它们之间度数的差别和两个直角度数与三角形的表面是成比例的。

模仿一个已知图形不大可能,除了模仿相同维度。

如果我们把圆的周长平均分成 n 份,并在分割线画上切线,n 个切线就会形成一个多边形,圆的半径要足够小,如果太大,结论就无法成立。

另外,我们没有必要将这些例子联系起来。罗巴切夫斯基的结论与欧氏几何的关系不大,只是在逻辑上有关系。

黎曼几何

想象这么一个世界，里面的人没有高度，他们这种无限扁平的生物都生活在一个平面里，并且不能跳出这个平面。除此之外我们也承认，他们还远远没有能力探索这世界以外的空间。尽管只是猜想，但我们也可以给这些赋予生命，并认为他们就生活在那样一个真实存在的世界里。在那种情况下，空间就只有二维。

然而，如果我们想象他们都是在球形的表面，身型都是弯曲的，不是平直的，同样也没有高度，也只能生活在球形表面上。这会是怎样的一个几何世界？首先，肯定是一个二维空间。然后，“两点之间线段最短”这个定律，在球面上除了直线弯曲，还是大体相似，也就是说，直线就是圆弧。事实上，那个几何世界就是球面几何。

他们所称的空间就是他们赖以生存的球面空间，上面发生的一切，也就是他们所能认知的极限。因此，他们的空间就是没有边界的，人可以一直向同一个方向行走，不用停下来，但不可能走到尽头，只能做一次环球旅行。然而，我们不能说是无限空间。

但黎曼几何是延伸到三维的球状几何。因此，德国数学家在建模的时候，不得不放弃以前的常识，不管是不是属于欧氏几何，但还是遵从第一条公理：两个点之间只有一条直线。

我们在球面上可以经过两个点做一个大圆（实际上就是我们之前想象的生物所认为的直线）。但也有一个例外，如果两个点在球的直径的两端上，我们沿两点做的圆就有无数个。

同理，在黎曼几何里（至少一种情况），一般两个点之间只有一条直线经过，但也有例外。

其实，黎曼几何与罗巴切夫斯基几何是相反的。

就拿三角形的所有角度之和来讲：

等于两个直角之和就是欧几里得几何；

小于两个直角之和就是罗巴切夫斯基几何；

大于两个直角之和就是黎曼几何；

还有就是，在同一个平面上，可以作出多少条直线与已知直线平行。能作出一条直线就是欧几里得几何，做不出就是黎曼几何，无数条就是罗巴切夫斯基几何。

另外补充一点，虽然黎曼几何没有边界，但它还是有有限空间的，也能感知到。

空间曲率的常量表象

有一点还是值得反对。尽管罗巴切夫斯基几何与黎曼几何看起来没有任何矛盾，但无论基于它们两者的猜想可以得出多少结果，我们都不得不在所有结果得出来之前就停止研究，因为我们不可能完成所有猜想。然而，谁又能说，如果继续往前推，最终是不能推到尽头的？

但在黎曼几何里面，这一条是行得通的，由于里面只是二维空间，其实，我们看到的二维黎曼几何空间和球状空间几何并没有什么不同。另外，球状几何也是我们日常几何学里的一个分支，所以不予讨论。

然而巴尔戳米将罗巴切夫斯基的平面几何与常规几何的分支联系起来，用他的方法打消了那些反对声音。

那他是如何做到的？因为一个平面的任何一个图形，在一个有可塑性但是无法延伸的帆布上面，当帆布位移或者变形时，图形的线条也随之改变，但长度还是与以前一样。总之，如果没有离开平面，这图形虽然有着可塑性但不可延伸，还是无法位移。事实上，还是有表面可以让图形在该条件下实现位移。那就是常量曲率的平面。

如果我们拿两者做个比较，再想象一下二维生物生活在其中一个平面上，它们会认为所有的直线都是不变的，尽管图形是会变形的。相反，如果空间曲率是变量,这些就不可能发生在那些二维生物上面。

常量曲率有两种,一种是正数的常量曲率,可以变形,并覆盖在平面上,因此成为球形几何,也就是黎曼几何。还有一种是负数的常量曲率。巴尔戳米给我们展现出来的就是罗巴切夫斯基几何里面的。因此,二维的黎曼几何和罗巴切夫斯基几何都与欧几里得几何有联系。

关于非欧几里得几何

如果只关注二维几何,我们就可以不再反对其他的了。

那么巴尔戳米的三维几何也就很容易解释了。另外,四维时空也是相似的道理,以此类推,由于这些情况很罕见,不然,我还需要继续研究下去。

想象一个特定的平面,就叫作基本平面,然后将其中的术语词汇与我们常规词典上一一对应,只不过换成了另一种语言。譬如:

空间:基本平面以外的空间。

平面:沿着基本平面正交切出来的球面。

直线:沿着基本平面切下来的弧线。

圆:圆。

角:角。

两点之间的距离:经过两点并且沿基本平面相切,并在基本平面的表面上,其距离就是两点与圆与基本平面交点的交比。

这种特殊的语言可以用来了解罗巴切夫斯基的理论,就像我们借助德语字典阅读德文文章。因此,我们掌握了常规几何的理论。换句话说,在罗巴切夫斯基的理论中,三角形的所有角之和小于两个直角之和,可以说成,如果曲线构成的三角形有着延伸的圆弧线,可以正交切开基本平面,这个三角形的所有角之和小于两个直角之和。所以,无论他的猜想结果怎么样,都不会有矛盾。其实,如果他的理论有了冲突,那就是我们翻译有问题。可以肯定的是,常规几何绝对不可能没有矛盾。因此,我们就这么肯定,这些也就是真理了。但现在不能就这样下定论,还需要在更多的情况下进行验证,当然我认为是有解的。

所以,关于反驳这些的争论,就没有什么成体系的,但也不是绝对的。由于罗巴切夫斯基几何与具体情况有关,所以不再是理论上的逻辑分析,而是有了实际意义。当然在此没有篇幅具体阐述是哪些应用,以及在整合这些变量的线性方程式中,克莱因和我从中得到的帮助。

这种分析也不是独一无二的,我们翻译的几何语言的版本与之有很多相似之处,都能把罗巴切夫斯基几何理论翻译成我们的常规几何理论。

公理推论

我们在文献里说的那些公理是不是几何学的唯一基础?我们注意到,尽管这些相继被抛弃,仍然有一些理论与黎曼、罗巴切夫斯基和欧几里得几何有相似性,我们由此举出反例。其实,这些理论都基于几何学家私下默认的公理。另外,我们在以往的展示里,将步骤分解出来,其实很有意思。

史度尔特·米尤曾声明,每个定理都有一个公理作为基础,因为我们在推理出一个客观结论时,也证明了它的存在。其实,数学中的定义很少在没有实物展现的情况下得出,尤其是人们不再用时,因为读者很容易得到那些实物。我们还需记得数学中的词汇与生活中的意思不一样,或者在说明实实在在的物体时,概念要没有矛盾,不管是自身还是已经证明的。

平面里面就是两点之间的一条直线全部都在这个平面上。

这个大家都明白的定义事实上还隐藏着一个新的公理,我们也许改编了,但我们更喜欢这样,不过我们还是要宣布这个公理。

其实,其他一些定义反映出我们对公理的理解,用自己的话表达出来同样重要。

我举一个例子,两个图形在重叠的时候全等。为了使它们重叠,就需要让它们位移。问题是:什么样的一个位置才可以?毫无疑问,我们只知道在形状不变的情况下,而且是一个状态稳定的图形。对此我们就要用到圆,虽然不是特别愿意。

实质上,这个定义什么都不能解释,因为生物生活在一个只有流体的世界里对我们来说没有任何现实意义。如果我们很清楚这些的话,那也是因为我们太习惯现实生活中的天然流体,与理想的状态没什么不同,另外,它们的维度也不会发生什么变化。

虽然有不完美的地方,但这个定义实际上推导出一个公理。

我们不会一开始就知道固定图形运动的可能性,至少在欧几里得几何里面如此,也不是我们需要分析的对象。

还有,在研究几何的定义及其展现的方法时,我们要看到我们没有什么证据就承认该运动的可能性,另外还有一些特性。

其实,这在直线的定义中很直观。我们也见证太多有关图形变形的定义了,但真正的是通过直线的定义展现出来的:

"也许,稳定的图形运动就是图形内的线上的点都不动,只是外面的点在动。这种线就是直线。"

我们这样想,这样述说,已经和基础公理分开了。

其他的证明,如三角形全等,或者从一个点上作一条直线与之垂直,都假设了一些未公开的定理。因为它们要求实现在空间中使得一个图形这样。

第四几何

在这些公理中,最值得我关注的是第四几何,因为它可以独立成为一个体系,与欧几里得几何、罗巴切夫斯基几何、黎曼几何一样具有连续性。

为了证明:过 A 点作 AC 垂直于 AB,AC 绕点 A 旋转,先与 AB 部分重合,继续旋转,与 BA 延长线重合。

我们假设了两种情况。首先，旋转是可能的，其次，旋转的直线在与另一条直线的延长线重合之前，会一直旋转。

如果第一个端点重合，但是第二个没有，我们就会得出比罗巴切夫斯基几何、黎曼几何更奇怪的一些结论，但是没有矛盾的地方。

在这里，我要说的是，一条直线真正的垂线是自己本身。

莱的理论

我们很有必要引进经典证明，并直观地展示出来，如果将它的作用看作最小，也很有趣。别人首先会问我们这种简化可不可能，公理中的数字还有我们想象的几何世界是否可能存在。

索菲丝·莱的理论几乎就是讨论这种问题。以下是讨论内容，前提是要假设以下结论正确。

(1)空间有 N 个维度。

(2)固定图形的运动是可能的。

(3)证明该图形在空间有运动需要 P 个条件。

符合这些前提的几何都是有限制的。如果有 N 存在，基本条件之上的制约就是 P 个条件。

因此，要是固定图形的运动可能性被我们承认，那我们就可以创造有限个三维空间(尽管这数字很小)。

黎曼图形

虽然这似乎与黎曼几何相矛盾，因为它认为这些几何模型是无限多的，我们也一般只在特殊情况下提到它。

这些结论看起来很完美，但大多都与运动的固定图形的理论相矛盾，而在莱的理论体系里是可能存在的。这些黎曼几何的理论，看起来让我们觉得有趣，因此绝对是纯分析的，而且不会和欧几里得几何的证明有相似性。

公理的实质

数学家大多认为罗巴切夫斯基的几何仅仅是一个逻辑学科,但其中一些已经超出这个范畴。因为很多几何都有存在的理由,我们能不能说就是正确的?毫无疑问经验告诉我们三角形的角度之和等于两个直角之和,但是,我们对三角形的了解太肤浅了。在罗巴切夫斯基看来,这取决于三角形表面。我们如果考虑足够大的三角形或者我们的测量方法更精确时,会不会更加有把握肯定答案?欧几里得几何也仅是一个参考。

我们在讨论这个问题之前,首先要问自己几何公理的实质是什么。

也就是说,它们是不是我们人为的判断基础?

但这些其实都是我们默认的,与之相反的我们都一律无法理解,更别说建立理论体系。如果那样,我们就脱离非欧几里得几何的根基了。

为了明白这个,我们有了自己的判断基础,比如,我们最开始看到的最重要的理论就是:如果1使定义的理论成立,$(n+1)$就是成立的,只要我们证明出n使其正确,那所有正整数都是如此。

然后,我们再回避这些,并且否认它的正确性,然后再找个假的算式,看似与非欧几里得几何相似,然而,这并不可能。开始我们甚至还会认为这些推理是分析性的。

另外,我们认为假设的那些没有高度的生物,它们很难接受非欧几里得几何,因为这与它们的生活经验相矛盾。

那我们就应该认为几何公理都是实验得来的么?我们没有在理想的圆或直线上做过实验,我们只能在现实物体上实验,那什么可以基于这些实验,并作为我们的理论基础?答案也很简单。

我们觉得我们的证明和感觉都认为几何图形跟固体一样。我们生活中的几何事例也就成了这些物体的性质。直线和光的性质也是一些几何图形的性质的基础，特别是投影几何。所以，这么看，就会觉得测量几何就是研究图形几何、投影几何还有光的性质。

但中间有个问题始终无法解决。那就是，如果几何学属于实验科学，那就不是精确科学，因为实验总会有误差，总会修改数据。因此，从意识到这一点开始，之前一切都会被认为是错误的，因为我们知道没有绝对静止的物体。

几何公理既不是人为赋予的，也不是判断推理的基础或者实验数据的结论。它们只是我们默认的结果。我们对于实验结果的选择都是在可能的结果中根据事实情况决定的。但是我们不受拘束，不能有任何矛盾的地方。所以，我们的教条就可以一直屹立不倒，尽管证明它们的实验定理说的都不是绝对的。

换句话说，几何公理(我不是说算术)只是一些换了张脸的定理而已。

然后，我们再来考虑这个问题:欧几里得几何是否正确?

这些并无意义。

测量几何是正确的，那其他传统的测量方法就是错误的，笛卡儿坐标是正确的，极坐标就是错的。一个几何体系不能说比另一个更正确，只能说是更易于解释定理。

目前来说，欧几里得几何一直是最好的选择。

第一，它是最简单的，不仅仅是我们大脑的直观感受，或者之前我就不知道欧几里得几何空间给我们什么样的直觉感受。它本身就是最简单的，就像第一层意思比第二层要简单。球形的三角函数要比平面三角函数复杂得多，对于那些完全不知情的几何学家来说就是如此。

由于这足以与天然物体的性质相符合，也和我们能看到和感触到的物体差不多，因此根据它不断调整我们的测量仪器。

第四章　几何与空间

我们一开始就举出一个悖论。

假想一个生物，思维和我们一样，感知方法也和我们差不多，但没有像我们一样接受教育，会对外界环境产生反应，来建立一个不同于欧几里得几何的几何，在非欧几里得几何世界里建立自己的世界观，甚至会在四维世界里这样。

我们要是带着我们本身的世界观进入他们的世界，我们应该可以没问题地将欧几里得几何世界与他们世界的现象联系起来。相反，如果他们同样在那种情况下来到我们的世界，我们的世界的现象就会使他们让非欧几里得几何与之联系。

我们其实只需要稍微努力就可以做到。只要身临其境的想一想，就有可能会感受到第四维空间。

几何空间与我们认知的空间——有人常说空间的客观存在是物体有自己的位置，只有这样，它们才能存在。我们所谓的空间其实有一个框架体系，等着我们来感知并且研究它，这也和几何学家描述的空间一模一样，有着同样的特性。

对于这些问题的思考，之前的描述肯定不同寻常。但我们要看它是不是被一些我们不清楚的现象迷惑了，只有更深层次的研究才能解开这谜团。

首先，什么是所谓空间的特性？我说的空间就是几何物体，或者几何空间：

(1)具体连续性。

(2)无限大小。

(3)三个维度。

(4)里面性质相同,换句话说就是每个点都是一样的。

(5)相同独立性,也就是所有的光,只要经过相同的点都是一样的。

我们可以用自己对我们感官所认知的空间与以上相比较。

视觉的空间

首先看看完全由视觉形成的空间,就是视网膜底下的成像。

简略的分析让我们觉得空间是具有连续性的,但只有两个维度,这和我们在几何里面说的纯粹视觉空间不一样。

还有,成像其实是在一个有限的空间里面。

最后,还有一个现象同样重要:这个纯粹视觉空间里面并不是相同的性质。视网膜的所有点,除了成像的那些以外,都不一样。黄点不可能与视网膜边上的点一样。其实,同样一个物体不仅会在视网膜成像更清晰,在每一个有限的边框里,边框中间的点和边缘上的肯定是不同的。

我们毫无疑问地认为更深层次的研究表明视觉空间的连续性与二维空间只是一个假象,所以只会更加远离几何范畴,但我们不能纠结在这评论里。

然而,我们的视觉让我们可以感知距离,于是我们有了第三维空间的认知。不过,我们都只有必要的时候才会提到三维空间,而且只是两只眼睛在不同的角度得到的一个共同的成像。

我们通过视觉的感知得到前两个维度空间的信息,我们的肌肉组织感知与它们完全不同。因此,第三维空间与前面二维起的作用会不一样。那么,完整的视觉空间就不是一个孤立存在的空间。

当然,它肯定是有着三个维度的,也就是我们知道了三个维度的信息,我们就可以感知它(至少,是一起来形成一个有延续性的空间)——

用数学的语言来讲，就是有着三个独立变量的函数。

但是，我们更进一步来探讨。我们感知到第三维的存在有两种方法：一种是两只眼睛的成像之和，另一种是视觉整合。

这两种方法肯定都是有联系的，它们之间有一个常量，数学上叫作两组变量来衡量肌肉的感知，而且它们相互联系，或者，我们不用数学来解释，我们继续用之前的话来说，那就是，如果两个感知整合到一起，A 跟 B 看不出区别，分别和它们在一起的 A' 和 B'，同样分出不区别。

所以说，我们实验得出先前的东西不可能妨碍我们去假设相反的情况。如果有相反的情况出现，或者那两组肌肉组织没有任何关系，但都是自变量，我们就得考虑另外一组独立的变量，那么，完整的视觉空间就是一个有着物理连续性的四维空间。

我再补充一句，另外我们还有外界环境这个影响因素。我们不妨想象一个生物，它的思维与我们一样，感知器官也一样，在那样一个世界里，光只有通过复杂的解码传输后，它们才能收到。那么，我们依靠的那两种来感知距离的办法，对它们来说，完全没有任何关系，没有一个常量来联系它们。那些生物肯定会想到完整的视觉空间里还有第四维存在。

运动的空间与感知到的空间

感知到的空间要比视觉空间复杂得多，也更加独立于几何空间之外。我们也没必要重复之前所讨论的了。但除了触觉和视觉，还有其他的感官可以让我们尽可能地感知宇宙空间。我们其实也知道，与我们的运动息息相关，就是肌肉组织。

因此，肌肉能感知到的就是由其构成的运动空间。

每块肌肉都可以让其感知能力增大或者缩小。所以，我们的肌肉感知有着很多变量因素，取决于我们的肌肉数量。这样运动空间有多少维，就取决于我们肌肉的数量。

除此之外，如果我们认为是肌肉感知让我们了解宇宙的话，那就是因为我们知道肌肉带动的每一次运动方向。如果肌肉的感觉只有在这种几何空间的方向下才有作用，我们对于几何空间的认知，实际上由我们的感觉整合而成。

然而，我分析了一下我的感觉之后，就觉得我们什么能难以明白。

我所看到的就是，我的感官感受到的运动方向和我感觉上的是一模一样的。难道是因为这，我们才有了方向感吗？这感觉肯定不是由仅仅一个感官得来。

这种联系其实很复杂，因为根据肢体的所处位置，同一块肌肉的收缩也许会影响运动的整个方向变化。

另外，我们熟知这就是我们习以为常的事情，我们从大多日常经验得来。我们可以肯定的是，如果我们的环境不一样，我们的意识肯定会大不一样，我们的意识都是受制于我们对周边的印象，甚至，我们会有与现在相反的认知，形成相反的习惯，我们的肌肉运动有可能受其他规律制约。

我们认知到的空间的特性

我们所认知的空间有以下三个方面的特点：视觉上的、感觉上的，还有运动感知的，在本质上区别着几何空间，既不相同，也不完全独立存在，我们甚至不能说是三维空间。

我们经常说我们是把外界的物体“投影”到我们的三维世界，我们就按这样给它们定义。

你觉得这有什么意义？

我们认知的空间只是我们感知的空间的再现，所以，现实空间不能和感知的完全相同，也就是说，我们的认知空间其实是几何空间的图像而已，图像也都是因各种定律使其变形的。因此，只有物体受制于我们已知的规律时，才能说我们已经了解了这个物体。除此之外的物体，我们都无法认知，但是我们对于这些物体，还是用我们自己空间的那套法则来定义它们。

那我们在这样一个空间中定义这样一个物体有什么作用?

我们模拟物体的运动，以自己的能力去认知它。我们有必要在空间中描述这一轨迹，这就是为什么空间肯定是客观存在的。

然而，当我们提到我们自己认知这些物体运动时，只是说我们的肌肉感知与其他感知相结合，但根本没有任何几何上的特征，因此不可能推断出空间的客观存在。

物体位移与状态变化

另外，有人说几何空间并不是强加于我们认知，我们对此根本无从知了，那为什么对我们来讲它又是存在的?

这就是我们等会儿要花时间检验的，但之后的总结我只需要用几句话来概括。

单独的感官系统无法使我们认知宇宙，我们只有在了解它的规律时，才开始认知，而且其间，我们的感官都在相互合作。

我们开始会认识到我们的意识会随变化而改变，在这些必然的变化里，我们就认识到了它们的区别。

我们观察到物体改变了状态，于是就意识到该物体改变了状态。之后，我们观察到它改变了位置，只是改变位置。

无论物体只改变位置还是状态，我们的感官总是以相同的方法感受到，那就是我们的意识认识到物体的一系列变化。

那我们怎么感知它们的不同性质变化。说起来也不难。如果只是位置的改变，我们就沿着物体运动的相反轨迹一直到起点，回忆建立起关于物体相反运动所有的印象。因此，我们就认识到了物体位置的改变，我们通过反向推理重新回到物体最初的状态。

在视觉方面，比如，物体在我们眼前改变其位置，我们的眼球就会一直跟着它，但在视网膜上，物体就停留在同一位置。

我们这样认识到的运动，是因为我们眼球自觉跟随，也是因为运动与我们的肌肉感知同步，但不是我们所说的几何空间里的运动。

那么，什么是位移的特征与状态变化的区别？就是我们用这种方法来验证是否是位置变化。

位移（物体 A 到物体 B 的位置变化）有两个特征。

(1)眼球不跟随，肌肉不去感知。我们看到的就是物体的几何位移。

(2)我们跟随其运动，用肌肉来感知。我们运动时，物体相对静止，物体以我们为参照物，实际上，我们就意识到物体是相对运动。

如果符合这两种情况之一，物体 A 到物体 B 就只是位置变化。

因为，我们的视觉与触觉在没有肌肉感知的辅助下，无法感知空间。

我们无法通过一个或一系列感官认知空间，更重要的是，一个静止的物体无法认知运动，因为无法凭自身空间运动来感知外界物体的运动，也无法证明出其不是状态的变化。

如果不是他本身的肌肉感知，或者本身的运动，没有感官的情况下，它无法感知外界物体的运动。

互补的条件

什么情况下会发生两次变化互补，相互参照，不然的话就是完全独立的两个物体？

用几何的思想可以这样证明：如果有运动互补的情况发生，外界物体以及另一种情况下的感知器官的很多部分，在两者都位移之后，都必须在同一相对位置。这种情况下，物体的各个部分在位置上都与其他部分保持相同的相对位置，当然是互相为参照物，对于我们身体各部，也同理。

换句话说，外界的物体第一次改变，就是一整个固态物体的位移。我们的身体肌肉也运动，为了感知它的运动，第二次位移发生时，身体位移，情况也是一样的，与物体保持相同的相对位置，互补也就发生，因为两者相对静止。

但这样，我们仍然不理解几何，因为我们没有建立几何的认识，于是我们无法将这些证明出来，也无法推理是否会有互补情况发生。但我们根据经验知道，这有时候会发生，我们也是根据经验得知位移与状态变化的区别。

固体与几何

以我们身体为参照物，在我们周围的几何物体中，有一些总是不停地移位。另外，还有一些在进行状态变化，只是在特殊情况下发生位移（不改变状态，只改变位置）。如果一个物体既改变位置，又改变状态，我们就无法用肌肉感知其轨迹，并以我们作为参照来重建其最初的状态的意识。

另外，还有一段理论也值得我们关注。假设有一个物体从 A 运动到 B。它在 A 位置时，给我们的意识是 A，在 B 位置时，给我们的意识是 B。然后再假设第二个固态物体，与第一个性质完全不同。第二个物体从 A 过去，我们对此的意识是 A'，到 B 时，我们得到的意识就是 B'。

A 与 A' 一般不会有什么相同的地方，B 与 B' 也一样的道理。因此，由 A 到 B，或者由 A' 到 B' 同样没有任何关系。

但我们认为这两者就是位移，而且更进一步说，是相同的位移。怎么会是这样？

因为，以我们的身体为参照物，其实它们对于我们随之运动的身体来说，就是一样的。

因此,关联运动一般就是由一些我们平常不可能想到的关系联系而来。

另外,我们身体的肌肉和关节对此帮了我们不少忙,因为它们可以做出不同程度的运动,但不是每个都能与外界物体运动相关。那些可以的会使我们整个身子,至少也是所有的感知器官发生位移。换句话说,没有哪个部分是相对移动了的。

以下就是对此的总结:

(1)首先,我们要区分两个现象:

①不是出于我们意愿,与我们肌肉运动没有任何关系的,我们就认为是外界物体,就是外在变化。

②与之相反的是,因我们身体肌肉运动而发生的变化就是内在变化。

(2)我们注意到每个类型的变化,都有其他类型的变化作为参照。

(3)在所有的外在变化中,我们又将有其他参照物的变化区分开来,称之为位移。在内在变化中,我们也将有其他参照物的区分开来。

因为有这种相互性,我们就将这种现象定义为位移。

这些现象的法则就构成几何物体的规律。

同类法则

所有法则中第一个法则就是同类法则。

假设,因为外表变化 A,我们的意识 A 就过渡到 B。然而 A 又是以关联运动 B 为参照,因此,我们又回到 A 意识。

然后又一个外在变化 A' 使我们再次从 A 过渡到 B。

我们以往的经验就是 A' 变化,和 A 一样,很容易受关联运动 B' 影响,B' 作为参照运动。其实 B' 与 B 一样都是肌肉感知到的,成了 A 的参照标准。

于是我们经常用这一事例说空间都是性质相同的、独立的。

当然，也有物体重复两次甚至三次做相同的运动，但是性质不改变。

我们其实在第一章已经讨论了数学逻辑的本质，即重复论证同一个问题的重要性，也就是因为这样的重复，我们才知道数学证明的作用所在。因此，同类法则在几何中也有了一定的影响力。

为了使其完整，同类法则应该归入相似的法则里面，具体的细节我就不在这里多说了，但是数学家们总结过一句话，就是分类造就了不同的类别。

非欧几里得几何的世界

如果几何就是我们意识中一点一点认识到的世界的总和，没有这个总和，我们根本就不可能认识这个世界的整个面貌，也不可能在几何学上作出任何成就。

但这也不是绝对的。因为几何本身就是我们意识到的规律的总和，而这些规律又不断更新。然后，我们也就可以毫无阻拦地想象出与我们平时的认识完全一样的模型，所有点都相同，但是就是会相互取代，因为那个世界的法则与我们习以为常的不同。

因此，我们想象的那些生物，它们的世界里的规律我们就完全难以理解，学到的几何法则会和我们完全不一样。

我举个例子，球形里封闭的世界就受以下几个法则支配：

温度不稳定，中心温度最高，从中间向两边开始递减，到边缘上，也就是这个球状的边缘，就降到绝对零度。为了详细说明这个规律。我们就以 B 为这个球的半径，r 就是各个点到球心的距离，绝对温度就与 r^2 成比例。

更深一步地说，在这个世界里，生物的宽度都差不多，长度随温度成正比。

最后，如果一个生物到达不同温度的区域，马上就会受制于新环境下的热力平衡制约。

这假象目前来说是有根据的，并且没有争论。

另外，运动物体越往边界走，就会越小。

还需要说明的是，虽然在我们的认识中，这个世界有局限性，但里面的生物认为这个世界是无限的。

因为它们往边际上走时，个体越来越小，温度也随之降低，因此，它们迈开的脚步就越来越小，实际上它们永远无法到达边界。

如果对我们来说，几何是研究固定物体运动的学科，那么对那些想象的生物来说，几何就是研究物体如何在温度变化和变形的情况下运动的学科。

然而，在我们的世界，自然物体的形状和体积也会随着温度变化而变化。只是我们研究几何时将这些忽略了，因为我们觉得这些都是无法预测的，影响又不大，于是就认为是偶然性。

另外，我在假设那个世界的光会因为介质不同而发生折射，那么这个折射指数就与 r^2 成反比。我们很容易看到在这种条件下，光线都不可能是直线，而是圆弧的。

如何判断这些，这我们又想起了参照物，这个世界的物体位移运动都可以以里面的生物感官作为参考。这样，就可以获取它们对物体运动的原始经验。

如果该物体不是绝对固态，它在位移时，就会发生变形，其宽度又受以上温度变化的影响，而导致其变形。简单大胆地说，这就是非欧几里得几何的位移。

如果这种感觉恰好就在旁边，那意识就会随着物体的位移而改变，但他还是能通过合适的运动方式重建这一物体的位移轨迹。如果最终物体还有那人的感官，作为一个整体，能经过其中一次非欧几里得几何的位移。这在这些生物的肢体变粗的情况下是可能的，并且它们世界上的其他生物也是受制于这种规律。

虽然我们认为生物的形状随着位移而变化，而且肢体内部的相对位置也发生了变化，我们的意识还是认为生物体还是又变了回来。

因为，实际上肢体部位的相互距离发生了变化，但有连接的肢体同样是连接在一起。所以，这就是为什么我们的触觉告诉我们它其实没有变化。

此外，就算考虑光的折射及光线的曲率因素，我们得到的视觉效果也是一样的。

就和我们一样，这些想象的生物也会分析并且总结它们所观察到的现象，也会将位移的运动参照因素分出来。

它们要是建立几何体系，那就会和我们不同，不是用来研究静止物体。它们会用来研究物体的位移，并且区分位移的特征，也就是我们所说的非欧几里得位移。那就是非欧几里得几何。

它们也会和我们一样认识世界，只是和我们的不同。

四维空间

如果效仿我们描绘非欧几里得世界的办法，我们也能建立一个四维空间的认知。

我们只需一只眼睛，再就是肌肉感官在眼球的运动，就足以感知到三维世界了。

外界的物体都成像于视网膜，是个二维的膜，就和美术中的透视法一样。

但物体和眼睛都是移动的，我们只能相继从多个角度看到一个同样的物体。

与此同时，我们发现从一个角度转到另一个通常都是肌肉的运动感知。

比如，如果从 A 角度转到 B，A' 换到 B'，这两者如果是一样的肌肉的运动感知，我们就认为两者是本质相同的运动。

之后，我们再来综合所有因素考虑这些问题，我们可以看到它们就是一个体系，与静止物体的运动一样。

现在，我们发现在研究这个体系的性质时，也在借鉴几何以及三维空间的法则。

这就是三维空间是如何从这些不同角度透视得来的，尽管从每个角度来看，就只是二维，但因为某种法则，它们都是相互联系的。

因此，三维空间就可以在二维空间上表现出来。同理，我们在三维甚至二维空间上也能描绘出四维空间，这对于几何学家就是小儿科了。

我们同样取几个不同角度观察。由于只是三维空间，我们也容易形成意识来感知。

想象一下不同角度的同一个物体，这些角度又紧跟另外一个，角度的转换又是牵连相同的肌肉感知。

当然，尽管是同一个肌肉感知，我们也要将这两次转换看作两次相同的运动。

不管我们选择什么样的规律来制约这些物体，我们总是想象这些运动成了一个体系，物体结构都相同，这就是四维空间的静止物体的运动。

这样，我们就可以用图描述这些，然而，这些感知都来自一个有着二维的视网膜，能在四维空间中运动的生物。就这样，我们感知到了第四维空间。

结　论

我们看到经验在我们的几何研究中至关重要，但如果我们说几何是一门经验科学，哪怕部分是，都是完全错误的。

如果是实验科学，那数据就是粗略的，以后可以修改。

几何其实是研究物体运动的学科，但事实上又不止自然界物体。当然我们也研究完全静止的物体，这种理想状态是自然物体的简化，但又与自然界相差甚远。

对于理想物体的认识几乎调动了我们所有的想象力，经验只是将它们的一部分展现给我们看。

几何里面一个物体的研究就是研究一个体系，但这个体系的概念早已客观存在，至少也是等我们的潜力来认知它。

因此，在所有这些可能出现的情况中，我们要参照什么标准来认知自然界里的种种现象呢?

经验指导我们，而不会强加于我们。虽然经验不会告诉我们哪个是最真实的几何，但会告诉我们哪个是最简单的。

另外要注意的是，我们描述我们想象的几何世界，一直用的是我们自己的几何语言。

其实，我们这样的话也是适用的。

如果我们在那儿重新认知世界，肯定会更容易地创造一个几何世界，与我们的不一样，也与它们的逻辑相符合。但对于我们来说，我们还是按照自己的逻辑习惯来，为了我们习惯性的认知方式。

第五章　几何与经验

在之前的几章，我不止一次声明几何不是一门实验学科，特别是欧几里得的理论是无法用实验来证明的。无论那些支持理论多么有逻辑性，我始终相信我的这一点，因为有太多人的错误思想已经根深蒂固了，并且有庞大的“论据”支持。

如果我们做一个圆，测量它的周长与半径，看看它们的比是不是等于π，这应该如何完成？其实，我们需要实验来了解这个圆由什么材料构成，这些材料的性质又是什么，这时我们又用到了测量。

几何与天文——我们一般从另一个思路来考虑这个问题。如果罗巴切夫斯基的几何正确，从不同角度来看，遥远的恒星的变化就是有限的，如果黎曼几何正确，变化的情况就无法确定。我们都可以通过实验来获得结果，而我们一直都希望能在这三种几何中，通过天文观测找到合适的答案。

但在天文学里，直线也仅仅是光路。

这样，如果我们证实，从不同角度看遥远的恒星的变化是不确定的，或者都没有一个框架限制，我们有两条路继续探索：一是我们否认整个欧几里得几何体系；二是我们改变我们现有的光学理论，并假设光的传播线路并不是沿着一条直线，并带有能量。

因此，我们不必再补充说明后者更容易有机会被认可。

欧几里得几何也不需要与最新实验相关联。

在欧几里得几何里可能发生的现象是不是在非欧几里得几何里是不可能的，所以那些基于欧几里得几何世界的经验会直接与非欧几里得几何的假想相矛盾？在我看来，没有任何矛盾。因为，我认为这和下面的情况一模一样，如果长度可以用米、厘米衡量，是不是就不能用英寻、英尺、英寸衡量。所以，我们对那些长度的感知就与我们当初的猜想相冲突，难道就是一英寻等于六英尺？

接着再来更深层次的讨论这一问题。假设 A、B 两个特性在欧几里得几何世界里，但在非欧几里得几何里，就只有 A 特性，B 就不存在了。最后，在这两个世界里，都只有直线才有 A。

如果这样，我们的经验就会让我们在欧几里得几何和罗巴切夫斯基几何的两种猜想之间犹豫。肯定的是实实在在的具体物体具有 A 特性，在实验中也容易获得，比如有光线的铅笔。因为 A 特性，我们推断它是具有直线特点的，然后我们再看看它有没有 B 特性。

但这不能完全绝对，因为没有其他物质能像 A 一样，成为一种绝对标准，用于鉴别直线和其他线的不同性质。

例如，我们不可以说："直线的标准定义就是，由其组成的图形部分移动时，线上的点之间的距离都不会变动，因此，这条线的点都是固定的。"

实际上，这就是欧几里得几何和非欧几里得几何里面对于直线特点的定义。但我们如何检验确定该直线是属于这个图形而不是那个图形？对此，我们有必要测量它们的距离，我们又如何知道仪器测量的结果是不是那种真正距离？

这样，我们只有把这一问题往后放一放。

其实，刚才所说的直线定义，不是仅针对直线，还包括其长度距离。如果那个标准是绝对标准，我们就可以确定它就是直线而不是其他的线，只是一个数量级而不是一个距离。

所以说在欧几里得几何世界里的可操作的具体实验，不能在罗巴切夫斯基几何世界里进行，由此我们可以推断：没有任何经验和欧几里得几何相违背，另外，也没有任何经验与罗巴切夫斯基几何相违背。

但这不足以说明欧几里得几何(或非欧几里得几何)就一直没有与经验有过任何冲突的地方。那会不会只有在违背充分条件的原则或者空间的相对性时才会与经验吻合?

我可以这样解释:在一个物质空间，我们既要认识到这些物质的状态(比如温度、电属性);还要认识到空间位置。在这些确定其位置的数据中，我们还要知道这些物体在空间的相互距离，这就是它们的相对位置。这些其实都是区别于空间的绝对位置和方向。

所有空间里发生的现象都取决于里面物体的状态及相互的距离。但又由于空间的相对性和被动性，这些现象就和空间绝对位置及方向没有关系。

换句话说，这些物体的状态及相互距离任何时间都是取决于相同的物体状态，还有它们最初的相互距离，但是与那些最初的绝对位置还有最初的绝对方向无关。这就是所说的相对法则。

现在，我根据一个欧几里得几何学家的话说，所有经验都是基于欧几里得几何的假想的一种反映，同样也是非欧几里得几何的反映。我们对此做了一系列的实验，我们在欧几里得几何的假想环境里面试验过，认识到这些试验都没有与相对原则相违背。

现在我们再来验证相对法则在非欧几里得几何中的可行性。在非欧几里得几何的试验中，这些物体的状态及相互距离和欧几里得几何中一般是相同的。

试验结果和相对法则是一致的。如果不是，我们是不是又可以证明非欧几里得几何的虚假性?

很显然这种担忧没必要。其实，相对法则如果成了一个定理，那就要在全宇宙里都是适用的。因为要是我们只考虑宇宙的一部分，如果这部分的绝对位置发生了变化，那其他物体离这里的距离也相应随之改变，对其影响也会跟着缩小或者放大。因此，这里现象的法则就会发生改变。

但我们的系统就是整个宇宙，对于绝对位置及方向，经验完全无法给予我们任何参考。无论我们的仪器多么完美、多么精确，也只是宇宙各个部分的状态及它们之间的距离。

因此，我们就应该这样编写相对法则：

我们仪器上的读数都只能参考最初的原始数据。

这样的理论不依赖于任何一个试验结果。如果在欧几里得几何里正确，那在非欧几里得几何里也正确。

这里，我再插点题外话。之前我提到过各个天体位置的数据。我也应该要说到它们速度的变化，这引起了它们之间相互距离的变化。另外，还要说的变形还有旋转的速度，也就是绝对位置和方位的变化速度。

为了更明白这个理论，相对法则应该这样编写：

任何时候，天体的状态及之间的距离，还有随距离变化的速度，只取决于天体最开始的速度和之间的距离，还有它们距离变化的速度，与绝对的空间最初位置和方向，还有绝对方位变化的最开始的速度无关。

尽管这样，这一理论还是不符合试验结果，但至少我们进行了一般概括。

如果一个人在一颗被厚厚的云层覆盖的星球上，他无法看到外面的星星，如同与外层空间隔绝一般。但他可以通过测量星球的扁率（一般借助天文观测，但还是可以通过完全的数学方法计算），或者重复傅科的钟摆实验，来知道星球的绝对旋转位置。

这使哲学家们非常惊讶，但物理学家还是很不情愿地接受了。

我们通过牛顿的例子，了解了绝对空间。但我还是无法理解并认同这种方法。我会在第三部分说明原因。我也不愿意这样面对这个问题。

无论如何，罗巴切夫斯基几何和欧几里得几何一样有难度。因此，我们不需要在这上面折腾，而只是偶然地提到一下。

为什么这一结论如此重要？因为实验无法在欧几里得几何和非欧几里得几何之间说明。

总之，无论我们怎么看待，都不可能在几何实验里发现什么理性的意义。

实验只告诉我们天体之间的关系，但没有任何一个实验可以研究证明天体与空间的关系，或者宇宙各个部分的相互距离。

你会这样说："是的，仅仅一个实验是无法说明的，因为这就是一个方程式里面有多个未知数。为得出所有的未知数，我需要其他的方程式。"

这就好比，光测量主桅杆的高度不足以得出船长的年龄，就算你测量了船上每一块木头，得出很多方程，同样无助于你得出船长的年龄。对于木头的测量也只能让你得出它们之间的关系。所以不管这类实验涉及多少数据，都无法使我们得知宇宙各个部分之间的相互关系。

你是不是想说实验都是以物体为基础的啊，再怎么说也要是其基本的几何性质啊。但是，首先，你通过几何特性能知道什么？我假设这是个有关宇宙中各物体关系的问题，那这些所谓几何特性在实验中根本没有任何意义，因为实验只是研究它们之间的关系。这也就足以说明这些特性在这里根本就没有什么用？

我们再从语言上来理解这个概念：物体的几何性质。假设我说一个物体由几部分构成，并没有什么几何性质。如果我将最小的部分的点给了一个不恰当的名字，这就是正确的。

如果我说这样一个物体与那样一个物体有联系，这就说明它们两者的关系，但不是与所在空间的关系。

你要是说这些不是几何性质，至少我可以确定它们就和单位几何完全没关系。

那好，我们就假设一个静止物体，有着八根细铁杆，分别是 OA、OB、OC、OD、OE、OF、OG、OH，并以 O 为中心，其余点连成一个圆。另外，假设第二个物体，比如一根木头，并用墨水标记成点，分别为 a、b、y。aby 可能就与 AGO 有联系（A 与 a 有联系，同时 b 与 G 有联系，y 与 O 有联系），然后 aby 就会相继和 BGO、CGO、DGO、EGO、FGO，再和 AHO、BHO、CHO、DHO、EHO、FHO 有联系，ay 会和 AB、BC、CD、DE、EF、FA 有联系。

关于这些假设，之前我们均未考虑任何形式还有单位空间几何。因为，基于单位几何不是很好的选择。而且如果这些假设的实验物体与罗巴切夫斯基几何里的结构一样（就是在相同的法则下，罗巴切夫斯基几何的物体）就不可能发生。所以，这足以证明这些物体和欧几里得几何里面的一样，至少不是和罗巴切夫斯基几何里的一样。

我们很容易看到它们与欧几里得几何相吻合。因为只要 aby 标记的物体在我们常规认知的几何中是固体，并且有直角，$ABCDEFGH$ 这些点是由两个六边形圆柱组成的多边形的顶点，都是共 $ABCDEF$ 一个基底，以 G 或者 H 做参考。

现在我们假设前面的都放弃，来考虑 aby 与 AGO、BGO、CGO、DGO、EHO、AHO、BHO、CHO、DHO、EHO、FHO 的关系，以及 ab（不会有 ay）与 AB、BC、CD、DE、EF 的关系。

如果非欧几里得几何是正确的，这就可以符合条件，如果物体 aby 和 $OABCDEFGH$ 都是固体，aby 是直角三角形，后者是合适维度里面的双六棱锥。

物体在欧几里得几何里运动，就不会发生这种情况。但如果假设是根据罗巴切夫斯基几何运动的，那就会如此。这些就可以证明以上物体不基于欧几里得几何法则。

所以，尽管没有那种形式的假设，也没有关于自然界性质的猜想，没有物体与空间的假想，更没有赋予物体的几何性质，但我还是可以继续观测，并且看到在一种情况下，实验物体根据欧几里得几何的法则在运动，另一种情况是根据罗巴切夫斯基几何法则。

也许有人会说第一种情况的种种现象就是为了说明该空间是欧几里得几何的世界，第二种就是非欧几里得几何的世界。

实际上，有人会想象物体运动，使得第二种情况相符。我的证据就是一个人总可以想到办法来构建这种情况，就算只是画出一个框架。不过，我们至少无法说明该空间是非欧几里得几何的。

所以，构建的物体再奇怪，就如我上面说到的，作为一个普通的固定的物质形状，它还是会存在。我们很有必要说明它既是欧几里得空间的，同时也是非欧几里得空间的。

比如，根据以上非欧几里得几何的法则，我们假设一个球形，半径为R，温度由中心到表面开始递减。

我们可能会忽略物体的膨胀，就和普通的固体一样。但是，这些物体都可以很大程度上扩宽，和非欧几里得几何世界的物体一样。所以，我们可能会有$OABCDEFGH$和$O'A'B'C'D'E'F'G'H'$两个六棱柱，以及aby和$a'b'y'$两个三角形。第一个双六棱柱可能是直棱柱，第二个可能是弯曲的。aby三角形可能就是无法变大的，第二种就是可以扩宽很多的。

我们观测到的第一种情况就是OAH双棱柱和aby三角形，第二种就是$O'A'H'$双棱柱和$a'b'y'$三角形。这似乎首先证明了欧几里得几何正确，然后又否认了。

因此，实验主体肯定是物体，不会是空间。

补　充

为了完善理论，我要说到一个很细微的问题，这问题花了我很长时间来考虑。在这里,我就把形而上学和一元论里说的总结一下,我们所说的三维空间是什么意思?

我们已经看到我们肌肉感知到的内部变化,可以让我们了解身体各部的状况。比如,以 A 为例,A 是身体变化的一个内因,我们的注意力从最初的 A 转移到另外一个因素 B,我们就有一系列的肌肉感知来解释 B,我们就叫作 S。然而,我们经过观察,感觉要将 S 还有 S' 看作一样的(我们身体的 A 部分还有 B,从 A 到 B,都是保持原样,就是中间过程和其感知的可能不同以外),那我们如何认知到这是两个一样的变化?由于都是参照一个外界运动,或者更一般性地说,是参照外界运动的范畴。肌肉感知 S 可以与 S' 互相取代。在这些变化感知中,我们已经将外界运动的参照因素分离出来,也就是位移。比如两个太相似的位移,这些位移的总和就是一个物理世界连续性的特点,我们通过经验了解这些连续的物理世界有六维。但我们不知道空间到底一共有多少维度。我们先要解决另一个问题。

什么叫空间的点?每个人都说知道,但他看到的只是一个表象。我们所看到的空间的点就像是白纸上的黑点,粉笔在黑板上画的一点。所以,我们应该这样理解:

物体 B 如果和现在摸到的物体 A 在同一个点上是什么意思?或者更深层次地讲,有什么样的参照来让我们对这些有了把握?

换句话说,就是我的手指摸到 A 也摸到了 B,虽然不是通过我的手指肌肉的感知。我也可以用其他办法,比如另一根手指触摸,或者视觉感知。但前者还是不足以说明 A 和 B 在同一点上。如果都说是的话,其他办法都会得到同一个答案。我知道这是经验,不是所谓的公理。同理,视觉不能远程感觉到。这也说明了另一个实验。相反,如果我说视觉可以在远处感知到,那视觉作为感知工具,感知到的就可能是正确,其他的就是错的。

其实,物体可能会在视网膜上形成的视觉效果,会与物体移开时的是完全一样的。这时,视觉上我们感知到物体,但触觉没有。

总而言之,对于身体各部位,手指触摸到的每一个地方都代表空间里的一个点。

这样,每一次感知接触都可以说是一个点,但一个点总代表几种不同的感知方法(这种情况,我们说手指感知都是一样的,但身体发生了移动),所以,从这几个不同地方可以区分出我们身体上,哪些是触觉感知,哪些是其他的,因为我们经常注意到,那些我们能用身体触摸到的,总是与我们的触觉有关系。

所以,我们总能区分出同一个系列内的所有变化,只要是以同一系列变化为参照,它们在空间里都是相同的一个点。一个级就是一个点,同样,一个点就是一个级。但是,我们会说我们的经验让我们知道了一系列的感官上的感知变化,而不仅仅是一个所谓的点,或者更准确地说,是一系列的肌肉感知的变化。

我们说空间有三维,那是我们总共认识到了有三个系列的变化,其特点就是三维的连续空间。

这也是为什么很多人会误以为经验告诉我们空间有多少维度,其实,在这里,经验只是我们身体能感知的带给我们的认识,再加上附近的物体,并不是整个空间所带给我们的。更进一步来讲,这种认识是相当粗略感性的。

对于相关实验组,我们大脑目前已经存在的想法就是,我们到底选哪一组,来使其成为我们研究工作的参照物,并与自然现象作比较?然后,在已选择的组里,哪些组可以用来描述空间的点的特性?这时,根据经验我们应该选择那些与我们身体特性相适应的。所以,我们的研究就有了局限性。

以往经验

我们一致认为如果几何不能由我们创造，那经验也就无法创造几何。这是什么意思？意思是我们不能通过实验验证欧几里得几何定理，但我们的前辈可以。绝对不止！或者是我们经过物竞天择，大脑已经适应了外界环境。几何也就最适用于我们这个物种，换句话说，就是我们最容易认知的那种。这和我们的结论完全相同。几何不能说是正确的，但是对我们是有利的。

第三部分 力 学

第六章 经典力学

英国人在教力学方面，总会让人感觉是在教一门实验科学，但在大陆国家，力学多多少少被认为是推理科学，或者是基础学科。我们一直说英国人是正确的，但是为什么其他的研究方法会存在这么久？为什么欧洲大陆国家的学者，总是被前辈的经验所束缚，给自己设定框架？

另外，如果我们认为力学的理论都是来自实验，那它的结论就不仅仅是有误差的，而且新的实验可能会完全颠覆以前的结果，甚至以前的实验，我们都可以完全弃之一边！

那些所谓的框架锁住学者们的视野，一般都在一些难以解决的法则问题上，而我们对力学的研究论文无法说明实验、数学逻辑还有以往经验、假想的关系。

但是也不完全绝对(以下就是原因)：

(1)世上没有绝对的空间，我们只能感知相对运动；但我们对于力学运动的解释，就感觉绝对运动是存在的，因为我们在解释里提到过。

(2)世上没有绝对的时间。我们坚称的绝对相等两个时间长度是不存在的，本身没有任何意义，我们其实只是在生活中习以为常了。

(3)我们也不能完全感知两个相等的时间段，我们甚至都不能完全感知两个不同的地方同时发生的事。我在形而上学论里面说过。

(4)最后,欧几里得几何就是根据我们传统的认知输出的语言。我们的力学运动理论也是参照非欧几里得几何,虽然没有我们对现实世界认知的那样直接,但是同样正确。那这解释就会变得更复杂,但是是可能发生的。

对于绝对空间、绝对时间,几何并不是那些强加在力学运动上的条件。这些就和我们在逻辑上出于科学使用的语法一样,语法是理论的语言基础,这些就是力学运动的基础。

为了表达力学运动的基本规律,我们用一种完全独立于传统认知的语言,帮助我们更好地认识这些定理的性质。这就是安德拉德的物理力学运动概论里面的内容。

当然,这些对于力学运动的解释会更加复杂,因为这些解释其实又是在为以前的那些提出的理论接轨,或者简化。

对于我来说,不再去关注与绝对空间相关的东西,并不是说我不看好这些,相反,我非常欣赏,在本书前两章我们已经讲到了。

对此,我要改变我的观点,承认绝对时间和欧几里得几何。

惯性法则

一个物体在没有任何外力影响的情况下,运动轨迹就只会是一条规则的直线。

如果我们说物体运动速度不变,因为没有改变其速度的因素,那么物体位置在没有外界因素干扰的情况下是否同样不改变,或者运动轨迹和原来一样?

所以,我们是不是就认为惯性法则根本不是基本理论,只是一个实验结论而已?但是又有谁真正测试过没有任何外力影响的物体呢?即使有,那又是如何知道这些物体完全不受外力影响?我们经常会用一个情况来说明这些，就是一个球在光滑的大理石上滚了很长一段路。那我们为什么会说这些都是惯性影响？是因为那个球离其他物体太远，所以无法受到它们的影响？但是，球还是没有离开地球，就算是被抛到空中。每个人都知道，在这种情况下，它其实受到地球的重力吸引。

那些教力学的老师在这种情况下总是忽悠而过，说一句可以用结果间接证明出来，但表述根本经不起推敲。他们很明显就是说很多结果都是可以归到一个总的理论上去，在这里面，惯性法则只是其中一个特例。

所谓的总理论也就是以下这些：

物体加速度的发生，只取决于物体位置、周围物体情况、现有速度三种因素。

数学家就会说物理世界的所有分子运动都是遵照第二等级的方程法则。

为了更清楚说明以上就是惯性法则的总和，我需要一些想象空间。我之前说过，惯性法则并不是强加于我们，也不是基础定理。其他的定理也和充分条件法则相符合。如果一个物体不受外力影响，我们又假设其速度不会改变，那该物体的加速度和位置就不会有任何变化。

那好，我们就想象这两个假设之一就是自然界的法则，并取代我们的惯性法则。那什么是自然界的总和？我们思考一会儿就会知道答案。

第一，我们要假设物体速度只受制于其位置及周边的物体情况；第二，加速度变化也一样，但是还会受到现有运动速度及加速度的影响。

或者，我们用数学语言来说，不同运动的方程在第一种情况属于第一级别，在第二种情况属于第三级别。

然后，我们再来调整一下想象内容。假如有一个世界与我们太阳系一模一样，但是，因为一次偶然的事件，轨道上的行星都运动正常，没有任何相互吸引而偏离轨道的情况。此外，这些行星的质量太小，不足以影响扰乱它们的相互秩序。然后，一个天文学家居住在任何一个星球上,他都能推断出行星的轨道都是圆的,而且与平面不相交。所以,行星的位置就决定了它的运行速度及整个路径。天文学家在这两种假想中,首先考虑惯性法则。

如果有一天,一个质量巨大的天体闯入太阳系,速度也相当快,是从一个遥远的星团而来。然后,轨道秩序都被打乱,一切陷入混乱。但天文学家对此感到并不奇怪,他们会认为那个闯入的行星就是这次灾难的元凶。“但是,”他们也说道,“那颗大行星一走,所有有序又会恢复,轨道又会是圆的。”

尽管轨道会变圆,但因为那颗行星的影响,也只会是椭圆。这时,天文学家就会认识到他们之前是错的,需要重新计算力的关系。

因为我感觉这些猜想会让人准确地理解,总结的惯性法则与相反的假想比起来区别明显。

所以,现在那个惯性法则可以被实验检验吧,如何检验的?牛顿在写《法则》这本书时就认为,这都是实验的结果展现出来的。这些并不是他为了拟人化(这个我之后也会说到的),而是通过对伽利略实验的观察分析,更是开普勒的定律本身。其实,这些法则认为,行星轨迹完全是受初速度和最初位置影响,这就是我们所说的惯性法则的总结。

该原理看似正确,如果有人担心会被我刚才说到的相似理论所取代,那么我们有必要跟上面所说的一样,需要一个偶然的混乱,使得那些天文学家得出错误结论。

这一猜想发生的可能性非常小,我们根本就不用回避。因此,没人会相信这种巧合会发生,也不会怀疑两个完全陌生的事物会一起发生在同一个地方,因为这种情况的发生概率只为0.1,就算有观测上的误差,也只会是0.2。计算简单事件的发生概率其实并不比复杂事件容易。但是第一种情况如果发生,我们就要将它认为是一种偶然性,并相信自然界看起来不是在欺骗我们。没有这种错误的假设,我们根据现有的天文知识,也觉得定理都是通过实验得来,并验证。

然而,物理不只包含天文。

那我们也许就会担心,是否有一天一种新实验会将我们现有的物理理论全部推翻?因为实验得出的结论总是要不停地修改,而我们又总想看到更精确的结论。

但是对此,没有谁很严肃地考虑过。为什么?正是因为我们觉得正确结论不受一些可调整的实验结果影响。

首先,为了进行这样的实验,为了其完整性,我们必须要把宇宙中的物体全部还原到最初的状态、最初的速度。然后,我们再观察它们是否会回到现在的这种状态。

但这种实验没有任何可行性,或者不能完整地进行一遍。因为,无论我们做得有多完美,总是会有一些物体无法回到原位置。通过这个实验,我们很容易知道每一条结论都有其相关的依据。

但这也不是绝对的。在天文学里,我们也看到过一些物体的运动,假设它们不受周边物体的影响。这样,我们要么就进行验证,要么就不继续做下去。

不过我们不能说物理中的情况就和这一样。如果说一切物理现象都是起源于运动,那就是我们肉眼无法看见的分子在运动。同理,如果物体的加速度不是受物体位置、速度,或者是我们之前就承认其存在的分子影响,我们就可以假设它是受其他我们未知的分子位置或者其运动影响。这样,我们说的理论同样有理。

另外,我再用数学语言以另一种形式表述这一理论。假设我们观察到 N 个分子,并确定三维坐标系来满足三组不同的方程,位于第四级(不是我们惯性法则需要的第二级)。如果我们假设这三组变量,代表我们肉眼不可能看到的 N 个分子,其结果就是和惯性法则相吻合。

我们最后得出的结论就是,这一法则在实验里的一些特殊情况下,可以马上追溯到更普遍的情况之中，因为对于一般情况，我们很难用实验证明它的对或错。

加速度法则

物体加速度等于施加在物体上的力除以它的质量的商。这是不是也可以用实验证明？如果选择实验证明，我们就要考虑三个实验中的变量：加速度、力、质量。

假设加速度可以通过这些计算出来，因为我们完全没有任何问题测量时间。但力和物体质量如何测出？而且我们甚至对这些不了解。

什么是质量？牛顿认为质量就是物体体积乘以密度。汤姆森和泰特认为密度是质量除以体积的商。那什么是力？拉格朗日认为它可以移动或者使物体移动。基尔霍夫就认为它是质量乘以加速度的积。

这些问题其实都难以摆脱。

我们在谈论什么是运动的起因时，一般会说到形而上学。如果满足以上定义，那刚才说的就完全当作没听见。为了使力的定义更加有实用性，我们必须知道如何测量力的大小，这其实也就足够了，而不必告诉我们力本身是什么，或者是不是运动的结果或起因。

因此，我们要知道力是如何相等。我们说这两个力是相等的，其实就是这两个力施加在同一质量的物体上，物体产生相同的加速度，或者说这两个力直接相互对抗，会产生二力平衡状态。这一定义看起来很完美，但实际上远远达不到我们的理想效果。施加在一个物体上的力是不能脱离物体到另外一个物体上去的，就如火车头的牵引力不能离开整个列车，然后牵引别的车厢。所以我们无从得知这种力，如果以这种方式施加在这一物体上，会给这一物体一个什么样的加速度。如果两个力呈直线相对，我们就很难得知它们如果不是这样，会发生什么情况。

因此，我们决定要量化这一理论，于是就用测力器测量力的大小，或者用重物来平衡测量。F 和 F' 两个力，分别是垂直向下和向上的力，分别施加在物体 C 和 C' 上面。然后，我再将另一个重物 P 挂在 C 上面，然后挂在 C' 上面。如果这两组实验都发生二力平衡状态，那我们就可以推断出 F 和 F' 这两个力是相等的。因为都等于物体 P。

不过，还有一种因素要确定，就是在我将物体 P 从第一个物体放到第二个物体上的时候，质量还是不是相等？其实，由于重力在每一个不同的点上，都是不一样的，相反情况我还是可以确定的，那就是远远达不到我们想要的理想状态。因为，物体靠近南北极圈时，重力会大于在赤道的时候。差别很小，其实在操作时是可以忽略不计的。但是为了一个理论的构建完善，我们还是要借助数学精确计算，也是我们实验中所缺失的。影响因素会导致测量物体重量时测力器上的数据明显浮动，因为还有温度及其他情况会使得这些变动发生。

虽然这不是绝对情况，但是我们不能直接说物体 P 的重量与物体 F 直接相抵消，然后与 F 平衡。因为我们称物体 P 对 C 的力为 A，就是施加在物体 C 的力，因此，一方面有着 P 自己本身的重量，另一方面，P 物体到 C 上，由于 C 的反作用力 R，P 的力才和 F 抵消。最后我们才说 F 与 A 两个力是相等的，因为两者处于平衡状态。还有 A 等于 R，是根据二力平衡原则。我们根据这三个等式，才得出 F 与 P 是相等的。

因此，我们得出二力平衡还有作用力与反作用力相等的法则，所以这就不再仅仅局限于实验结论，而是一个定理。

我们在认识力的过程中，掌握了两个法则，一个是两个力点平衡，另一个是作用力与反作用力相等。但是，我们掌握的这两个法则还是不够的，所以要借助于第三个法则。于是我们假设有一个力，比如物体的重力，一直不变并只朝一个方向。但是第三个法则也只是实验结论，得出的是大致结果，所以这一定理并不是完美的。

我们再看基尔霍夫的定义：力是质量乘以加速度的积。其实这个所谓的“牛顿定律”也是实验结论，只不过我们把它说成一个定理，但不能说是很严谨的，因为我们还不知道物体质量。该定理只是可以让我们测量两个物体在不同时刻被同一个力施加时，产生的两个力是什么样的关系，而不是它们在两个物体上的关系。

为了使其完整，我们又以全新视角回到牛顿第三定律，该定律也不再是实验结论。物体 A、B 互相作用，A 的加速度乘以 A 的质量的积，也和 B 的加速度在 B 作用于 A 时的相等，所以，作用力等于反作用力，A、B 的质量与它们的加速度成反比。由此我们得出了它们关系的比例式，之后实验就可以验证这个比例是不变的。

如果 A、B 两个物体独立于世界上其他东西存在，实验就会非常理想。但这并不可能。A 的加速度并不只是和 B 的作用力有关系，还有其他物体比如 C、D……我们为了使上面定理有用，于是就把 A 的加速度分成其很多构成因素，然后单个分析哪一个因素是直接与 B 作用有关系。

这种分离探索也是可行的，如果我们假设 C 物体于 A 的作用只是在 B 作用于 A 的时候是紧密联系的，但没有干扰，或者 B 出现来干扰 C 对于 A 的作用。所以，我们假设任意两个物体相互吸引，它们的相互作用就是必然会出现的，只是取决于它们的相互距离。于是我们就有了中间力的假想。

但是，对于宇宙中的天体，我们应用的法则是截然不同的。因为万有引力的法则，我们知道两个物体的吸引力和其质量成正比。如果 r 是它们的相互距离，m 和 m' 是它们的质量，k 是常量，它们的引力公式就是 kmm'/r^2。

我们其实测量的不是物体的力与加速度的比得出的质量，而是吸引物的质量。这不是物体惯性的状态，而是物体对其他物体的吸引力。

这种方法其实是间接得出结论，理论上这些方法都不重要。因为情况很可能是物体吸引力与相互距离的平方成反比，而不是与物体质量成正比，那公式就是 f/r^2，而不是 $f=kmm'$。

尽管这样，我们通过观察天体的相对运动来测量它们的质量。

但我们可不可以来验证中间力的假想？该假想是不是正确的？是不是保证不会被实验结果推翻？又有谁敢声称不会？如果我们放弃这种猜想，那整个相关的构架体系就会一下子坍塌。

所以，我们不能再说 A 的加速度由 B 的作用力导致，因为我们无法将 B 的作用力与其他物体的作用力区分开来。这种测量方法就可以弃之不用了。

那对于作用力与反作用力的关系还能怎么确定？如果我们放弃了中间力的猜想，那就应该这样说，如果任何一个几何状作用物体的力，作用于任何一种物体上，没有外来因素的影响都是没有作用的。换句话说，就是一个系统里的中心质量的运动只能是直线或者有规则的。

我们似乎有办法来测量质量力。中心质量的位置明显取决于给予它质量的物质性质。然而，我们又必须去除这些因素来确保中心质量的力的作用是直线性的，或者规则的。但这只能在牛顿第三定律正确的情况下有效，也一般只有这种情况是可以的。

但没有任何一个系统能独立于其他外来情况存在。在宇宙中，每个地方多多少少都会有一些联系。中心质量运动的法则只有在应用到整个宇宙时才会正确。

我们为了从物体质量得出法则，就必须观测宇宙的中心质量的运动。然而，我们得出的结果也是很荒谬的，因为，我们只知道相对运动，所以宇宙中心质量的相对运动永远都是一个谜。

如果这样，那我们之前的一切努力就白费了，什么都没有得出。我们因此也就得出以下的结论，同样没什么用处：质量只是为了方便计算，只是伴随其他的东西存在。

不过，我们把质量的产生因素归结起来，还是可以重建我们的动力学体系。这种新的体系既不会和以往的经验冲突,也不会和我们总的动力学(惯性法则、作用力与反作用力相等、力与加速度或者质量的比、中心质量的均匀运动、区域原则)的法则相矛盾。

也只有这种新的体系得出的方程式稍微复杂点。但我们清楚了解之后,也只是觉得第一个法则复杂点,而我们通过经验也早已对此熟悉了。我们也许只能在总的方程不改变的情况下,在很小程度上调整质量的计算。

赫兹便由此提出力学运动的发展是否一直正确。他说:"在很多物理学家看来,那些很遥远的经验不足以改变动力学的法则,而且,经验得来的结论最后也用经验去验证。"根据这些,我们的担心其实也就没必要了。

动力学的法则首先给我们的印象就是实验结果,但我们自己要把它认为是定理。根据"定理",我们认为力是物体质量与加速度的乘积。所以就有一个定理,再深层次的实验永远都无法验证。同理,根据这个"定理",作用力等于反作用力。

然而,有人会说,这些没有验证过的结论完全没什么意义。实验不能将这些推翻,也没给我们什么有用的信息。那我们学习动力学有什么意义?

但这种拍脑袋来的偏激批评同样没有任何意义。虽然不能说自然界的事物没有完全隔离存在的,但几何与外界是独立存在的。

如果我们要观察这种系统,不仅要互相用参照物来研究不同区域的关系,还要以宇宙其他部分作参考研究中心质量的运动。我们可以确定的是这个中心的运动是直线或者有规则的,与牛顿第三定律相符合。

这其实就是一个实验结论,却不能用实验来检验。又有什么可以通过更精确的实验得出,作为结论。这个结论只是告诉我们这是接近正确的,是我们已知的。

我们现在可能懂得为何经验被称为力学运动的理论基础，而且没有任何有争议的地方。

拟人化的力学运动

有人说，基尔霍夫只是倾向于遵照那些数学家们所信仰的存在主义，而且他作为物理学家并没有让他与这不同。他想得出力的定义，于是就把力当作第一定理展示出来。但我们不需要力的定义，对此概念我们还是处在混沌状态，完全一无所知，也无法给出具体定义，虽然我们感受到它的存在，而且在我们生活中无处不在。我们在婴儿时期就有了这一直觉，对此有了感性认知。

但就算这种感性认知在我们身上，还是不足以建立力学运动的理论体系。而且没有什么用。关键不是知道什么是力，而是如何测量。

只要没能测出力，就和力学运动的理论一样，用处不大。比如，对冷热的感性认知，对于相关研究的物理学家就没有什么意义。因为这种主观认识不能转换成数据，所以没有用处。因为，假如一个科学家的皮肤对冷热并不是很敏感，根本不会对此有任何感觉，但是可以通过温度计这种仪器来得知冷暖的概念，这些仪器足以让他做研究，并建立理论体系。

然而，这些与我们测量力的大小没有什么关系。因为，感性认知就好比同时搬一个 50kg 的物体，我比一个经常搬重物的人感觉更累。

更重要的是，这些认识不足以告诉我们自然界的本质，因为这些最终只是给我们带来的肌肉感知的记忆。但是太阳照射时有没有所谓的肌肉感知？很难知道。

但是，拟人化的认识在人类历史上有着很重要的力学上的认知，可能对有些人来说，现在觉得更好理解，但不是一个具有科学或者哲学特征的理论基础。

线性学派

安德拉德在他的力学物理里为这种拟人化认知做过辩解。但作为力学运动学派，基尔霍夫反对这个学派，尖锐地说这是线性学派。

因为这个学派认为一切都有着未知的物质质量的影响，只是我们没有获得足够的重视，有可能存在争议，因此我们就认为是遥远物体的影响，这种状态的理想叫法就是未知事物的联系。

传导任何一种力的线都会受这种力的影响，这种线的方向就是力点方向，力的大小就是线被拉长的多少。

有人可能会做一个这样的实验。如果物体 A 与这种介质相连，在介质的另一端也有一个力在作用，力也在变化，直到介质长度变化到 a，我们记下 A 的加速度，之后 A 离开，B 继续 A 的步骤，同样的力作用，或者不同的力，但是都是到介质长度到 a 结束。我们记下 B 的加速度。我们再用 A 和 B 两个物体的力，再做一次实验，介质长度到 b 记下加速度。这四个加速度应该是成比例的，这样，我们就有了加速度法则的实验检验。

或者更好的就是一个物体受制于几个不同的等力作用，形成一个平衡状态，然后通过实验找出使物体处于平衡状态的力的方向。之后，我们就有了合力的法则的验证。

但是我们又做了什么？我们分析出因为本身的影响而导致变形的力，这也是合理的。我们在这和上面作出的努力与物体给的力是一样的。毕竟，我们是将作用力与反作用力原则考虑成定理，而不是实验结果。

这个定理和基尔霍夫的理论一样具有传统意义，但没有那么广泛概括。

因此，所有的力都不是由看不见的线来传导（此外，为了方便比较，它们都要用相同的线来传导），就算我们承认地球围绕太阳旋转，也是因为之间有力通过我们看不见的线来传导。不过我们至少要认识到，是没有办法来测量线的长短的。

所以，我们的理论十有八九都是错误的，甚至没有我们任何一种认知可以跟它沾上边，所以我们又得回到基尔霍夫的理论上去。

为什么我们又要走老路？因为你认为一些力的定义只是在特殊情况下才适用，通过试验验证，便得到加速度法则。根据这种情况，加速度法则在其他一般情况下就成了力的定义。

按照这种方法，将力的定义在一切情况下考虑成加速度法则是不是更简单些呢？把试验看成问题，不是这个定理的验证，而是反作用力的验证，或者弹性物体变形的力就是仅仅取决于物体受制于的力。

然而，我这些并没有考虑定义下的条件并不能达到完美的理性标准，因为所谓的线不可能没有质量，也不可能离开其他任何一种力。

但是安德拉德的想法还是非常有意思的，就算他们对我们的逻辑构架并不满意，我们还是明白了力学运动理论体系构建的历史。这也反映了人们对自然的认知是如何从感性的拟人化转换为科学的概念！

一开始，我们看到非常粗略的实验总结，但最后，我们看到完美精确的理论总结，于是我们对此绝对确信。其实是我们自己对此非常确信，所以就成了我们习以为常的事物了。

那加速度法则、合力法则之前是不是都是我们随意编造的？说是传统，确实随意，那就错了！但是如果我们忽略了实验，来给造物主选择这些科学，这虽然还不够，但还是能证明它们的正确性。另外，我们也会时不时地回到传统定理的原始实验上去找依据。

第七章　相对运动与绝对运动

相对运动的法则

我们曾经做过一些把加速度法则归入更总结性的定理里面去的尝试。任何系统的运动都要遵守同一个法则,无论是静止的还是运动的,呈一条直线运动还是均匀运动。这就是相对运动,我们用两种方式认识到:第一,我们的日常经验证实其存在;第二,关于相反情况的猜想与我们的常识认知相冲突。

然后,我们再假设一个物体受一个力的影响,该物体的相对运动以一个人为参考,人的速度要与物体的初速度一样并且匀速与物体同步运动,与绝对运动一样,如果是从静止状态加速。我们由此推断它的加速度不能取决于绝对运动。通过这些,我们也尝试过得出加速度法则。

然而,这也只是理学学士的学位答辩论文的内容。很明显,这种尝试没有什么用处,关键是我们没有力的概念,这才阻止了我们演示加速度法则。在这所有过程中,这个障碍一直都可以存在,因为我们推出的理论不能完善我们缺失的定理。

但相对运动法则同样有意思,它的性质也值得研究。我们先来尝试用精确的语言概括它。

我们之前提到过,不同物体的加速度,形成一个独立的整体,只和相对运动速度及位置有关,与绝对运动速度和位置是无关的,我们就拿运动的斧头做相对运动的参考,斧头一直做规则的直线运动。而我们更喜欢的是它们的加速度只取决于它们运动速度的不同及坐标的位置,并不是其绝对值。

结合反作用力原则,如果这对于相对的加速度或者加速度差是正确的,我们就可以推断出这对于绝对加速度也是正确的。

而我们如何展示加速度的不同只取决于运动速度及坐标,这有待商榷。还有这些差别如何满足第二级别的方程式?

可不可以通过实验基础定理推断出来?

看看我刚才说的,就可以自己找到答案。

其实所说的相对运动的法则从某种意义上来说和我之前说的一个惯性法则的总结是相似的。由于这属于不同坐标系的问题,而不是坐标系本身的问题。新的理论让我们了解了更多,但大体还是差不多的,所以我们得出相同的结论,以前的讨论结果也是可以适用的,但已经没必要这样了。

牛顿提出的观点

这里我们要看到一个非常重要但又让我们有点失去信心的问题。我之前说过相对运动的法则对我们来说不仅仅是实验结论,还有与基础理论相反的结论都是有悖于我们认知常识的。

所以,为什么只有斧头在直线的规则运动时这一理论才正确?如果运动有变化,或者斧头有规律地旋转,力看起来都是差不多的。在这两种情况下,这一理论是不正确的。斧头不会长期处于直线或不规则的运动。一般悖论不能在短期内验证出来。比如,我在一列火车上,如果火车撞到一个障碍物,突然停了下来,我肯定会被推到前面座椅上去,尽管我没有受什么外力影响。这也是我们习以为常的了。我没有受到什么外力影响,火车本身却受了外界冲击。这对于两个相对运动的物体来说,都会受到一定的影响,其中一个有外力干扰,但它们两者的关系并没有什么矛盾的地方。

此外，我还会继续研究斧头的规则相对运动。如果天空被云层覆盖，我们就无法观测星空，但是我们还是能推测出地球的旋转轨迹是圆的，这都可以从地是平的这种现象和傅科钟摆运动推出。

但这种情况有没有什么意义？如果没有绝对空间，一个物体可以不以其他物体为参照物来旋转。另外我们又是怎么能依照牛顿的结论来相信有绝对空间？

但这不足以确定所有的办法都是我们常识难以理解的。所以，要分析每一种情况下，我们的常识是如何与它们有所冲突。只有这样，我们才能明智地作出决定。因此，我们就可以进行以下的探讨。

我们再回到之前那个假想：厚厚的云层挡住了星空，我们就无法用肉眼观测到，甚至根本就不可能知道有这些星星存在。那我们又怎么能知道地球旋转的轨迹是圆的？

我们甚至会比祖先们更长一段时间都停留在地球是不动的，也是固定一个地方的。我们可能需要更长时间去接受哥白尼的结论，但最终会接受，但是我们又是如何接受的？

在这个世界上，力学运动的学生首先绝对会认识到理论上的矛盾。在相对运动的理论里，除了有实际存在的力，还有两个假想的力，分别是一般的力和离心的复合力。但那个世界的科学家们会在解释现象时把这两个力认为是真实存在的，这样他们就不会觉得惯性法则在总体上是相互矛盾的，因为这两个力要么和系统各部分的相对位置有关，即和真正的万有引力一样，要么和它们的相对速度有关，也就等同于摩擦力。

但是，更多的问题会呈现出来，他们很快会注意到。如果他们认识到一个完全独立的系统，其中心的重力就不会呈一条直线施力。为了方便解释，他们会认为是离心力作用使两个物体互相作用。但是他们不会认识到两个物体距离太远，这些力的作用就相当于零，相反地是，我们越认识到这个系统独立于其他的，我们就越能知道离心力会不成比例地随着距离增加。

这问题已经很难解决了，但是他们很快就会找到解决办法。他们会发现有一个微小的介质，就像我们传播无线电的空气，里面有所有的物质，但介质也会排斥这些物质。

但也不能完全这样说，空间是对称的，尽管宇宙法则没给我们说，因为这些法则都要鉴别左边与右边的区别。比如，我们会察觉到旋涡会朝一个方向旋转，但是根据对称法则，这些风的旋涡应该有两个不同的方向，且互不干扰。如果科学家在实验室宣称造出一个完美对称的宇宙，这种对称是不可能一直保持的，而我们也无法给出相应的解释为什么旋转最后都是倾向于一个方向，而不是另一个。

然而，他们就会编出如托勒密玻璃瓶那样的与众不同的东西，来解释这种现象，当然也会一直这样下去，在我们期望的哥白尼出现之前，就会变的越来越复杂。但是哥白尼一下子就颠覆了所有传统，他说道："如果假设地球旋转的轨迹是圆的，不就更简单。"

就如他所说，这样的话，我们的天文法则就更简单，表达也不再那么烦琐。同理，因为地球旋转的轨迹是圆的，力学运动也可以用更简单的语言来表述。

这也并不需要之前就假设绝对空间是没有物体存在的，也就是说有必要提到一个标志来帮"地球"参考并确定它是否在运动。所以，我们就算确定"地球旋转的轨迹是圆的"也没有任何意义，因为没有实验来证明，即使是大胆尝试的加里布埃尔·凡尔纳也无法想象，甚至做梦也不会想到。但是，如果没有矛盾在里面，这也无法理解。不然，这两个理论就是相同的，一是"地球旋转的轨迹是圆的"，二是"假设地球旋转的轨迹是圆的更方便些"。这两者其实意思也差不多。

有人可能对此并不满意，在所有的猜想中，这个是令他们吃惊的一个，或者另一种情况就是，我们所有的猜想中，有一个肯定比另一个要简单。

不难承认这是天文学的问题，那为什么会这么不可思议？是因为涉及力学运动的领域。

物体的坐标我们已经用第二等级的方程式来表现了，也包括这些坐标的不同点。这就是我们所说的总体上的惯性法则。如果物体距离也同样用第二等级的方程式来表示，我们应该就会满足了。那我们如何知道我们已经感到满足的现状还有令人不满意的地方？

为了解释这些，我们有个简单的例子。一个类似于太阳系的系统，但里面的生物无法感知到该系统之外的恒星，所以里面的天文学家只能观测到行星与太阳的相互距离，而不是行星的绝对经度。如果我们能直接从牛顿定律中推断出这些不同方程，来解释这些不同的距离，那这些方程肯定不属于第二等级。我的意思是如果没有牛顿定律，无法知道这些距离的最初位置，还有与时间相关的量，那就不足以算出这些相同距离下的一段时间内的一系列的值。不过，还是差一个信息，比如天文学家说的面积常量。

但在这里会有两种不同的观点，我们会区分这两种常量。物理学家认为世界其实是一系列现象的综合，要么取决于最初发生的情况，要么用这一系列现象的规律来解释它们的发生。如果我们观察到有一个量是不变的，我们就要在这两种概念里面作出选择。

我们要么假设有一个法则使得这个量不变化，但是也有可能因为偶然一次机会产生这个量，而不是别的，在最开始是一个值，以后就永远不会再改变了。所以，我们就称这种量为偶然常量。

要么我们就假设相反的情况，在自然界中有一种规律给予这个量一个固定值，而不是别的，这就是基本常量。

比如，在牛顿定律中，地球的自转必须是一个固定的量。但如果是366个地球日，或者更多，但不是300或400，这就是最初的可能，也是偶然常量。相反，如果表示物体吸引力的指数是 0.2 而不是 0.3，这就不是因为偶然的机会形成的，而是牛顿定律要这样的，就是基本常量。

不知道这种我们认为的划分方法本身是不是正确的，里面的区别是不是我们人为的。但是我们能确定的是自然界肯定有不为人知的秘密，所以这些不同点多半就是我们人为的，不过也有预见性。

至于面积常量，我们经常把它当作偶然常量。那我们之前想象的一个世界中，那里面的天文学家会不会也这样？他们要是能比较两个不同的太阳系，他们就会得出几个不同的量。不过我之前假设的是他们看不到自己的太阳系以外的星星，那个太阳系是孤立存在的。这样，他们就只能得出一个永恒不变的常量，也会当作基础常量。对此，我们有这样的想法：这个世界的居民既不能观测到也不能解释面积常量，因为他们无法理解绝对经度，而且他们不可能很快认识到有这样一个常量，并得出方程，而且是面积常量。

如果这样，会是什么情况？如果他们把面积当作基础常量，而且它和自然规律有了关系，这对计算行星在不同时刻的相互距离，了解这些值的初始状态，还有之后退出的一些数据，是完全没问题的。从这方面来看，作为新的角度，距离可以用第二等级的方程来表示。

这样的话，天文学家会不会就此满足？反正我不这样认为。第一，他们会很快将方程分类，来建立他们自己的体系，因为方程对他们来说更易于理解。而他们容易被对称问题所困扰。所以他们就需要假定一些不同定理，比如所有行星结合起来就是一个多边体，或者是一个对称的多边体，不然就只有假设面积常量是偶然形成的。

我举过一个很特殊的例子，假设天文学家完全不考虑行星里面的力学运动，而且他们的研究范畴仅限于太阳系以内。当然我们的世界比他们了解到的要多得多，至少我们认识到还有其他的恒星，但是同样有局限性，所以我们认识到的所有东西就统称为宇宙，就好比他们的太阳系。

最后,我们应该会推导出一些方程,也是表示距离的,但要高于第二等级。为什么我们对此感到震惊?为什么我们觉得一系列的自然现象和表示这些距离的最初值相关太自然完美了,尽管我们有时会停下来,并认为它们也有可能和第二次推断出的数据有关系?这可能是因为我们的大脑与生俱来的思考习惯,比如我们研究的惯性法则及其结果。

不同时间点的距离值既取决于它们的最初值,也有一次推导出来的值,但同样有其他因素。那什么是其他因素?

要是不认为那些因素是我们的二次推导,我们就只能借助于假想。我们可以像之前一样,猜想宇宙有一个总体绝对方向。或者这个方向是会改变的速率,这个猜想有可能正确。这也是几何学里最喜欢用的猜想,但对于哲学,这不是一个令人满意的想法,因为他们认为没有这样一个所谓的大方向。

第八章　能量与热力学

能量法则

经典力学中有个长期未解决的难题，有些研究者更愿意将其赋予一个新的体系，叫能量法则。

能量法则是因为能量守恒定律的发现而被重视，赫尔姆霍兹赋予其最终定义。

该法则最开始就是我们运动中最基本的两种能量——动能与势能。

自然界中所有物体的一切变化都可以归为两个法则：

(1)动能与势能的量是永恒不变的，这就是能量守恒定律。

(2)如果一个物质系统在 t_0 时位于 A，t_1 时位于 B，其中的过程就是这两种能量的变化差别在 t_0 和 t_1 两个时间点之间，是无尽的小。

这就是霍尔姆霍兹法则，也是运动最少的形式之一。

(1)这一法则要完整些，因为他的法则及能量守恒定律不仅告诉我们传统理论的基本法则，也排除了自然界中不可能发生但符合传统理论逻辑的运动想象。

(2)我们因此用不着有关原子的假想，传统理论很难回避这一点。

但是，我们也会遇到新的问题：

比如，这两种能量的定义就会和之前一个体系的力与质量一样难以解答，但是不能代表完全无解，至少我们可以解决最简单的情况。

假设有一个孤立的系统存在，由几个质点构成，而且它们的距离就仅仅取决于它们的相对位置及相对距离，与运动速度没有关系。在能量守恒定律里面，力之间的函数关系是必然存在的。

这种情况是能量守恒中极其简单的一种。但是实验中有一个量，必定是常量，这个量有两个概念，第一个只和质点位置有关，与速度无关，第二个与速度的平方成正比。而这种情况只会在一种单一情况下发生。

第一个为 U，是势能；第二个为 T，是动能。

如果 $T+U$ 是一个常量适用于这情况，关于 $T+U$ 的一切函数就都适用。

但是这一函数的值并不会是两个量，其中一个与速度无关，另一个与速度的平方成正比。在所有的常量函数中，只会有一个有这个特点，那就是 $T+U$（或者其线性函数，都是一样的，因为线性函数 $T+U$ 也被看作 $T+U$，由于单位改变，还有原有的特质），这就是我们所谓的能量，第一个特质就叫势能，第二个叫动能。这两个概念我们可以很清楚地区分出来。

质量定义其实也和这差不多。如果借助质量的概念或以各个质点的相对运动速度作为参考，势能就变得很容易解释，反之亦然。我们也很容易观测到它们的相对速度，因此，我们就将其势能用这些相对速度的函数关系表示，也能反过来求质量大小。

所以，我们可以解释这种最基本的情况。但是对于更复杂的情况，我们就难以下手，比如，力既与相对距离有关，又与速度有关。韦伯就假设过两个带电荷的分子的运动既与它们的距离有关，也与速度及加速度有关。根据相似定律，它们要是相互吸引，U 就和速度有关系，也可能与拥有第二种特质有关，取决于速度的平方。

在与速度的平方有关的概念里，如何将 T 与 U 区分开来？也就是，如何区分这两种能量？

而且还有如何定义能量本身？关于 $T+U$，如果没有了其特征存在，我们也不能再用其作为定义了，也不是关于 $T+U$ 的其他函数。换句话说，特征就是两种能量加在一起时的形式。

但是，我们还要考虑到不仅仅是运动时的能量，还要考虑其他形式的，比如热能、化学能、电能等。能量守恒定律就应该这样编写：

$$T+U+Q=\text{const}$$

T 就是我们所知的动能，U 就是势能，只和物体的位置有关系，Q 就是内能，既内部分子的能量，在一定温度下的化学能或者电能。

如果这三种形式的能量是完全分离的，这就完全正确，T 与速度的平方成正比，U 与物体速度及位置无关，只与物体本身的状态有关。对于这三种形式的能量，就只能用这一种方法来表示。

但这也不是绝对的，因为还有带电荷的物体，电离体的运动就与它们的电荷正负极有关，也就是说，与它们本身的状态有关，同样与物体位置有关。电离体的运动就靠它们所释放的电磁力，电磁能与它们的状态、位置还有速度都有联系。

所以，这三种能量又是紧紧相连的，不可分开讨论。

我们得出，如果$(T+U+Q)$是常量，那任何关于$(T+U+Q)$的函数也是。

如果它们只是我刚才提到的一种形式，就没有任何分歧，因为在关于$(T+U+Q)$的函数中，只有这么一种是常量。如果它们在一起，就表示能量。

但是，这本身同样有局限性。因为在所有的常量函数中，没有一个符合这个形式。那又如何选择一个表示能量？这就没有任何东西来引导我们了。

然而，还是有一个说法能表示能量守恒定律，那就是宇宙中有一个量是永恒相等的物质。这样，就脱离了实验，成了一个定律，也就是一种强调性的法则。因为我们如果认为这世界是由一个规律来支配，就会有一些量是永恒不变的。比如牛顿定律，那能量守恒定律也和这差不多，都是基于实验,但实验不能再去验证了。

另外,还有一种想法让我还是很犹豫,最小作用量原则适用于可回转的现象。但是一切现象都是不可回转的,所以我们对此感到并不满意。所以赫尔姆霍兹的想法是,这种现象不能取得任何进展,也不会有什么进展。因为那样的话,我们的研究就到头了。这种最小作用量原则与我们的常规认知是有一定冲突的。比如,分子从一点到另一点,在没有力的情况下,经过表面的话,就会走最短路线。

分子似乎自己知道该往哪里走,也会预计到达哪个地方的时间,然后选择最短的路径。所以,分子就好像一个活着的自由生命体一样。不过,如果对象没有那个物质化就会更好,就如哲学家所说的,最终结果不会取代更有效的结果。

热力学

在自然哲学的所有分支中,两个基本的热力学法则定理在我们的生活中尤为重要。因为分子假设,之前模棱两可的理论已经被抛弃了。今天,我们是基于热力学来建立数学物理的基石。迈尔还有克劳的理论能不能站住脚呢?没有人会去质疑,但这信心究竟是从哪里来?

一个有名的物理学家跟我说过什么是错误法则:"全世界都相信,数学家认为是观测得来,观测者认为是数学家的理论。"长期以来这一法则被大家认同,因为它跟能量守恒定律有关,但现在不再被认同,人人都知道这仅是实验结果。

但是什么使实验结果更有准确性及概括性,用什么来表达这个理论?这就要问总结实验数据是不是合乎法则的,就跟我们每天的生活行为一样。在讨论问题的时候,不能有假设。因为之前很多哲学家都努力尝试过回答,但是都没有结果。不过有一点是可以确定的,那就是如果我们没有这一能力,科学将不复存在,或者仅仅成为罗列一些独立现象的规律，我们也看不到有什么研究价值。因为我们在寻找规律秩序的一致性时，对此并不觉得满意，而且这也没什么预见性。一些在某个事件之前发生的现象都无法重现，在对这些情况作出最小的改变之后，我们就需要一个大的方向来看看这一事件需不需要重新演示一遍。

每个现象都有无数种方法重现。在这些可行的办法里，我们就要选择最简单的。我们因此就会觉得简单的会比复杂的更有用，其他的都一样。

半个世纪以前，事情是如此，人们都声称自然就是喜欢简约，因为自然界一直跟我们撒谎。但如今我们不再这样说了。我们只留下一些重要部分，科学还有存在空间。

在总结现象的过程中，简单而又精确的理论，只要是基于实验的，都会有一些分歧，所以我们只能在不违背原则的情况下选择最必要的那种情况。

但也有其他情况，所以我们就要说明以下观点。

没有人会质疑迈尔的理论会比其他理论更有说服力。就如牛顿定律比开普勒定律时间长，开普勒定律还是从牛顿定律那里借鉴来的，而且如果考虑干扰因素，还只能得出大概。

那为什么这一个理论在所有理论中这么有影响力?

首先，我们没法否认它，而且没办法在否认绝对运动的情况下，从根本上否定。其实我们一直承认它的存在，而且觉得承认比否认更加容易接受。

不过不是所有情况都这样。如果绝对运动不可能发生，我们便推断出能量守恒定律仅适用于可倒流的事件里。

似乎迈尔的简约原则看起来让我们更确信这些。像马里奥托的这种刚从实验中得出的理论，会让我们觉得这种简约就是为什么我们不相信它的原因所在，但这毕竟不是一直这样。我们观察宇宙中的元素，看起来是不同的，由一组我们完全不知道的规律排列组合，形成一种有序的规律，但是我们不认为这种不可预知的有序仅仅是巧合的结果。看起来我们越努力，探索前进的脚步就越有动力，或者自然将它的理论藏得越深，我们就越能挖掘其含义。

这都只是一些表象。建立迈尔原则的体系，并完善它的话还需要更为深层的研讨。但是这样的话，这个法则也不太容易表述。

在每一个特定情况中，我们都很明显地看到什么是能量，至少我们的认知还能改进，但是我们无法给出一个总结性的理论概括。

如果上升到普遍层面，并用于整个宇宙来验证，我们又只能得出，宇宙间有种物质是永恒不变的，除此之外，我们什么都无法看到，之前的一切都好像消失殆尽了。

但是我们就算这样探索，又有什么意义？在决定论者的假想里面，都是用一些数量级来衡量宇宙的状态，我们就叫作 X_1、X_2、X_3、…、X_n。我们知道了这些数值之后，也就知道由它们得出的时间，就能算出它们之前及之后的状态的时间。换句话说，这些数值满足第一等级的不同的方程式。

这些方程都是 $n.1$ 的值的数集，所以就有关于 $n.1$ 的函数。我们如果说宇宙间有一个物质是永恒不变的，充其量也就是一句话的强调。我们更应该对这些数集中哪些是关于能量的感到疑惑。

此外，在有限的空间里，我们不能这样理解迈尔的理论。我们假设这些数里有一个量 p，不受任何影响，自由变动，我们就会得出 $n.p$ 的关系，一般都是线性，位于数量 n 和由此推测出的量之间。

为了简化，我们假设外界的作用力产生的能量都为零，也包括内能释放出来的热量。于是就可以这样描述：

关于 $n.p$ 的函数里面，第一个数是不遵照规律的，之后才是遵照规律的，这些数的集合就是一个常量，也就是能量。

然而,几个量的变化作用又怎么可能都是彼此独立的?因为这种情况只可能在外力作用下发生(尽管我们为了方便假设这些力在代数上的作用都为零)。但是实际情况是,只要我们还相信决定论,一个系统是完全独立于其他外界物质作用的话,任何时间关于 n 的值都可以决定该系统之后将会是什么样。我们因此又回到之前的问题。

系统的未来状态并不完全取决于现在的状态,这是因为它还跟外界的力的作用有关。但是否有可能在这些 n 之间会有一个或者一些方程是不受外力影响的?也许我们在特定的情况下,会找到这样一种情况,并不是因为我们无知,而是有些物体是我们完全无法观测到的。

如果一个系统不是完全独立于外界的,其内部能量的严谨把握就靠外界物体的状态了。之前我们假设过外界的作用为零,我们要是跳出这个人为的限制,其概念的描述就会更复杂。

为了将迈尔的理论形成一个绝对体系,我们需要将目光投向整个宇宙来看待这个问题。这样我们才能面对面地直视那些我们之前特别想回避的困难。

用我们日常的语言来说,能量守恒定律只有一个重要性,就是有一个特质对于一切可能的情况都适用。但在决定论者的眼里,就是非黑即白的,所以他们认为这一定律没有意义。

相反,在非决定论者的眼里,假设还是有意义的,即使是描述一些很绝对的情况。而假设其实也是人为地限制了我们的视野。

但是这让我觉得自己在扩宽视野,不再局限于数学和物理的条条框框里了,我也在反思自己,并且认为刚才那些话就一个重点,那就是迈尔的理论形式可以因我们的意志自由变换,很灵活,但并不是可以不从客观出发。我也并没有将这看作一句说教。

正是因为这种随意性,我们才相信它的永久存在。另外,我们在寻求更高层次的理论中,找到一种理论能与自然不再矛盾的状态,我们就不会看到它的存在了，所以，我们非常自信地支持自己，确信我们的努力没有白费。

我之前说的一切都符合一个非常出名的克罗休斯定理，是用一个不等式表述。有人也许会说它几乎符合所有的物理定律，既然他们的精确观测只是因观测误差而受限制。但是至少它肯定了一个大的方向，虽然数据是粗略的，但是可以在以后的研究中，一点点地改进，使其数据变得精确。另一方面，如果克罗休斯定理只是变成一个不等式的话，那不会是因为我们观测仪器的问题，只会是自然最本质方面的问题。

对于第三部分的总结

力学运动有两个方面：一是它是由实验建立起来的真理，并且通过在几乎隔离的一个环境下粗略地进行验证；二是它对于整个宇宙都是适用的，严格意义上也是正确的。

如果这些理论有普适性及确定性，这也是实验结果所缺失的。这是因为在最后的分析时我们将其当作一种研究的基础了，我们之所以可以这么做，就是因为我们肯定没有任何实验可以推翻它。

但是，这种基础也不能完全说是我们随意建立的，因为它不会随我们的主观意愿改变，我们选择它们作为基础是因为一些实验的结果表明它们非常实用。

这就是为什么实验造就了力学运动的理论体系，而且无法推翻。

再将其与几何比较，几何中的基本问题，比如欧几里得几何的理论，也就是我们的研究基础，我们对此也不能说是对是错，就好比我们的测量单位一样，虽然是人为的。

就仅仅是因为这些基础我们觉得很实用，而且是由一些实验得来。

有可能第一感觉就是它们两者有相似性，实验在两者的作用几乎相同。所以有人觉得力学运动是实验科学，那么几何也是实验科学；或者，几何是一门推理科学，力学运动同样也是。

这样的结论无疑是站不住脚的，也没有任何根据。关于任何我们选择的几何基础理论的实验都和我们几何研究的物体没有任何共同点。那些理论都是基于静止物体的性质，光带直线投影，其实也就是力学实验或者光学实验，绝不能当作几何的实验。此外，还有一个本质原因让我们觉得几何非常熟悉，就是我们身体各部分——眼睛、肢体都有着几何物体特征。这样的话，我们的基础实验便是成了生理实验了，其基础便不是几何学家要研究的空间本身，而是他的身体各部分，即他要用的研究工具。

相反，我们的力学基础理论及其实验向我们证明它们是实用的，都是以同一个物体，或者相似物体为基础。大方向的传统理论都是对实验以及法则直接性的自然地总结得出。

我们不说在追溯科学理论最根本的前沿，那是我们人为加上去的。我要是在静止物体研究的领域里分出一个障碍几何学，就是应该这样叫，我就可以将它屹立在实验力学及传统理论力学之间。不过，其实谁都知道我在分开这两个科学体系时，根本不遵照它们的原则，传统力学里面留下的，在系统隔离的情况下，只是很小的一部分，根本无法与宏大的几何学理论体系相并论。

不过也有人看到了为什么力学运动应该当作实验科学来教。

因为只有那样，我们才能明白科学的本质，对于我们理解整个科学体系的本质至关重要。

此外，你要是研究力学运动，你就要去将它运用于实践。但是只有它反映客观情况时，我们才能运用。现在，这些理论都具有概括性和确定性，但它们失去了客观性。所以，对于这些理论的客观层面，我们要尽早熟知，我们对客观的探索必须从特殊到一般，不能朝相反的方向前进。

这些基础法则是我们的研究基础，也是换了脸的定理。但是它们都来源于实验。只不过这些实验得出的法则都上升到了一个理论层级，我们都习以为常地认为是绝对正确的基础。

一些哲学家的概括太抽象了，他们都认为法则就是整个科学，整个科学理所当然地就成了研究基础。

然而，这些自相矛盾的存在主义，当然没有任何站得住脚的地方。

第四部分 自然界

第九章　物理假想

实验与总结的作用

实验证明就是我们真理的唯一来源。因为我们只能从实验得出新事物或者确定一个事物。这两点毋庸置疑。

但如果实验占据研究的所有部分，那哪里用得着数学物理呢！那实验物理在这样的理论辅助下有什么用？看似没有任何作用，甚至很危险。

然而，数学物理还是有存在的空间，也为我们的研究作出不可怀疑的贡献。这里，有些我是要解释的。

那就是只靠观测是仅仅不够的，此外，我们还需要总结我们的观测结果。这就是我们作为人类必须要做的。人们只有在不停地犯错和积累下，才会更加谨慎，他们就仅仅观测，总结得却越来越少。

每一个时代都认为前一个时代的研究很没有意义，总是觉得他们总结得不够完美，也太狭隘。笛卡儿就曾经笑过爱奥尼亚人的总结，如今我们却在笑笛卡儿了。所以，以后我们的后代也会嘲笑我们的。

但话说回来，我们就不能直接研究到尽头吗？这是不是我们预见的回避嘲讽的方式？我们就不能满足于现有的实验结果吗？

错，这当然不可能。因为这说起来都觉得是对自然规律的不正确把握。我们作为科学家，就要讲出道理。科学是建立在事实的基础上，就好比房子以石头做地基一样。但是仅有事例也不能算作科学，就像一堆建房子的石头摆在那儿一样。

科学家应该很清楚这一点，并有预感。卡莱尔就曾经说过相似的话，他说："没有什么比事实更重要了。约翰·莱克兰也提到过，"这世界上有一样东西值得我欣赏，我也愿意用我所有知道的理论来解释它。"卡莱尔和贝坎一样是老乡，但贝坎不会去发表相似言论。因为那是历史学家的语言，而物理学家就会这样说："约翰·莱克兰经过这里，跟我没什么关系，因为他不会再次从我这里经过。"

我们都知道实验都分好的和差的。差的积累多了也没什么用，尽管人们会进行上百次，或者上千次。一个真正大师的成绩，比如巴斯德，就足以让这些没用的实验靠边。贝坎会明白这一点，就是他创造的实验与理论的博弈。但是卡莱尔不会明白这些的。事实是铁定的。一个之前没有看过任何温度计上数据的小孩的读数，如果只是事实重要，那这个小孩就有了和约翰·莱克兰相等的地位。那为什么小孩读出的数据就没有一点意义，物理学家的读数却显得非常重要？这是因为，从第一个读数中，我们无法作出任何推断。那么，我们怎么评价一个实验的好坏？是可以告诉我们单独事实以外的，还是有预见性的，可以让我们归纳总结的？

如果没有了总结，我们也就失去了预知的能力。那些事件发生过的条件是不会自己再次马上重现出来。我们也不可能看到一个事件重复发生两次。我们唯一能肯定的就是在相似的环境下，会有相似的事件发生。我们为了预知未来，就假设一些相似的情况出现，然后再归纳总结。

不管一个人有多胆小，他研究这个总会人为地加一些东西进去。我们通过实验得出一些零散的观点，但我们自己就要将它们用一根绳子串联起来，这就是好的一面。但我越这么做，我们跟随的曲线就会经过我们观测的点及附近的点之间，却不经过这些点。所以，我们不会在总结现象时给自己一把枷锁，而是去改正它。那些物理学家呼吁不要去改变而是去满足于实验结果，就不由自主地提出一些很奇怪的定理。

但这些实验初次得来的结果不足以我们研究，这也是为什么科学需要归类，而且是有序归类。

我们经常说实验必须要在我们明白道理之前就进行，但是我们就算这样尝试了，也通常没有什么结果。每个人对于理论都有自己内心的一套法则，一般很难跳出这个局限。所以，我们就要用语言，我们的语言都是由一些我们明白的东西构成的，不然我们根本无法表达。只有这些才是我们潜意识理解到的，比别的要危险一千倍！

那是不是如果我们要介绍我们完全熟悉的其他事物，就要召集魔鬼？我不这样认为。我认为倒是相互平衡的产物，也就是“解药”，但它们之间总的来说还是有矛盾存在，我们因此就要从不同角度来看待事物。这从一定程度上解放了我们的思想。他也不再是奴隶，来选择自己的主人。

因此，多亏我们的总结，我们观察到的每一个事物都让我们预见其他更多的，只是不能忘记第一个本身就是确信的，其他的只能说是很有把握。不管结果多么准确，多么有根据，我们都不能完全确信实验是无法反驳的，我们只是用实验来验证。但再怎么说也是很有可能发生的情况，我们其实也就可以满足于它了。我们觉得就算在猜想未来情况时再怎么不确定，也比不去猜想要好得多。

所以，我们只要有机会去猜想，就不要将它只看作验证。其实所有的实验过程都很长，也很艰辛，人的精力不多，但是我们要阅读的资料相当多。和这比起来，直接验证时的数据几乎在数量上可以忽略不计。

而且我们要从最少的数据中尽可能地得出最多的推理,尽可能地确保大的可能性。所以说我们面临的问题就是提高我们的知识数量。

我们先拿不断增长的图书馆和科学做比较。图书馆的馆长就要考虑到收藏图书时有限的资金。但他能做的就是不要去无故浪费这些资金。

同理,实验物理就是让我们尽可能地推理出结论,其实也就丰富了我们的图书馆。

至于数学物理,它的作用就是给体系分类。如果分类工作做得好,体系就不会繁杂,使读者更能充分利用现有的资源。

如果我们说出资金对于图书馆建设的差距所在,馆长就会更谨慎地使用他的资金,这其实比有多少钱更重要。因为对于一个图书馆来说,有限资金永远是不够用的。

如果归纳分类是数学物理的工作。在分类归纳的时候,我们就要看到知识在不停地提高总结归纳而得到增长。但我们怎么样才能做到这一点,并且很成功,这就有待观察。

自然的统一性

我们有没有注意到每个总结归纳首先在一定程度上体现了自然的统一性和简洁的特征。说到统一性,我们对此并不感到困惑。宇宙各个部分如果和我们的身体没有任何相似的特点,它们之间也就不会有任何作用关系,也不会感知到有对方的存在,所以我们也只能知道它们其中的一部分。我们就不会问自然是不是一体,而是怎样成为一体。

这不是一件很容易的事。我们很难有把握认为自然界就是这么简单,我们可以毫无顾忌地模拟自然。

有一段时间我们认为马里奥特的结论非常精确,菲涅尔和拉普拉斯说过自然不存在分析上的困难之后,就觉得还是自己对自己作出解释,因为当时盛行的观点与他的差距很大。

尽管现在与当时盛行的观点有了很大的不同，但那些坚持认同自然规律的简约法则的，仍然觉得自己要和以前一样，要解释背景知识。他们同样无法回避一些必须作出的无用的归纳，因此，看起来整个科学都是不可能的事情。

我们其实很清楚所有的事件都可以有无数种方法来总结，只是看我们选择哪种，而我们总是遵守简约原则选那个最简单的。比如最常见的加法原则。我们要经过一条看起来非常普通的，位于我们观察到的点之间的连续的直线。我们如何避免点会做出角或者一些太急的拐弯来？我们为什么不使曲线成为最多弯的Z形路。这是因为我们之前知道，那些法则不可能这么复杂。

我们也许会根据卫星的运动状况或者周围大行星、小行星对它的影响，算出木星的质量。我们如果将这三种方法折个中，我们就会发现它们彼此非常接近，但是不能说是完全一样，我们于是就把这些不同的地方看作引力的作用。我们日后肯定会用这样的方法。但是我们为什么又不用？因为看起来很烦琐，也没有必要，而不是很荒谬。所以我们只是在万不得已的情况下用，也许有时还未必会考虑。

其实，每一条法则都是简单的，直到有相反的情况被证明出来。

这种物理学家的常用方法我已经解释了其原因。但是面对越来越多且日益复杂的新理论、新发现，我们又如何认为这种方法永远可行？我们既然相信宇宙是一体的，我们怎么解释该方法的合理性？因为如果万物都是紧紧相连的，这么多错综复杂的关系，又有着各种交织的因素，看起来就不会很简单。

我们如果了解科学史的话，我们就会看到两种相反的现象发生。有时是简约原则隐藏在复杂的万象之中，有时极其复杂的表象却会以简单的外表进行伪装。

那有什么比行星的运动更复杂，让我们更迷惑？什么比牛顿的定理更简单？菲涅尔说过，自然就跟运动一样做着非常复杂的动作，但用的方法都是非常简单的，并且结合这些现象就可以产生与我们日常一点点小的区别。这就是隐藏下的简约，但我们必须要认识到。

当然也有很多相反的例子。在气体动力学里面，分子的高速运动，在不停地猛烈撞击中，分子也在不停地变道，其形态也是最多变的，在空间中没有方向的乱窜，我们可以看到马里奥特的简约法则。但单独的个例显得很复杂。很多法则多少都重塑了简约原则，简约得一眼就能看出来。但是感官的粗略感知让我们无法感知到复杂的现象。

很多现象其实都遵循一个比例法则，因为在这些法则里，有一些很小的东西在作用。所以我们分析出的简单法则也只是总的法则的一部分，总的法则就是“一无限小的函数值与其变量都是成正比的”。虽然我们不觉得是无限小，但也是非常小。这也是为什么我们所理解的比例法则非常的粗略，简约原则也就停留在表面上。这些也都适用于小物体运动的特殊位置的定理，其运用功能很强大，也是光学的基础。

那对于牛顿定律本身呢？它的简约我们还没能探索个所以然，只停留在表面，谁又知道这是因为一些复杂的力学现象，或者是一些细小物体的不规则运动的影响所致，还是因为在很多研究数据下或平均化了显得简单？但不管是什么情况，都不难假设每一个定理都有个对应的名词来称呼，这在很小的距离会很明显。因此，在天文学里面，他们不认为是改进牛顿定律，或者定理又变得很简单了，都只是因为行星的距离太远了。

如果我们的观察足够敏锐，就可以从复杂的现象中看到简单的本质所在，也会从简单的表象看出复杂的本质，而且不用再进行推测到最后是什么样。

我们必须要在一个地方就停止，那我们就在科学范畴里面，找到简单的事物本质就停止。这也就是我们回顾我们以前的总结归纳的唯一基础。虽然我们没有深挖这个基础的本质,但看起来我们已经觉得非常可靠,而这就是我们之后要探索的。

于是我们信仰着简约原则,就要看总结归纳在我们看到的现象时是什么在起作用。我们在多种情况下验证出了一条简单的定理,并多次重复,因为我们不认为这是一次偶然地机会得来的,便认为这在总体情况都适用。

开普勒和第谷一样,认为行星的位置就在一个椭圆轨道上。他从来没想过有一个偶然的机会,第谷发现行星的真正轨道将这个椭圆打破之时,天堂便出现了,而他没有观察到这个天堂。

无论这个简约原则正确与否,里面是否有一个复杂的本质?哪一个更重要?无论是不是因为有大的数量影响,以至于个体差异几乎可以完全不计,也可以让我们不计较一些细微差别,这都不是因为巧合。这种简约原则都是有原因的,无论是真的还是假的。我们脱离的路径当然还是一样的,我们在几种不同的情况下观察一个简单的定理,便说出我们自己认为有理有据的假设,即使在相似的环境下也是正确的。如果不这样认为的话,就是认为机会巧合都是一些不可靠的东西。

但是,区别还是存在的。这种简约原则如果是存在的,很关键很重要的话,这对我们日益精准的测量发展会很不利。而我们要是不认为自然就是如此简单,我们的推理就要从粗略到严谨,这些我们以前都做过,但是我们以后可能就不会再这样了。

比如开普勒的定理就很表面很肤浅,但这并不影响我们的研究运用。相反,我们几乎把它用到各个类似太阳系的系统中,而且同样严谨精确。

假想的作用

一切的总结其实就是假想,因此假想的作用从来就是不可替代的。

然而,需要尽早验证它的真实性。当然,如果无法经受这种测试,我们就会放弃这种猜想。而我们也经常这样,但有时也是带点玩笑地将其赶走。

这种“随意的”玩笑甚至没什么依据。相反,一个物理学家要是放弃了一个假想会很开心,因为这也是他获得新发现的偶然机会!但是我觉得,他之前的猜想也不是未经深思就提出来的。他也考虑过一切可能发生的情况。如果在验证时,情况不对,那就是因为有没预料到的情况或者一些我们无法理解的情况出现,这就是我们发现未知的新事物的绝好机会。

那些被遗弃的猜想就一文不值了吗?不是这回事,相反,它比起我们运用的猜想还有更多的价值,不仅仅是因为我们之前通过严密的实验得来,而且没有了之前的猜想,我们只能凭机遇来进行试验,什么都无法得出。什么伟大的想法我们都无法得出,除了我们知道的事件越来越多,但都是没经过任何推理思考的原始数据。

既然这样,那什么条件下的猜想才是可以完全放心运用的?

其实实验中的肯定结果还是远远不够的,因为还是一些不确定的假想。首先,我们不会有意识地认知到这点,因为这些都不是一眼就能看出来的。因为我们在证实这些猜想之前就有了它们,我们就无法放弃它们。这其实就是数学物理可以帮助我们的地方,其精确的特性可以让我们在不确定这些假想的情况下将我们的假想公式化,但在我们认识到以前呢?

此外,我们还要知道不要将假想直接叠加起来,使其一个个排序。我们的理论要建立在这些猜想之上,如果试验最后证实它们全是错的,我们的基础理论也要重新洗牌。相反,我们的实验如果证实了,我们是不是就可以马上相信那些猜想理论呢?是不是就可以相信一个方程就可以解出几个未知数?

所以我们就要平均地将猜想的种类划分出来。

第一种就是纯属自然的,人们难以摆脱。我们很难假设遥远物体的作用可以忽略,还有小规模的运动是遵循线性法则的结果就是关于起因的连续函数。我要说的是这些假想条件都是在对称的情况下确立的。以前我们认为这些假想就是数学物理所有理论的基础,它们是这一体系的最后一道防线了。

第二种也是第二级别的猜想就是我说的中性的。我们在大多问题的分析里也都假设在推算开始,物质要么是连续的,要么是由原子构成的。假设也有可能是相反的,但结果最终还是一样的,也只是相反的路走得更复杂一些,仅此而已。如果实验成功了,实验者会不会宣称他已经证实原子是存在的?

在光学里面,有两个向量:一个是速度,一个是向心力。这也是一个中性假想,因为我们从正反两个方向推理,都会得到答案。但是实验成功并不能证明第一个概念就是速度,第二个是向心力。这只是我们作为基础理论的假想,只是为了将其赋予一个具体的形象,也是我们脑袋缺失的,我们要么就想是速度或者角度,或者同样我们也可以用 x 或 y 来代替。然而,不论结果怎样,都无法证实它们的确就是那样的。

这些中性假想并没有什么风险,只要我们正确了解它们的特性。但是,在我们计算或者帮助我们假想具体的情况时是有很大帮助的,或者帮我们修正理论。我们因此就不能排开这些。

第三种假想就是真正的归纳总结,这些就是必须要实验来验证或者证实。不管结果是对是错,都不能说一点用都没有,但是,我说过,只在不过多泛滥时是有用的。

数学物理的起源

我们来继续深究数学物理的起源和发展的条件。首先我们来看科学家是如何将复杂的实验中的初始现象分解为很多简单的本质现象。

有三种办法。第一是时间。他们都是将时间点上发生的事情一个个串联起来，并一个个分开来分析，而并不是直接从整体发展入手。他们还承认这世界只受即将过去的事物的直接影响，而不受遥远的过去的记忆的直接影响。根据这些，我们不再从整体和现象的发展轨迹直接入手，而是编写不同阶段的方程式。因此，我们用开普勒的定理取代牛顿定律。

之后，我们来分析空间里面的现象。实验展示给我们的就是一堆杂乱无章的事实，我们要从中发掘一些本质的基础现象，相反地，这些都只占空间的很小一部分。

举一些例子我们可能更好明白。比如，我们要是研究整个降温物体的各部分温度的情况，就不会取得成功。如果我们认识到物体上的一点不会直接将热量传导到很远的另一点上去，问题就会简单很多。相反，它只会把热量传到临近的点上去，而且传出去多少热量，还有热量能传多远，都是有一定程度的。其本质就是两个连续的点进行热量交换。我们要是认为自然不受分子的温度影响，其距离是可以感知到的，问题也就相对容易。

我要是折弯一个棒子，让其形状变得非常复杂，直接研究肯定不可能。但是，我要是看出这些变形都是因为一些棒内的很小的物质变化导致，那它们的变形只会受直接作用在它们上面的力，而不是作用在其他地方的力的影响。

这样的例子我可以举出很多，都可以叠加起来，但是我们可以总结出一点，那就是力不能在远处直接作用，至少是特别远的距离。这就是一个假设。但引力法则表明，这也不总是正确。我们因此就要验证。如果得到证实，它将是一笔宝贵的财富，尽管结果很粗略。我们可以根据这建立数学物理，哪怕是粗略的数据。

如果无法得到证实，我们就必须找到其他相似的来证明，因为还有其他方法可以追溯到基本的本质形象。如果是几个物体同时作用，那情况可能就是它们的作用力是独立存在，但是又相互影响，无论是以标量还是以向量形式呈现的。我们追溯到的基本本质现象就是一个单独物体的作用力。不然，我们又要回到小规模的运动中来，一般不会有大的变数，都遵照我们熟知的重叠法则。我们因此观察到的现象就会分解成一个个简单的现象，比如声音就成了五线谱，白光就成了组成它的元素。

剩下的就是如何寻找及分解这些基础现象。

首先，我们为了发现这些，或者去寻找对我们有用的那一部分，就要贯穿整个力学理论部分，学习理论也就足够了。

我们再来想想热的辐射情况。每一个分子都辐射周围的分子。至于遵循什么法则，我们还不清楚。我们要是根据这作出假设，那假想就是中性的，当然也无法验证，没有什么用处。其实，多亏了平均原则及介质对称法则，不然区别不会这么小，我们几乎都可以忘掉，不论我们如何猜想，结果总是一样的。

电学的情况和这是一样的。周围的分子相互吸引排斥。我们虽然不知道里面是什么定律在支配其运行，但我们照样得知这种吸引只会在很小的距离发生，分子其实非常的多，而且介质都是对称的，事实上，我们只需要让大多数法则作用就够了。

这里我再次说明，基础现象的简约原则是隐藏在发生的复杂事件里面的，但是反过来，我们只看得到表面现象，其实里面有着很复杂的力学体系。

我们最好还是借助实验来观察这些基础现象。我们要借助实验的力量将自然界里复杂的条条框框分类，尽可能单独分析个体现象。比如，我们研究天然的白光分解，我们借助三棱镜将其分解成各个颜色的光谱；我们使光偏振，我们就用偏振器。

但是不幸的是，这还是不够，而且难以实现。有时我们的理论要超过实验水平，有一个例子总是使我难以忘怀。

如果我分解白光，就要使一小部分光谱带隔离，但是不管有多小，总还是会有光带。所以，自然光，也叫单色光，给我们呈现的就是一个很窄的光带，但不是无限的窄。我们因此假设通过实验来得出这些自然光的性质，使光带越来越理想，直到极限，我们就可以严谨地得出光的单色性质。

那也不能完全说是准确的。如果有两束光从一个光源射出，我们就先将它们在两个垂直的平面上偏振，然后光反射到同样的平面上，并且两束光谱互相干扰。如果光是完全属于一个色系的，就会有干扰，如果不是，而只是接近，那就不会干扰，无论光带有多窄。所以为了尽可能排除干扰，光带要比最好的光带小几百万倍。

在这里，我们努力通往无极限的前进道路上，我们被自己的感觉骗了。因此，我们的理论要高过实验。如果能成功，那是因为有我们的简约原则来指引我们。

我们的基础知识告诉我们用方程来解决这一问题。我们除了把一些很复杂但可以验证或者观测到的现象堆积到一起，然后进行推理，也就没有其他别的方法了。这就是我们所说的归纳法，是数学家的事情。

也许有人会问，在物理科学里面，归纳的形式总是和数学一样的。这个很难给出相应答案。这也并不是因为我们已经拥有很多定理来阐述它，而是因为我们能观察到的现象是很多相似的基础现象的重叠导致的。这就是为什么我们很自然地得出不同的方程式。

一个方程遵循一个相同的规律，我们觉得还是不够的，要所有结合起来的都遵循一个相同的规律。这时，我们才能发挥数学的作用。其实，数学也告诉我们该这样做，将相似的组合在一起，目的就是得出结果，不用再一个个地回到结合的部分再检查。那样的话，我们就算重复了多次,也会通过推导提前知道结果,我之前就也在数学逻辑那章里面讲过。

但是,所有的重复都要是相同的。而在相反的情况下,很明显要一个个去分析,于是数学在这里变得一无是处。

这里我们要归功于研究物体相同性质的物理学家,他们提出了数学物理。

我们不可能在自然科学里面找到这些条件:物体的性质相同,物体不受相对远的物体影响。基本事件具有简约性,这也是为什么自然主义者要用其他方法来总结。

第十章　现代物理的理论

物理理论的含义

教徒们对于科学理论更新换代的速度感到惊讶。经过一些年的发展，一些旧的理论相继被新的理论取代了，新的理论建立在旧的理论基础上，但不久又成了旧理论废墟。所以他们就预言推断，我们今天的新理论终将会被取代，也会被完全当作垃圾。这也是我们为什么说科学也是会破产的。

这种怀疑显然很肤浅，没有考虑科学的目的及作用。不然，他们会理解就算是被废弃的理论，也照样是对一些东西有利的。

似乎菲涅尔的理论是最有道理的，说光是空气里的原子的某些运动。但现在我们更愿意接受马克斯·韦伯的理论。这能说明菲涅尔的理论就是一无是处了吗？错，菲涅尔至少引导我们探索空气中是否有运动的原子，是否由原子构成，原子是不是这样或那样运动。其实他的目的就是预见光学现象。

不管是现在还是马克斯·韦伯之前的时代，我们认为他一直就是这个意思。这些不同的方程总是正确，也总能用同样的方法结合到一起，其结合的结果也总是那个值。

我们并不是把物理理论贬低为只是像一些眼前实用的佐料一样。这些方程都蕴含一些关系，如果这些方程是正确的，就是因为它们都是基于真实情况的。我们一直也在通过它们找出这与那之间的关系。以前我们叫它运动的事物，现在管它叫电流。然而，这些只是我们对自然真实情况的一个反映，至于真正具体怎么样，它就永远藏在自然界里。而我们探索的终点也就是它们的真实关系。对此，我们只能模拟出真实条件下那些物体关系怎么样，并且用我们自己创造出相同的情况来重现这些。我们这样能得出它们之间的真实关系，那就算是人为模拟出的，又如何？

一些周期现象（比如电位移动）就是因为原子不停地上下移动，就像钟摆来回运动一样，原子也确实那样来回运动，但我们对此并不能确定，也没有什么意义。但在电位移动、钟摆运动以及一切周期性运动之间，有一个很紧密的关系，与一个很深远的事实紧紧联系着。这种紧密的关系，或者延伸到这种相同的关系的细节，就是由一个更广泛的法则作用而成，也许是能量法则，或者是运动法则。目前，我们也只能确定这么多，这些真相其实都是披着同一件外衣，我们只是在需要的时候将其揭开。

我们有过大量的理论分支。第一个理论提出的总是不完美，也只概括其一没有其二。之后就有了赫尔姆霍兹的理论，然后又有不同方法的修正，另外，作者本身也想过另一个体系是建立在马克斯・韦伯的上面。但是每一个马克斯・韦伯后面的科学家都遇到一个相同的方程式，虽然起点都是一样的，但后来却分道扬镳、另立门户了，哪一个给了我们深刻的印象呢？我可以唐突地说一句它们都是同时正确的，因为都是到达一个正确的结论上去，都同样揭示了一个客观存在的关系，那就是聚集与非正常离散的关系，而不仅仅是我们通过任何一个理论预见到的都是同一个现象。这些基础定理的共同点，对那些作者来说，就是肯定了这与那之间的关系，我们只不过分别给了它们名字。

对于气体的动能理论就有很多争议，但哪个是绝对正确的，我们很难给出答案。但是不能否认这些争议以前的有用之处，特别是在揭示气体之间的压力及周边的压力之间的关系时，但是对于自身是看不见的。

所以,我们只能说他是对的。

因此,物理学家得出两个自相矛盾的结论对他都有意义,有时就会这样说:“我们不会去理会那些,但是紧紧抓住两端,至于中间的联系部分是不为人知的。”如果我们把物理理论与教徒的说教归为一类,理论家就会感到很尴尬,他的观点也会很荒谬。正是因为有矛盾,所以至少有一个要被认为是错误的。如果在它们之中我们只去找我们需要的,那情况就会不一样了。也许我们只看到矛盾的所在,但它们两者都说明了真相。

对于那些认为我们给科学家设了太多枷锁的人来说,我要跟他们说的就是这些我给你们的问题,不仅无解,而且只是幻想,没有任何实际意义。

然而一些哲学家认为一切物理现象都是原子之间相互作用引起的。他要是只说物理现象的关系就好比很多球之间碰撞的关系都是一样的本质,这倒是可以验证的,也是一个客观事实。不过他并不只是提到这些,我们自认为已经懂了,那是因为我们知道那些自身是什么影响。为什么如此?仅仅因为我们经常见到打台球时的情景。我们再想想上帝如何思考这些关系,跟我们观看台球的样子是一样的吗?我们要是不把这种天马行空的感觉联想到上帝的思考中,也不给我们的思想加个边框,之前我也说过是个不错的选择,这事就这样不了了之。

这种猜想其实除了有比喻意义也就没有什么研究价值了。科学家也不必像诗人寻找比喻手法那样再去挖掘这些猜想了,然而,这些猜想也不能说一无是处,因为它们还是让我们得到了一种心灵上的满足感,只要不是涉及一些观点上的猜想,就没有什么不利于研究的地方。

这也就是为什么我们遗弃了一些定理,最终实验证实又是错误的,但是后来突然又出现在我们的视野中,又有了用武之地。那是因为这些定理也揭示了真实存在的关系,我们即使因为种种原因要采用另一种方法来表达同样的规律时，也一直这样。所以它们的价值也就一直存在。

大概 15 年前，没有什么比库伦流体定理更让人觉得是一派胡言，说的内容感觉都是完全没有根据的。但是后来库伦的定理又以电子的名义再次出现。永久带电的分子和库伦的电子又有什么区别？我们都知道电子的质量非常小，也就是它们还是有质量的(但现在我们有了新的观点)。然而，库伦也没有否认它的流体也是有质量的，就算否认，那也不会一直那样。确信有关电子的想法会不会是像椭圆一样，离我们时远时近，虽然如此，我们觉得这些的回归不足为奇。

然而，印象最深刻的是卡诺的理论。卡诺理论就是从一个假的猜想出发。而我们发现热并不会消失，而是会转化成能量来工作，我们便放弃了他的理论。之后克劳将该理论重新派上用场，并且最终取得很大的成功。他看到卡诺的初始理论确实也揭示了一些其他关系，只是很粗略而已，虽然不是我们之前说的那种。但是其他人并不为之所动。后来克劳也只好把它废弃，就像一根被砍掉的腐烂树枝。

结果后来就引入了热力学第二法则，揭示的关系几乎是一样的，尽管这些关系不会长久存在，至少在同一个物体之间的表面上。然而这就足以使这一理论的价值存在，甚至因此卡诺的论证也会存在。虽然它的应用是一个错误的方向，但基本形式(本质)还是正确的。

刚才我说的又让我想到了归纳法则的作用了，比如最少运动法则，或者能量守恒定律。

这些法则都有很高的声誉，因为它们在揭示很多物理定理里面的共同点。因此很多人一致认为是在探索我们大量观察的本质所在。

但是，其结果就会因为它的概括性太强而无法用实验来检验，我在第八章里说过。由于我们不难给出能量的具体定理，能量守恒定律也就揭示了宇宙中有一个量是永恒不变的。那么未来的理论又能给我们什么样的想法，我们能肯定的不过是宇宙中有一个量是永久不变的。那可能是能量。

那这理论就没意义了吗，仅仅就是一句话而已？错，它揭示了不同事物的联系，我们叫能量，这些事物都有一个大方向的共同点，我们由此可以确定这个真实存在的关系。我们也许不能这样毫无意义地拓展这些理论的意义，但是在严格接受时，我们肯定会去验证。如果理论的作用达到巅峰，我们已经将其挖掘到了尽头的时候，我们又是怎么知道这些的。换句话说就是，我们觉得它的用处已经用完了，我们也不会靠它再去发现什么新东西。这样，我们确定这关系也不再有用，不过其他情况下，也是有用的。因为实验已经证实它的错误了，虽然没有直接反驳这个延伸结果。

物理与力学

很多理论家一直喜欢借鉴力学与动力学的理论来解释事物。如果他们可以解释成一切运动都是分子之间相互吸引的结果，又遵循一定的规律，一些人就会满足这些。还有一些人会继续深究，他们会在远处压制这些吸引。分子就会呈一条直线往前走，只有遭受冲击，才会改变方向。还有的人，比如赫兹，改变压制力的大小，但是他们假设分子会受制于相似的几何拼接，比如我们世界里面的连接。于是动能关系就降成了势能关系。总之一切事物都将自然看作一件事物，他们不满足于从外界开始探索。那自然是不是那样？

我们会在第十二章回答这个问题，在马克斯·韦伯的理论里面。不管是满足能量法则还是最少运动法则，我们都应看到有不止一个力学上的解释。幸亏有著名的联系理论，我们才能有无数种方法来解释一切，只要我们联系到赫兹或者中心力上面。因此，我们肯定就会认为一切都可以解释成是撞击影响的。

那样的话，我们就不需要满足于普通的物质了，我们既能直接感知到，其运动我们直接就能察觉出来。要么我们假定一般的物质都是由原子构成，里面的原子运动我们一无所知，但是总体的变化我们还是能感觉出来：要么我们想象这些微小的流体不管是在空气粒子的名下，或别的物质名下，一直都在物理理论中发挥举足轻重的作用。

有人研究得更深，认为空气里的粒子就是最原始的物质，甚至是唯一的真实物质。还有人可能就没有这么偏激，认为一般的物质就是压缩的空气粒子，也没有什么值得惊讶的。然而，其他人都没有看到其重要性，仅仅认为是宇宙的几何中心。比如，罗尔德·开尔文认为物质就是一个中心点，这里的空气粒子都在无规则地运动着，黎曼则认为，物质的中心点，是空气粒子不停地进行毁灭的地方。而离我们时代更近的学者，比如维切尔特或者拉莫尔，认为是空气粒子在经历一系列很特殊的自然现象时里面的中心点。如果非要采用其中一种观点，我们就要问，我们是如何把这些延伸到空气的，甚至认为是真实存在的物质，力学运动里面看到的只是一些假的物质？

当我们不再认为热是不能消失的时候，古老的流体、卡路里、电能等，全都不再考虑。但是这也有另一个原因。在将它们物质化的时候，我们也注重它们的个体特征，但它们之间就有一个空白，要用更加真实的自然统一性的想法来填补，这些紧密的联系把它们都结合起来。这不仅仅是古老的物理学家把所有流体结合起来，不必要地创造了一些物理名词，而且使它们失去真正的联系。

只是确定这些物质没有任何假的关系是远远不够的，还不能隐藏真实存在的关系。

还有我们所谓的空气粒子是不是存在？我们虽然知道这种想法的由来，如果光从一颗遥远的星球到达地球，途中的几年里，光既不会在星球上也不会在地球上。但是它肯定在一个位置，而且是持续性的，有一定的物质支持。

如果用数学语言来说，就会显得更抽象。我们唯一可以确定的就是分子运动所带来的变化。比如，我们看到图像上的星球的热量几年前放着光的现象现在是什么样的。现在，在普通的力学运动里，我们所研究的系统只和本身的即时开始状态有关系。所以，这系统可以满足不同的方程式。相反，我们要是不相信有空气粒子存在，那物质宇宙不仅和现在的状态有关系，还和以前古老的状态也有关系，这系统就和无限个不同的方程式有关联了。其实，我们在逃避这种力学运动概括理论的争议，所以我们就创造了空气粒子。

用这种空气粒子来填补行星间的空白，但是不改变介质本身。菲佐的实验则研究得更深远。通过激光的干扰，经过运动的空气和水，我们看到了两种不同的介质互相穿过，也相互变换位置。

我们似乎感受到了空气粒子。

但是还有实验也让我们感觉到它的存在。想一想牛顿定律、作用与反作用法则，它们在运用到物质本身就失去了意义，但是我们还是建立了它们。但是作用在物质分子上的几何量不会没有意义的。只要我们不拿去解释空气粒子，不改变力的运动，为了这个作用能被其他的物质反应抵消掉。

或者我们假设发现一切光学或者电学现象都是由于地球运动引起的，我们就应该想到这些现象会给我们揭示物体的相对运动，但什么是绝对运动呢？之后，我们又需要空气粒子了，但所谓绝对运动并不是相对于虚无空间的移位，而是以具体的物体为参照的。

我们能这样实验吗？我认为没什么希望，不过这也并不是那么无依无据，而且还有人这么做过，为什么这样？

比如，在洛伦兹的理论里，之后我会在第十三章里详细说到，如果是正确的，牛顿定律就不会单方面涉及物质，而且不同的地方用实验不好说明。

另外，很多研究都考虑过地球是运动的。但结果并不那么理想。我们之所以那么做，是因为我们之前不知道结果会是什么样。还有，根据盛行的理论，补偿只会是粗略进行的，但是人们会希望看到精确的方法来得出好的结果。

不过我认为希望渺茫，但是如果成功了，我们会觉得非常有趣，因为展现给我们的会是一个新世界。

现在我要更宽泛地解释，为什么我不认同更精确的观察比起物体的相对位移更能说明结果，尽管有洛伦兹的例子。实验应该让我们知道第一等级的定理，而结果总是没那么好，这都是因为巧合么？其实也没有谁假设过，没有谁总结过，作为一个有用的解释。但是洛伦兹发现第一等级的定理必然会相互湮灭，不是第二级。之后，又有了更精确的实验，但也没有什么用。这也不是什么偶然性，所以又需要解释，而我们总可以找到一种又一种猜想，这我们不缺。

但这是不够的，有没有谁察觉到这对于偶然性的解释还有很大的发言机会？这难道不是一种偶然性？这种出奇的偶然性，使得一些特定情况会很快到来，并毁灭第一等级的所有定理。还有第二种情况，跟这完全不一样，就是负责毁灭第二等级的？不是，我们有必要找到它们共同的解释，然后，一切都会让我们相信这种解释同样适用于更高等级的定理，它们的互相毁灭也是完全肯定且严格执行的。

科学发展的现状

在物理科学的发展历史里，我们有两个相反的体系。

一方面，我们不停地发现物体之间新的联系，而这些联系以前注定是不会发生的。这些发现的新事实涌现出来，而我们对此也不再感到陌生。我们将它们按照自己定义的相似法则来让它们对号入座。科学由此发展到统一和简单的状态方向。

另一方面，我们通过观察不停地发现新的现象。它们很希望我们给其命名，有时，我们为了让它们对号入座，一大堆草稿都可以用掉。在这些我们已知的现象里，我们的粗略感官给了我们一种万物都有联系的感觉，我们每天都看到细节在不停的变换，以前认为简单的，现在却复杂了，科学也因此复杂化，种类也越来越多了。

在这两种相反的趋势中，哪一种会更有影响力？哪一种会胜出？如果第一种胜出，我们就会在科学上取得成功，但不会是基础理论的建立，我们此外还担心我们要是没能用我们的语言来描述自然，尽管自然本身符合我们认为的统一性，我们越来越多的新想法会将此忘掉，我们是不是就不用再去分类了，我们的理想就此放弃，科学从此降成一些现象的反映。

我们也无法回答这个问题。我们所能做的也就是研究今天的理论，再就是拿以前的做做比较。这样的话，我们兴许还能有点希望。

半个世纪以前，我们还是满怀希望。那时候我们发现了能量守恒定律及其转换，给了我们力的联系作用的概念。所以我们对于热现象的解释就归为分子的运动。但是我们对于这些分子运动的本质知道得不多，而没人会质疑马上我们就有答案了。对于光学来讲，这任务看似完成了。但在有关电学的领域上，还没达到那一步，电学已经涉及磁学。这就是我们走向统一性的关键的决定性的一步。

然而，电学怎么会与统一性有关系？又怎么会降成普遍的力学运动了呢？

对此没人能给出明确的答案，也不是什么根据让我们觉得如此，而是我们自己相信是这样。最后，我们再来说物质的分子特征，这就比上面的简单多了，但是细节我们还是不清楚，我们一直抱有很大的希望，但是没有一个具体的方向。时至今日，我们发现了什么？首先是一个根本的进步，一个很大的进步。我们知道了光与电的关系，以前电、光、磁三者是分开的独立部分,现在成为一个整体,这个融合就是最终的趋势。

但是,我们也为此付出了代价。比如光学现象就是在某些情况下,随着电学现象的发生而发生。只要它们是分开的,我们根据其运动就很容易解释,这运动也是我们根据所有细节知道的。这当然很重要,但是现在我们为了解释明白,就要涉及整个电学领域。当然这是有难度的。

当然我们最满意的是洛伦兹的理论,在上一章我们看到,里面对于电流的解释就是一些小的带电粒子运动导致。这无疑是我们已知现象的最好解释,因为它揭示了最多的关系,最后它的联系是最多的。但是,它还有一个缺点,之前我可能暗示了。它和牛顿的作用与反作用法则是相反的,或者在他看来这本身没有任何意义。所以,我们要考虑空气对物质的作用及反作用。

但现在,就我们知道的而言,根本就不是这么一回事。

不管如何,我们还是要感谢洛伦兹,菲佐的理论对存在于运动物体光的反映,正常与非正常的聚合离散的法则,都会有一种联系,毋庸置疑地将它们联系到了一块儿。塞曼效应就借助这有了自己的一席之地,也有助于法拉第的磁的旋转理论,完善了马克斯·韦伯的理论体系。这证明了洛伦兹的理论并不是人为组合而成,注定要垮台的。只是我们将它修改了一下,而不是遗弃。

但是洛伦兹没有打算将这些物体运动的光还有电磁现象联系起来,他也没有想要给予其一个力学解释。拉莫尔研究得更深,他保留了洛伦兹理论的重要部分,并开始修改,于是就有了麦克马拉对于空气运动的方向的理论。

他认为,空气运动的速度都是朝着一个方向,大小不会变,只要力是不变的。不管这理论提出得多精典,洛伦兹理论的缺陷还是会有的,甚至把它们都集中了。我们从洛伦兹那里不会知道空气的运动是什么样。但是因为我们不知道,我们就假设空气为了补偿这些物质,就重建作用与反作用的法则。我们通过拉莫尔理论才知道空气的运动,也确信那种补偿不会发生。

如果拉莫尔的理论是错误的,那整个力学解释都不可能实现了?其实并不是,我说过只要物体遵守两个原则:一是能量法则,二是最少运动法则,就适用一切的力学解释。而且光学与电学现象也是一样的。

而我们不会满足于此,为了更好的用力学解释,就要简洁。在很多可供选择的解释面前,我们选了这一个,就会有除了这个选择之外其他的原因。但是,没有一个解释可以满足这一条件,这一条件也有利于一些东西。我们是不是必须发展一下?这样我们也就忘记了之前的目的,这不是力学运动的解释,真正的原因是为了将它们合为一体。

我们对自己的理想还是要设一个限定,我们也不要再尝试建立力学解释的体系了。我们只要能如愿找到一个合适的解释就行了。从这方面来看,我们已经走向成功了。这样,我们就只是确认了一下能量守恒定律。此外,还有一个定理需要确认,那就是最少运动定理,在合适的物理情况下检验。我们验证过多次了,至少涉及可逆转现象中,遵照拉格朗日的方程,换句话说,就是力学运动的基本法则。

那些不可逆转的现象才是最难把握的。但是我们同样给它们以坐标系归类,也跟其他的融合到了一起。卡诺法则就实现了这个。其实热力学在很长时期都是仅限于研究物体的宽度变化及状态的改变。在以前一段时间,他也有所发展,并取得一些进展。我们认为热力学是化学电池的理论基础,也是热电现象。在所有的物理现象里面,我们都已经探索完了,现在又延伸到化学领域。

每一个地方的法则都是相同的,只是表面看起来不同,这在卡诺的原则里有所体现。这些理论在哪里都体现得非常抽象,但是同能量法则一样非常重要,也是一个客观事实。热辐射似乎要回避这些影响,不过我们最近发现它还是受制于同一个法则。

这样，我们就清楚看到极为相似的例子，引导我们观察细节。欧姆电阻就好比黏黏的液体；滞后作用就好比物体的摩擦。在所有的情况里，摩擦就是那些多种不可逆转现象模仿得最多的，这种联系也是真实存在的，也是很宽泛的。

我们在这些情况中也在努力寻找力学运动相似的地方。但是也不是很容易就能发现。我们为了找到它，就必须假设不可逆转的现象只是表象，其实所有的基础现象都是可逆转的，而且遵循现有的动力学的法则，但是由于其中因素较多，又相互掺杂，所以我们一眼看过去，觉得一切都是一体的，一切都是向前进，不会再回来了。这种浅显的不可逆转现象仅仅是多数原则的一个体现。但是，一个无限敏感的生物，就好比马克斯·韦伯想象的守护神，会细分这些微妙的区别，然后追溯到宇宙的过去。

这种理论与气体的势能关系相结合，也让我们花了很多心思来研究，但是总体没有发展到成熟阶段，不过这也只是时间问题。而这不是去检验是否有矛盾的地方或者与真实的自然法则相符合。

但我们在布朗运动上面想想戈优提出的想法，他认为这些特殊运动都应该不是卡诺原则范围内，使其运动的粒子肯定放在翅膀里，肯定要比压缩的一群大雁的连接点要小，这样才能将其分解，并使整个世界倒流。这就是我们看到的马克斯·韦伯的守护神所做的。

总之，以前我们发现的一切现象都好分类，但新的现象现在又来了，就好比塞曼效应一样，都是马上就发现的。

但我们有负极光、X 光，还有铀辐射及其放射性。这里面的世界甚至没人怀疑过，因为很多不速之客都被吓跑了。

然而，在这些东西占领的地方同样没有人来提出一个前瞻性的想法，但我不会相信他们是来打破这种统一性，而是完善。另外，新发现的辐射其实都是和光现象有关系。它们不仅刺激发出光，而且跟发光的条件有时都是一样的。

没有联系的话，它们其实在紫外线照射下和电火花没有关系。

最后，我们都确信在所有的现象里面，找到了真正的离子，比电解质的速度快得不可比较地运动着。

这些其实我们都不是特别清楚，但是都是那么精确。

光的产生，光在摩擦现象中产生，这些领域都是非常封闭的，跟其他的联系很少。我们希望有一种办法能让它与其他的科学有联系。

我们不仅发现了新的现象，我们还在里面看到那些我们没有预见到的现象露出的本质。在自由的空气里，一切法则都有着极为精湛的简约特质，但是我们发现的物质，可以这样说，是越来越复杂了。但是我们都只知道它的大致情况，在每一个时刻，一个新的概念就会在我们的理论中诞生。

但是我们的理论框架还在，我们自认为很简单的物体之间的关系也存在，我们认识到它的复杂性时，这些关系也在它们之间不会消失，然而这些关系也是很重要的。我们为了揭示出自然里的更多细节，方程日益变得复杂。但推出这些方程关系的基础还是一成不变的。换句话说，它们的形式还是保持原样的。

以反射法则为例。菲涅尔用实验来说明它是由一个简单而又推理性的理论构建而成的。尽管日后的实验证明出这些验证是很粗略的，但是它们到处都有椭圆的偏振。因此，多亏这些初次粗略验证的结果，我们才发现这些看似不寻常的现象的本质原因所在，也是变化的地方出现之处。菲尔涅的理论就是因这些本质才闻名。

但是，还有一个现象我还是要说：如果我们之前就发现了其复杂性，这些物体的关系就不可能理解了。举例子的话，就是：第谷的仪器比牛顿、开普勒精准十倍，是之前所有天文学家无所能及的。出生晚的科学家反而是不幸的，因为那样的测量会太精确。物理化学就是这样，其创立者觉得第三位或者第四位小数会很尴尬。但好在他们都有很强烈的信仰。

对物质的性质知道得越多,你就发现其连续性越明显。安德鲁·范德华的努力让我们见证了液体变为气体的过程,而这过程也没有那么突然。同样,液体与固体也没有那么深的鸿沟。我们因此就会看到一系列的相关成就,如液体的固定性,还有固体的流动性。

这样的话,我们无疑就看不出来简约性。以前用几条线就能代表的现象,这些线现在都由直线变成曲线了,多多少少都变得复杂了一些。但是我们这里还有一致性来填平。这些空白的分类让我们不再有疑问,但是不代表我们就满足于现状。

最后,物理方法又会涉及一个新领域,那就是化学。物理化学由此诞生。虽然离我们很近,但是我们因此借助它发现了很多新联系,比如电解质、渗透,还有离子运动。

这些新涌现出来的现象,我们应该推出什么来?

我们达到了统一性,考虑了一切事物。但是没有五十年前那么快就下结论,我们出牌也没有以前那么有章法,但最终基础还是不错的。

第十一章　计算概率

不用怀疑为什么涉及计算概率的思想让我们非常吃惊。这跟物理科学的方法有什么关系？但是我仍然要提出这个问题，因为它还是处于无解状态，对于那些思考物理的哲学家们来说，这问题又非常自然。这种情况我之前两章都是用“机会”还有“可能性”来表述。

我之前说过：“我们预知的现象只能是可能发生的，尽管有的是很可能的。不管这个假想有多么坚定的基础，我们都不能完全确定没有实验来证明它是错误的，但是这种可能性非常大，我们一般也就默认为是完全可能的了。”我再补充一点，就是：“我们信仰的简约在归纳里面是一个什么作用。我们在很多特例中都有验证过一个简单的定理，我们却不承认，而且多次重复，认为这巧合就是一个意外而已。”

所以，在很多情况下，物理学家就跟赌博一样，赌一件事件发生的几率。尽管物理学家主要是通过理性论证，但还是会有意识地计算一下概率，所以我就要介绍这种方法，我们先将手上研究物理科学的方法放一下，来看一下计算概率方法的价值所在，其值得骄傲的地方在哪里。

其实可能性的计算这个名字就是一个自相矛盾的概念。因为可能性本事是相对于确定的事实，也就是说我们不知道的，那我们怎么计算不知道的东西？很多著名的科学家也在运用这种方法，不可否认的是它对科学有着很大的帮助。

这个问题矛盾的地方就是我们该如何解释它。

我们定义过什么是概率吗？是否是属于可以定义的概念？如果不是，我们又怎么去论？但我们说这其实非常简单，即概率就是事件中某一情况可能出生的次数占总事件的比例。

但是一个简单的例子就可以说明它有缺陷。比如，我扔两个骰子。那其中一个是六点几率为多少！其实每一个骰子都有不同的办法扔到，所以一共就有 6×6＝36 种情况，另外，发生一个是六点的情况就是 11 种，概率为 11/36。

这就是正确方法。但我可不可以说：两个骰子的点数组合一共是 21 种，点数为 6 的组合就有 21 种，也就是概率为 6/21。

为什么第一种方法比第二种更有说服力。因为任何情况下，我们不能只依靠概念。

我们就这样完善定理："这些情况在所有可能发生的概率都是相等的。"所以，我们认为，因为它有可能发生，就是可能的。

那么，我们又怎么知道这两种情况发生的概率是相等的？是我们一贯认为的吗？我们的问题探索都是以一个习以为常的想法为基础，我们除了运用代数还有算术，也就不需要用其他方法来计算了。我们同样要百分之百确定我们的计算结果，不给争议留空间。我们要是希望最小程度地运用这一结果，就要证明我们的传统认知是正确的，并直面我们原来想逃避的困难。

是不是会有人说如果我们感官足够强大，可以告诉我们哪些传统可以采用，哪些可以不要？伯特兰德其实在讨论这些简单问题时自己都觉得好笑："圆的边比等边三角形的边要长的概率是多少啊。"几何学家也相继展示出两种传统的认知方法，只要感官足够灵敏，都可以察觉到，第一种是 1/2，第二种是 1/3。

之后所有的结论说明概率计算其实是没多大用处的科学，因为我们有本能，一般我们叫做感官，只要我们感觉是错误的，就没法证明它的正确性。

我们虽然不能没有这种直觉，但是我们也不能就此止步。科学的存在就因为直觉,不然我们无法得出新理论,更别说应用了。比如,我们说牛顿的理论。可以肯定的是,我们观察到的很多现象都符合牛顿的定理,然而,这不仅仅是巧合。此外,我们知道这个理论盛行了好几个世纪,以后还会应用。

有了这一理论,我们就可以计算出木星下一年所在的位置。我也有资格这样相信,不然谁又能预言其间会有一个大质量的行星经过太阳系的周围,造成不可预知的干扰。

照这样说,所有的科学都成了概率学科在实际领域的应用。如果我们反驳概率的用处,那就是否认整个科学。

我于是就要在相关科学问题上徘徊,比如干扰发生的概率事件更明显。在这些问题里,我们不断地增加一些情况,我们在知道一些函数的值后,就想办法知道中间值。

同理,我们觉得为傲的错误原则,之后我们回头说,和气体动能原则(非常著名的猜想),里面的气体分子就是一个极其复杂的切面,但是经过多数效应之后,发生的现象都遵循马里奥特和盖·吕萨克的简单法则。

这些定理都是基于大数原则的,概率的计算很明显就会将其引入消亡的边缘。然而,它们确实也就有一个想法,那就是尽量减少增加的情况,这也是我们要作出的妥协。

但是,我之前说过,不仅是这些妥协值得怀疑,整个科学都会遭到质疑。

我看到有人说:“我们很无知,但是我们必须这样。因为这样的话,我们就没有时间来思考我们的无知。此外,我们这种发问,解答所需的时间是无限的。因此我们要么面对,要么回避,于是就遵循规矩,不去承认我们的无知。我们知道的并不是这事是不是真的,而是尽可能使它与真实情况接近,就好像是真的。计算概率的方法,甚至整个科学都会因此变得只有实用价值。

但是,我们还是不能回避问题。如果一个赌徒想赢钱,我就会给他一个建议,那就是计算概率,但是不保证成功。这样,我们就满足于表面肤浅的解释。我们要是假设有一个观察者在旁边,全过程他都清楚,赌局也持续了很长一段时间。他在总结,并写成一本书时,事件发生都遵照概率计算的法则。这就是我所说的客观概率,也是我们必须要解释的。

其实大多数保险公司也在使用概率法则,他们将股份分给那些股东,都是有实际目标的。如果仅仅是为了唤醒我们的无知及实际需要,我们还不足以解释这些。

概率问题的分类

为了将所有的关于概率的问题分类,我们就要从不同角度来看问题,首先,是总的大方向。之前我说过概率就是可能发生的事情占所有事件的比例。如果想更好的解释,就是可能发生的情况会随总情况增长。这数字是有个限度的,比如两个骰子可能出现的点数情况最多为36。这就是第一级别归纳。

但是,我们要问,圆里面的点在我们画的方形中概率是多少,情况其实和圆的点数有一样多,也就是说是无限多的。这就是第二级别归纳。归纳方法还可以继续总结。我们此外还可以问一个函数满足一个特定条件的概率是多少。我们可以想象出无限种函数模型,就有无限种情况,这就是第三级别归纳,我们一般用它来寻找符合我们观察到的遵循有限现象的最可能法则。

我们可能就要以完全不同的视角来看待我们自己。我们没有那么无知的话,也就不再需要概率来帮助我们了,我们只会确定消息。但我们也不是完全无知,因为也不是一直需要概率,我们也许只需要一点点思路,就可以达到这种不确定科学的地步。所以,概率问题可能是根据这种无知的程度来划分。

我们在数学上甚至认为自己都是概率问题的范畴。小数点第五位的数是 9 的概率是多少,就像算术里抽出的一样。我们毫不犹豫地回答是 1/10,我们有所有问题的数据。我们甚至不用实际操作就可以解决问题。这就是我们第一种程度的无知。我们的无知会在物理科学里更明显,系统的状态取决于两个因素,一是初始状态,状态遵循的法则也会变化。我们既知道法则又知道这初始状态的话,剩下的就是一个数学问题。我们又回到第一程度的无知上去了。

但是一般我们往往知道法则,但不知道初始状态。比如,我们会问小行星的分布情况是什么样的。我们虽然一直知道它们都是遵照开普勒定理的,但不知道它们的初始状态。

我们在气体动力理论中假设气体运动的轨迹都是呈一条直线的,所以遵照弹性物体的撞击效果。但是对于它们的初始状态及现在的速度,我们无从了解。

概率的计算也只能让我们预知由这些速度共同形成的一些有意义的现象。这就是我们第二级别的无知。

最后,我们可能不会知道物体的初始状态及本身的规律。这就是第三级别的无知。总的来说,我们通过概率其实也无法确认任何发生的现象。

我们要是不通过或多或少不完善的已知规律来猜测事件,一般我们也能了解事件,并且自己去找规律。或者不从因果关系来推理,我们从相反的方向来推理。这就是我们所说的起因发生的概率,也就应用科学中最有意思的领域。

假如,我认识一个品行诚实的绅士,和他玩纸牌游戏。他在开始时,成为国王的概率为多少? 1/8。这就是关于事件结果的发生概率的问题。

如果我和一个不熟悉的绅士来玩。十次下来,他有六次成了国王。他要赖的概率有多大?这就是起因发生的概率问题。

有人会说这是实验方法的最根本的问题所在。关于 x 的值及与其有关的 y 的值,前者与后者的比例一直是不变的。这就是一个事件,那起因在哪里?

y 既然与 x 是成比例的,那是不是有个规律来制约它们,这有没有可能,里面也有误差原则造成无法避免的误差。我们也一直在问这样一个问题,也在科研工作中,也无意识地致力找到答案。

然后,我们再来回顾之前讨论过的问题类型,以及之前提到的主观和客观概率。

数学里的概率论

圆方形已经在 1882 年证明出是完全不可能的了,但是之前的几何学家一致认为是可能的,只是没有实际出现,科学院那边根本不顾检查就委婉拒绝,而且那些疯子们来信说已经证明出来了,都可以写成记录了。

这是科学院的错吗?很显然不是,因为科学院很清楚这样回绝新发现的风险不会很低。而且它自己也无法证明圆方形是正确的,但是科学院也有一种直觉认为是这么回事。你要是去问那些院士,他们都会说:"我们已经比那些自认为很厉害的人,更能发现那些。我们一直都做无用功的努力,这世界上有了一个疯子,第二个疯子更可能在第一个出现之后出现在我们这。"这些理由虽然都不错,但是没有数学关系,只和生理有关。

如果你还是不同意,他们还会继续补充:"超越函数里面你为什么不去假设一个数为代数,π 如果是某个代数方程的根,你为什么不假设它也是函数 sin $2x$ 的根，而且这方程其他的根和这并不一样?"总之，他们引入充分条件的法则，但用的是最模糊的形式。

那他们是怎么通过这推理的？一般他们都是合理地安排时间，把时间都更多用于实用性的研究，而不是去读别人写的谬论，除了只会把自己引入合理的对事物的不相信的边缘，就一无是处。但我之前所说的客观概率跟第一个问题没有什么共同关系。

不然就跟第二个问题有关系。

假设我们在桌上找到 1 万个数字，在这之中，我任意选出一个。那第三位小数点是偶数的概率为多少？也许你会毫不犹豫地回答是 1/2，但是你把这些符合条件的都放到桌上看，就会发现它们位数的奇数位与偶数位其实是一样的。

不过你可能还喜欢另一种方法，就是写出 1 万个加法算式，包括这 1 万个数字，只要数字小数点后面第三位是偶数就加 1，如果是奇数就减 1。然后我们再来考虑这 1 万个数字的平均值。

我可以肯定地说它们的平均值几乎为 0，严格地说就是 0.003。如果要证明的话，我就应该要列出一系列很长的计算过程，这肯定是没法罗列的，我于 1899 年 4 月 15 日在科学总结回顾里发表的有关论文里面也就一点值得去关注，那就是，在这计算过程里面，我也只需要注意这两种情况，那就是第一次和第二次通过加法得出来的数，考虑到中间在一些范围内的环节。

所以，对于这些很重要的结果，因为它对于加法适用，对于一切有连续性的函数都适用，因为每个连续性的函数算出的值都是一定范围内受制约的。

之前，我要是能确定结果的话，那首先是我观察过其他连续性函数的相似情况，二是因为我之前无意识地用不完整的方法论证过，我因此也得出来一些不等式，就好比一个计算者在做乘法之前，就大致估计了那个最终的值是多少。

此外，我说过直觉只是一个真实论证的不完整的归纳，所以为什么需要观察来完善我们之前的预想，为什么主观概率和客观概率是一致的。

下面一个问题，我就作为第三个例子，随便取出一个数字 u，而 n 是一个非常大的整数。那 sin nu 可能出现的值为多少？这问题本身没多大意义！为了有个意义，我们就借助一些传统方法。我们就认为数字 u 在区间[a，a＋da]与(a)da 相等，所以，就与无限小的中间值 da 成比例，也和(a)相乘的值相等，只与 a 有关。其实这个函数我是任意选择的，但是我必须要假设连续性的。当 u 的值增加 2π 时，sin nu 的函数值不变，我在保持总体情况不变的基础上，假设 u 就在 0 和 2π 这个区间以内，周期是 2π 时，(a)函数就是个周期函数。

我们可能用这个等式表达出来的值也就是一个简单的代数式，最多是到 2πMk/nk。

Mk 是第 k 个(u)函数的值的最大值。如果 k 值是有限的，那 n 在无规律增大时，得出的函数值很可能就趋向为 P，也会小于 $1/n^{k-1}$ 。

sin nu 的值在 n 很大的时候，所以很可能就是 0。以前有个方法来验证，我现在再来把它用一次。不管方法如何，结果还是一样的。而我一直认为假设函数(a)是连续周期的性质，就只受一点影响。这些猜想看起来那么自然，而我们也问它们是怎么回避不利条件的。

这三个刚刚说到的例子，虽然都是三个不同的方面，但一方面使我们审视一下哲学家所说的充分条件原则有什么意义；另一方面，就是连续函数的一些共同性质的意义。而物理科学里面的概率研究总会把我们带入一个相同的结果。

物理学的概率论

再回到我们以前说的第二级别的无知，即我们知道法则，但不知道物体的初始状态。例子我可以举出很多，但我只会选取一个。比如，黄道里面的小行星是如何分布的？

我们都知道它们是遵守开普勒定律的。我们甚至可以在不改变问题的本质上，假设它们的轨道都是圆的，都处于同一个平面，而这个平面又是我们已知的，但是，我们却完全不知道它们的初始分布情况是什么样的。当然，我们会毫不犹豫地肯定是均匀地分布。为什么？

我们假设小行星在初始位置的经度为 b，为一个纪元。a 为平均运动。现在经度在 t 时代就是 $at+b$。我们说的现在的平均分布就是正弦和余弦的平均值在函数 $at+b$ 上为 0。为什么我们会这么肯定？

在一个平面上，我们用点来代表每一个小行星，为了方便观察，坐标就是 a、b。这些点都会在平面里有所分布，但是会有很多这样的点，有些地方都是密密麻麻的。此外，对于分布情况，我们一无了知。

那么，我们该如何借用概率计算来帮助我们？一些点在一块区域出现的概率是多少？由于我们不知道，只好就把它当作任意的猜想。那么，我为了解释其本质，由于数学公式的影响，我就要用一个原始但又具体的图像来说明。我们假设这个平面上有一个我们想象中的物质存在，密度是变化的，而且是连续性的变化。我们应该承认在这个平面上找到的点的数量与我们想象的物质数量是成比例的。我们在两个差不多的平面上，找到的代表行星的点出现在一个或者其他区域里面的概率就和我们想象的物质密度在这些区域的比例差不多。

这里有两种分布情况，一种是真实存在的，里面代表的点都很多，也靠得很近，但是就和原子假想里面的分子物质那样自由。另一种就是与我们现实很远，我们代表的点被连续的想象物质取代。我们虽然都知道这不可能是真的，但我们因为无知就会趋向于接受它。

如果我们再次知道点的分布情况的，我们就可以这样想，一定程度上，想象的连续物质的密度与点的数量成比例，或者是你期望那区域的原子数量。就那种情况，我们还是不可能实现，我们因为很多都不知道，所以还是要随意选择一个函数来确立想象物质的密度。我们只有在难以回避的猜想里面，才能假设这函数是连续的。我们看到，这足以使我们得出结果。

在 t 时刻里，小行星是如何分布的。或者在时间点 t 经度的正弦值可能是多少，也就是 $\sin(at+b)$？我们有一个任意的结果作为我们以往认知的传统。我们只要认定是这么回事，那这个值也就完全确定了。我们再将平面分成不同的元素，想想$\sin(at+b)$的值在这些元素中间会是什么样的，再将这个值与元素相乘，与有关的想象物质的密度相乘。我们再考虑这平面上所有的元素的总值。这个值根据定义就是我们要找的平均值，因此就要用二重积分表示。一开始，我们可能认为这个值只与表示想象物质的密度关系的函数有关，那就由于函数是任意的，根据我们的意愿，获得任意的值。这肯定不是这样。

通过简单的计算，我们就能得知，随着 t 上升，二重积分的值下降得非常厉害，但我还不能说要做的猜想，但是不管是哪种猜想，结果最后都是一样的，我也因此摆脱困境。

不管函数的值怎样，t 在上升时，其平均值就趋于 0。另外，小行星肯定会经历一系列的变化，我能肯定这种平均值一定很小。

我按自己的意愿选择，就免去一个限制，那就是这函数必须是连续性的，其实，在主观概率的角度上，选择非连续函数其实很不合理。我有什么理由来假设最初的经度就是 0，而不是 0.1？

然而，我们选择客观概率的角度时，问题又出现了。我们如果从那个想象的物质，其分布情况是一个连续的，到现实存在的物质，也就是我们的点代表的，很多人说的，那种自由的原子一样。

所以函数 $\sin(at+b)$的平均值就是$\frac{1}{n}\sum\sin(at+b)$。

n就是小行星的数量。由于二重积分是关于连续函数的，所以我们就要有一个不受制约的量。然而没有人怀疑这个平均值会特别小，我们也就默认了。

我们的点会非常紧密，那个自由的量其实与整体没有什么不同。

而且这些量在无序地增长时，这个整体就是它们趋向的一个极限。如果这些量很多的话，这些量就和极限没什么区别，也就是接近极限。我说的关于后面一种情况对于量本身也是适用的。

但是，这其中也有特殊情况。对于所有的小行星来说，

$$b=\frac{2}{\pi}-at$$

所有行星在时间点t上都是$\frac{\pi}{2}$，平均值也差不多。这种情况一般都是在开始时，所有的小行星都是在一起呈一个螺旋状，旋涡也非常地接近。但是人们普遍都认为这种初始分布是极不合理的(假设现在是1913年1月1日，分布不是那么平均，但是几年后就会平均化)。

为什么我们认为这种分布不合理？必须要有一个解释，因为我们如果不能给出一个原因说明我们为什么觉得其现象是不可能的，所有的猜想都失去了根基。我们因此就不能再给出关于这样那样的分布情况的证实了。

因此，我们得再一次提到充分条件原则，要使其再一次作用。我们可能会认为行星一开始是呈直线状分布，或者不规律地分布。但是我们无法拿出证据说明那些我们未知的原因，是行星沿着曲线运动得那么规律，但也那么复杂，看起来就好像是造物主选择让它们这样的。所以这就使得如今的分布那么不平均。

红与黑

我们根据俄罗斯轮盘赌等概率游戏提出的问题，本质上都完全和我

们刚才讲的概率问题相似。比如,我们把一个车轮平均分成一段一段的,分布图上黑色红色交替。中心我们再放一根针,使劲地一转,转了几圈之后就在某一段停下。转到红色部分的概率为 1/2。但我不知道针转到角度区间是 θ 和 d 。尽管这样,我还是可以形成一个大家能习以为常的认知,我假设这个概率是 θ。关于函数(θ),我就可以随心选择哪一个,但是还是要假设它是连续性的。

假设是红色或者黑色部分的长度(以半径为 1 的周长测量)。之后,我们就要计算并延伸(θ)d,到红色区域,还有黑色区域,再来进行比较。

我们再来考虑一个红色与之后的黑色区域的总长,M、m 分别为函数(θ)最大和最小值。延伸到红色区域的就比 θ 小。到黑色的就比 θ 大。其中的差距就是(M. m)。但是我们假设的函数 θ 是连续性的。如果 θ 相对于针转动的角度来说只占一个很小的角度,M、m 的差距就会非常小。这两个函数的差距就会非常小,概率就很接近 1/2。

我们不知道函数 θ 的任何东西,就认为概率是 1/2。但是,我们从客观角度出发,发现的红色区域与黑色区域一样多。

赌徒其实很清楚这些规律,但是也会导致灾难性的错误,我们其实经常听闻,但是他们难以摆脱。比如,赌红色的人赢了 6 把,赌黑色的人还是赌黑,以求自保,因为,红色很难赢第七把。

实际上,赢的概率一直是 1/2。我们通过观察得知,连续赌红色赢得 7 次其实很少见,但是下一次就一定是黑色也少见,概率其实都一样。

第七次赌红色赢的概率很小,他们要是还觉得没什么想法的话,那就只是没引起什么关注了。

起因发生的概率

我们再来说起因发生的概率,应用科学的最重要的部分。比如,两个行星在太空中非常接近。这仅仅会是连续性的巧合吗!这两个恒星发出的光源，看起来都是差不多的位置，但实际上相距很远。或者这看起来就是跟真正的连续性有关，这就是起因发生的概率事件。

首先，我来说这些问题的表层现象，已知这些现象围绕着我们，我们也形成了一个感性的认知，不管有没有什么道理在里面。如果在大多数情况里，一定程度上都与我们以前的想法无关，只是因为我们的一些猜想都是让我们回避了一些不连续的基础函数，或者一些很荒谬的认知。

所以我们在解决概率问题时，要寻求相似的事物。起因 A 可以产生这种现象，我们问由 A 引起的概率是多少，这就是起因概率。但如果有以前的认知，而且是多少有一定道理的没有提到过这种起因概率的根据，我就无法计算是多少。我是说这事件的概率是对于那些没有了解结果的人来说的。

为了更好地解释，我们再回到先前的那个纸牌游戏里面。第一次，我很不幸，他成了国王。他要赖的概率是多少？一般我们通过公式得知是 8/9，结果让我们非常不可思议。其实要是更进一步地观察，我们会看到，这计算就像是我们开始游戏之前，就有 1/2 的概率是我在其中要赖。这例子很不可思议，因为这样的话，我就不跟他玩，但这也就解释了结果为什么这么荒谬。

我们还是无法给这个基础的概率问题一个合理的解释，这也就是为什么对于基础的概率计算的结果我们很难接受。我甚至还可以补充，如果没有任何进展，基础概率就没有任何意义，我们既要明确说明，也要间接说明。

如果我们给这个情况更科学的说法的话，就希望能通过实验得出一条定律。我们知道这定律可以用一条曲线代替。我用过很多自由的点代替我的观察结果，我得出这些点后，就沿它们画出一条曲线，尽可能与它们接近，但保证它还是一条真正意义的曲线，没有边角，之间也没有什么变化及简略的曲率的半径变化。这个曲线给我呈现出的是一个有可能的法则，我假设不仅这个曲线可以让我知道我们观测到的函数中间值，还会告诉我比肉眼观测更精确的结果。这也是我为什么要接近它们画一条曲线，而不是沿着它们。

然而，对于起因发生的概率还是有一个问题。我们记录过观测发生后的效果，与两个起因有关系，第一个是事件背后的真实定理，第二个是误差原则。既然知道这些，我们就应该去寻找那些现象遵守那些定律的概率是多少，或者受多少误差影响，而且最可能的误差就是观察中与曲线相关的点到曲线的距离。

我们由此可以推断出什么结论？我们是不是还要继续用最少运动法则？这回我们也要有所不同了。我们这回要除去一切能想到的系统性误差，虽然我们知道可能还有我们根本会看不出来，但是客观存在，我们很有必要知道这些，而且要选用有潜在价值的那种定义，我们很明显就要采用高斯的方法。但是现在我们只有一种法则，与主观概率有关。除此之外，也没什么可说的了。

但是我们期望不止停留于这个阶段，我们要确定潜在的价值，还要看到里面可能发生的误差。不过这完全没有合理的根据，只有我们确定不再有系统性的错误，才是合理的，但我们也不知道其他的了。我们于是就有两个系列的观察方法。一是我们采用最小二乘法平差，发现第一系列的可能发生的误差是第二个系列的两倍。但第二系列会比第一系列更好，因为第一系列有很大的系统性误差的干扰。我们一般也就只能说第一系列比第二系列更好，因为第二系列里面，发生的偶然误差会小，因为我们完全不知道一个系列的系统性误差比另一个大。

结　论

之前的几章，我列出很多问题，但是并没有去解决。而我又不后悔这样，因为读者自己会对这些问题进行深思。

不管怎样，这里还有几点是有根据的。比如，我们有必要承认作为一个离开的点，为了可以计算其任何情况的概率和计算保证有意义，其猜想和以前的认知肯定有很多人为的随意编撰。我们选择这个认知，是因为有充分条件原则的指引。但是这原则并没有我们想象的那么清楚，而且很有可塑性。我们之前建立的简略的验证给我们展现它有几种不同的形式。我们经常见到的形式差不多也就是有连续性的了，而且我们仅通过逻辑推理无法验证，但又是科学体系必要的一步。最后计算概率的问题是不是可以有效地用于猜想独立于结果的那些理论里面，而且猜想仅满足连续性的条件。

第十二章　光与电

菲涅尔的理论

我们用于构建物理理论体系的最好的例子就是光的理论以及与电的关系。物理理论里发展最好的是光学，这要归功于菲涅尔，我们所谓的光波理论让我们非常满意，但是我们忘了它遗漏了什么。

数学理论揭示的并不是自然的本质，我们深究这些只是无意义地夸大了其作用。它们的目的也仅限于协调那些物理理论，它们才真正揭示事物的本质，但是没有数学理论的帮助，我们根本难以表述。

其实所谓的空气粒子存不存在并不重要，这是形而上学的事。重要的是所有的事物，只要我们用上，都像是存在的一样，而且这猜想使我们的理论解释更方便。此外，我们还能拿出其他证据说明这些物质的存在吗？那只是我们以前的一个猜想而已，以后可能会被废弃一边。但是将来我们还会分析性地解释它们的方程以及光学理论，至少大致会保留。所以这些理论的构成方法及辩述对我们的研究是有很大帮助的。

其实多余的理论一般都是针对分子猜想。对于那些已经发现其起因的人来说，这是一大优势。但是其他人认为这并不可信。我认为这种不相信就和之前的幻想一样，没什么根据。

这些猜想实际上都是起辅助作用，必要时可以放弃。但是由于我们的解释会失去方向，所以就一直有作用。

我们要是仔细观察就会发现，其实我们也就从光学猜想里借鉴了两个理论，一是能量守恒定律，二是线性方程，也是小规模运动的总体法则，也是小变化的规律。

这就可以解释为什么我们换用光的电磁理论时，大多数菲涅尔的结论都是保留的。

马克斯·韦伯的理论

我们知道马克斯·韦伯将光与电两个完全陌生的概念联系起来。而且他的光学理论，与其他光学理论融合到一个大的体系时，没有争议，还继续为我们所用，如果里面的各部分条件还存在，它们的关系就不会变。只是我们用了另一种语言来说，另外，他还给我们展现了其他的关系，那就是光的不同部分和电学的框架的关系。

一位法国读者第一次翻开他的书时，非常仰慕作者的水平，也伴有困惑及质疑感，总之几种情绪混合在一起。只有看了一段时间之后，花了很大工夫，才摆脱了这些不良反应。但是里面有很多著名思想是不可遗弃的。

那为什么英国科学家的想法我们会觉得很难理解？肯定是很多受教育的法国人觉得他们过分重视逻辑和精确。

但是我们以前的指导大师，比如拉普拉斯、柯西，都是这样发展自己的理论。都是从猜想开始，通过数学推断出所有的结果，然后再与实验情况作比较。他们的目标就是使每一个物理科学的分支都和天体力学一样精确。

如果一个人认为这理论太完美了，根本与实际情况无法匹配，那他肯定不能容忍一点点相互矛盾的地方出现，但是会要求各个部分有逻辑地联系起来，猜想尽量减小到最少。

除了我们感官能接触的物体，我们实验能验证的东西，我们就会想看到另一个物体了，直到我们直到眼睛看到才会相信。它只有纯几何特征，构成它的原子就是一些数学意义上的点，只受制于动力学。虽然这些原子既没有颜色，也看不到，我们也许察觉不到它们有我们认识不到的矛盾方法在证明自己的存在，而且尽可能与常见的物质作比较。

然后，我们知道这是不是就满足了，认为它就贯穿整个宇宙的奥秘了？如果我们认为如此，即使客观上是错的，我们也不会再去承认这种错误理论。

所以，那个法国人阅读了马克斯·韦伯的书就会找到一个有逻辑、精确的理论体系，就和物理光学，基于空气粒子的假象上面的。因此，我们认为他要做好失望的准备，但我们也得提醒他，跟他及时说哪些可以在这书里面找得到、哪些是无法找到答案的。

马克斯·韦伯并没有给出光学和电学的力方面的解释，他只认为这是可能的。

他也表明光学现象只是电磁现象的一部分特殊情况。然而，我们无法通过电学理论来推导出光的理论。

不幸的是，相反的情况是错误的。从一个完整的光学理论里，很难推导出完整的电学现象的解释。而且，就算从菲涅尔的理论开始，也不是很容易。但是也是不可能的。虽然这样，我们还是要问自己会不会强制自己放弃我们通过定理得来的结论。这是一个大倒退，很多明智的人都不会这样做。

如果一个读者不再往下提出更深层的问题了，自我限制，他还是会遇到新的困难。英国的科学家是不会轻易建立一个完整封闭的体系，并最终确定，认为是最好的。他们会不停地修改，而且有的还跟之前的没什么关系，所以联系起来就会很困难，有时还不可能。

就拿由于压力和压缩的导体发生的静电吸引来说。其实没有这一章，这本书照样完整，另外，就算不读其他的背景知识，读者照样可以读懂它。因为它不仅是独立成一个体系的，而且很难解决一些书中提出的基本问题。马克斯·韦伯甚至都不尝试，他只说："我根本就无法进行下一步，也就是用力学运动来思考这些导体的作用。”

这例子足以让我明白，尽管我还能举出其他的，但读了磁的中心偏振，谁还会怀疑光学与磁学现象之间还有什么！

我们不能认为自己可以解决一切争议来欺骗自己，那样的话，我们早都不用当科学家了。其实，两个有矛盾的定理，互不干扰，只要不根据它们去探索最根本的理论，一般不会有问题，反而还很有用。马克斯·韦伯如果没有那么多更多元的思路，我们也不会觉得他的书很有意义。

然而，基本理论还是有些没有揭露给我们。至今，这种情况在大多数流行的观点里面，都是完全被边缘化的。

我觉得还是要展现它的重要之处，于是就解释这些基本定理是由什么构成的，但是要划定一下范围。

物理现象的力学解释

在每个物理现象的观测中，都有一种仪器来衡量一些量，都在实验中容易得来，我们也能测量。我们把这些仪器叫 q。

我们通过观察来得知这些仪器的变化规律，最终可以用一些不同的方程式来表示，并将其与时间联系起来。那为什么我们觉得有必要给予这些现象力学解释呢？

我们也许会从一般物体的运动，或者假象的流体来解释。

这些流体被认为是由很多叫 m 的互相独立的分子组成。

什么时候我们可以说对于这些现象，我们有一个完整的力学解释？一方面，我们知道这些不同的方程式满足于这些假想的分子 m 的分布坐标，方程式肯定也要遵守动力学的法则。另外，我们所知的解释这些位于坐标系的分子的关系，是关于仪器 q 表示的试验结果的函数。

我说过，这些方程要遵守动力学法则，尤其要遵守能量守恒定律及最少运动法则。

(1)动能都是与假想分子 m 有关系,还有它的速度,我就叫 T,反之亦然。

(2)势能只和分子 n 的坐标系有关系,我就叫 U。T 与 U 的和就是一个不变的常量。

然后,最少运动法则能揭示出什么?我们可以知道在时间点 t_0 物体在初始位置,到最终位置,时间点为 t_1,所以这系统要经过一条这样的路径,在两个时间点之间时间的流逝中,运动的平均“运动量”越少越好(也就是,T 与 U 之间的能量不同的多少)。

如果我们已知 T 与 U 的量,这法则也足以决定方程的运动状态了。

在所有的位移可能发生的路径中,有一条里面的平均运动量要比其他的要少,仅有一条。那也就是最少运动法则足以决定该路径以及相关方程的运动状况。

这也就是拉格朗日的方程式。

里面的独立的变量都是仪器 q 及相关的量的函数关系,都会很清楚地展现在仪器上,呈现这关系。相关的量其实也可以通过直接观察其数据来确定它的动能及势能。但是我们是借助这些仪器才搞清这些关系,我们才判断出物体的初始位置,其实这并不重要。而最少运动法则也一直没有错误。

我们再回到那个路径上来,有一条的平均运动量是最少的,也就那么一条。最少运动法则其实也就足够解释这些决定 q 的变量的方程了。

其实得出的另一些方程也是拉格朗日方程的另一种形式。

为了组建这些方程,我们既不用知道 q 与假想分子的坐标系的关系,也不用知道这些分子的质量和 U 作用关于坐标系的函数关系。

我们只需要知道 U 是关于 q 仪器数据的函数关系,T 是 q 及由其得出的结论的函数关系,也就是动能及势能在实验数据中的情况。

这两个数据中,我们其实只需要知道一个就可以了:要么选择 T 和

U 函数，之前建立的拉格朗日方程就和实验中的不同的方程一样，或者为了能达成一致，就否认 T 和 U 的存在。不过很明显的是，后者不可能有力学的解释。

为了力学解释能发生，我们于是选择 T 和 U 函数，使其满足最少运动法则，也涉及能量守恒定律。

此外，这是个充分条件。假设我们已经发现关于仪器 q 的函数 U，代表着一部分能量的关系，另一部分的关系，就是函数 U 与 q 及由它算出的数的关系。其实这就是第二级别的同类的两个不同概念，最后，基于这两个函数的拉格朗日方程就和实验数据吻合。

我们从力学的运动需要来进行推理。U 肯定是系统中的势能，T 就为动能。

这对于 U 没有什么问题，但 T 要看作物质系统的动能。

这些都不难实现，而且有无数种方法。我在光与电这本书里会更多说明这方面的问题。

如果无法满足最少运动法则的话，就不可能有力学运动的解释，如果能，那解释就不止一种，而是无数种，而且只要有一种出现，就有无数种方法可以衍生出来。

我们另外还观察到这些实验直接给我们呈现的数据，我们把一些关于假象分子的函数的坐标系当作 q 仪器上的数据了。其他的函数不仅与坐标系有关，还和速度有关，而且对那些 q 及其上面推理出的数，也是一样的。

然后就有一个问题，这些实验中测量得出的数据，哪一个可以代表仪器 q 表示的？哪些是由其推断出来的？这其实很大程度上都由我们自己决定。然而，我们也要使其符合最少运动法则，这样才能给出关于它的力学运动的解释。

之后，马克斯・韦伯问过自己可不可以这样使它符合，在 T 和 U 两个不同的能量当中，电现象也满足这一法则。实验表明电磁现象分为两个体系，静电现象与电动力现象。马克斯·韦伯发现，如果我们认为第一个代表势能 U，第二个代表动能 T。而且导体的静电荷就是仪器 q，电流强度就是由 q 推出的数据。在这种情况下，他发现这些电现象同样满足最少运动法则。他因此就确定是可以用力学解释的。

他要是在他的书开头就讲到这些，而不是第二章隐隐地暗示的话，很多读者也就不会忽略这些了。

如果一个现象可以有一个力学运动解释，那也就可以有无数种力学运动方法来解释，这其实也是考虑到实验中的特殊情况。

而且这在物理的各个分支里都能证实，比如光学里面，菲涅尔就认为来回振动与偏振平面是垂直的，而罗伊曼则认为是平行。我们一直在寻求这种科学实验上的十字路口，因为它可以在这两种理论中作出选择，但是一直没成功。

同样，在电学理论内，我们也许确信双流体和单流体同样满足于我们观察到的静电现象。

这些现象其实也都因为拉格朗日方程变得很容易解释，多亏了它。

我们为了给其力学解释，不需要先找到本身的解释，因为知道函数 T 和 U 的函数就够了，也是解释能量的两个不同方法，然后用这些函数建立拉格朗日方程，最后再与实验结果比较。

尽管这些解释都是可以的，但是我们如何在实验的帮助下去选择其中一个？也许有一天，物理学家对这些方程不再有兴趣，看不出有什么好的方法了，于是就决定将其丢到形而上学的领域去了。幸运的是，这一天还没有到来，因为我们不会轻易放弃那些对事物基础本质的探索，我们不愿意一直无知下去。

所以，我们还有一个选择，就是让我们喜欢的事物来指导我们。但是这世界的解决方案会因为它的晦涩难懂而放弃，也会因为简单而接受。

至于什么与电和磁有关，马克斯·韦伯也一直没有提出自己的想法，不是因为他认为那些系统性的方法是无所不及的，他花在研究气体动能的时间就可以证明这一点。我再补充一点，如果他在著作里没有给出完整的解释，那么就是他以前在哲学杂志上尝试发表过。之后是因为猜想太复杂也很陌生，他才被迫放弃了。

其实在他的整本书中，都贯穿有这种想法，换句话说，就是所有理论都有一个显著的共同点，而且适合某个理论的想法总是在我们不经意间溜走，所以，作者认为自己在研究一个物质空虚的领域，所以他只给出一个大致，为的就是不想有任何争议。但是这些研究也使他去思考，只是在思考那些很不自然的理论体系时，就停止思考了，也就是想想就过去罢了。

第十三章　电磁学

电磁学的历史有一点是值得我们关注的。

安培的理论奠定了其永久价值的基础，他认为现象就是由经验得出的，所以他认为自己没有什么猜想。其实他还是做过猜想的，只是他没有意识到这个是猜想。

他的后续工作者意识到这一点，因为他们的关注点都是安培理论的缺陷。他们于是就有了新的猜想，而且这次他们完全知道这些都是猜想。然而，直到今天，又经历了无数次改变，结果还是没有一个定论，我们要认识到这一点。

安培的理论

安培曾经做过电流间的相互作用，但他是在闭路电流里面进行。这并不是他否认开路电流的存在。如果两个导体一个是正极，一个是负极，用一根导线来通电，于是就有电流从这里流向那里，直到电位差为零。这样的情况，在安培的时代都被认为是开路电路，即里面的电流是从第一个导体流向第二个，但是没有回流的现象。

所以，安培就认为这种开路电流的特征就是电流通过浓缩物质不再导电，但是他在实验中，不能用具体物体展示，因为持续的时间太短了。

另外，还有一种开路电流现象，比如，A 和 B 两个导体，由一条导线 AMB 来连接。通电后，导体 B 先感到很小的导电物质的质量通过，电流经过路径 BNA，然后与 A 联系，其间一直是带电的，最后再经过 AMB 回到 B。

现在我们又有了闭路电流的认知，因为电流经过的路径是 *BNAMB*，但是两个经过的部分都不相同。在 *AMB* 部分里，电流位移是经过一个固定的导体，就像电流经过欧姆电阻一样，并产生热量。而我们说是因为导体才发生移位的。在 *BNA* 部分里，电流是跟随一个运动的导体流动，也就是类似于常说的热传导。

如果这种类似于热传导的传导方式和电流的传导方式是相似的，那么电路 *BNAMB* 就是闭路电路，如果不是相似的，那这个电路就不是真正意义上的电路，比如传导就不会在磁场作用。这样的话，*AMB* 电路就是电流传导的开路电路。

就好比我们用电线来连接发声机的两极，被磁化的光碟将电流从一个极传到另一个极，最后再传导回去。

但这样的电路很难产生实际应用的所需效果。站在安培的角度上来考虑的话，我们就会觉得这不可能。

总之，安培理论可以理解两种开路电流的存在，但是都无法操作，原因是电流不够强或者持续时间太短。

所以，这实验只能展现闭路电路的闭路电流，更准确地说就是一部分电路的电流状态，因为我们可以用电流来说明由一部分运动一部分静止的电路构成。所以我们就有可能研究另一个封闭电路下的运动部分的状况。

此外，安培没有办法研究开路电流在封闭电路或者另一个封闭电路的情况。

闭路电流

在两个闭路电流的相互作用下，安培通过实验揭示出一些很简单的规律。

以下提到的会对我们有用：

(1)如果电流强度不变,两个电路在经历变形和位移之后,最终回到初始位置,一切电力运动都化成零。

另外,这两个电路的电力势能都与电流强度成比例,也和电路的相对位置及形式成比例,那么电力的运动就与这种势能的变化多少相等。

(2)封闭的电磁线是没有任何作用的。

(3)电路 C 与另外一个正常电路 C' 只和电流产生的"磁场"有关。而且,在空间中我们能用强度及方向定义的力就是磁力,有以下几个特点:

①关于 C 的电极上的力是磁力与磁极的质量的乘积;

②一个很短的磁针一般都是指向磁力的方向,而且一般都是有两个方向,都和磁针的电磁情况及磁针的正弦成比例关系;

③如果电路 C 移位,C 的电现象作用于 C',会和电流产生的磁力相等,电流也经过电路。

闭路电流在部分电路中的作用——安培虽然无法研究非闭路的电流,但还有唯一的办法来研究部分电路的闭路电流的情况。

一般我们使电路 C 由两个部分构成,一个是固定的,另一个是运动的。比如运动的部分是 ab 电线,ab 两端都可以连接固定的电线。如果运动的电线里面,a 端在固定电线的 A 端,b 端就会在 B 端。电流就会流经 a 到 b,也就是沿着运动的那根电线流经 A 到 B,然后又由固定电线 B 返回到 A。这个电路其实就是封闭的。

在第二种情况中,运动的那根线滑动了,a 端在另外一个点 A',也是那个固定的电线,b 也是在 B' 上。电流同样流过 a 到 b,也就是沿着运动的线,流经 A' 到 B',然后再由 B' 流到 B,再就是 B 到 A',最后是 A' 到 A,一直跟着那根静止的线。这电路其实同样是封闭的。

如果一个相似的电流同样受闭路电流 C 影响,运动的部分就会跟受力一样的位移。安培假定运动部分 AB 似乎是受一个明显的力影响,代表 C 电流在 ab 段上的作用,就和 ab 被开路电流覆盖,在 a 和 b 端停止,

而不是到达 b 后，闭路电流又通过固定的部分返回到 a。

这假象看似很自然，也是安培无意识地提出的。不过也没这个必要，因为赫尔姆霍兹否认了它。但无论如何，安培虽然没能研究开路电流，但也解释了闭路电流在开路电流中的作用，以及电流的构成要素。

其规律也简单，就是：

(1)作用在电流要素上的力对这个要素有用，对于要素本身和磁力来说也是很正常的，但与磁力的构成要素成比例，这也使那些要素看来很平常了。

(2)封闭的螺线导体作用在电流要素上都是没意义的。

但电动力的势能已经没有了，也就是说，闭路电流及开路电流在强度保持相同时，回到以前的初始位置时，所有的运动都没有任何意义了。

连续旋转

在电动力的实验里，对我们印象最深刻的就是产生了联系的旋转现象，这也叫单极感应。磁场可能会围绕其轴旋转，电流开始经过固定的电线，进入 N 极附近，比如，有一半进入磁场，会有一种接触，然后又通过固定电线返回。

然后磁场就开始不停旋转，永远都无法找到一种平衡，这就是法拉第的实验。

而这又是如何实现的呢？这是两个不变的电路问题，一个 C，另一个 C'，后面的 C' 就绕着一个轴旋转，但是不会是不停地连续旋转。其实这就有一个电动力的势能在里面，必须有一个位置存在其势能可以达到最大值，使连续旋转只有在 C' 电路由两个部分构成时才可能发生，一个是固定的，另一个是运动的，就和法拉第实验的一种情况一样。因此，我们又可以看出一个不同点来：从静止部分到运动部分或者返回都会在相互接触之后产生(运动部分的相同点与静止部分是一样的)，或者流进去再接触(运动部分相继与静止部分的很多点接触)。

然而只有在第二种情况下,才会有连续旋转。系统总想趋于平衡,但是,在达到那个位置时,将固定部分的新点与静止部分连接。这样就改变了它们的关系及平衡的条件。所以我们说在系统准备达到这些平衡条件之前,旋转就发生了,而且没有规律可循,因此就失去了平衡。

安培假设在运动部分的 C' 上面,电流的作用就好像 C' 静止部分不存在。因此,这就感觉好像通过运动部分的电流是开放的。

他就因此推断,闭路电流的作用在开路电路,或者相反开路电流在闭路电路上面,就是连续旋转的原因所在。

但是这结论也和我之前提出的猜想有关,不过我也说过,这些都没被赫尔姆霍兹承认。

两个开路电流的相互作用

在两个开路电流相互作用的领域里面,特别是两个电流要素的作用力,所有的实验都失去原来的作用。所以,安培就做出一个假想,假设:

(1)它们两者的相互作用只是它们连接点上的作用力。

(2)两个闭路电流的作用都是它们多种要素的相互作用的结果,此外这些要素就像和它们隔离了一样。

使我们着迷的是安培作出的这个猜想是无意间的。

但无论如何,这两个猜想和闭路电流的实验就完全能够成为两个要素相互作用的法则,但是我们在闭路电流里见到的大多数简单的法则都不再有用了。

在一种情况中是没有电位差的,我们也看到在闭路电流作用于开路的电路里面,也不会有。

也就是说,没有磁力存在。

此外对于这种力,有以下三种定义:

(1)是因为磁极作用。

(2)是由于磁场导致磁针指向。

(3)电流要素的作用。

但现在,我们不会再觉得它们三者已经很适用了,而且都没有了以前的含义。

(1)磁极不再是因为一个力作用在上面起作用。其实,由于磁极电流的要素作用产生的力,不是作用在磁极上,而是在要素本身上,而且会因力作用在磁极或者在平衡状态而消失。

(2)磁针上的磁场也不再仅仅是一个导向磁场,因为考虑到其和磁针的轴的关系,这些也没有什么意义。所以这种磁场就可以说成是分成了一个方向磁场和辅助磁场,一般都会造成连续旋转。

(3)在电流要素作用的力对于这个要素来说并不熟悉。

言下之意就是磁力不再是一个整体了。

这个整体又由什么构成?两个在磁极上作用的系统也会无规律地作用到小磁针上,或者位于磁极上同一个点的电流要素上。

当然,如果只涉及闭路电流,这就是正确的,如果是开路的,那就不正确了。

所以,我就举下面一个例子,如果一个磁极位于 A,一个要素在 B,要素的方向就是在 AB 及其延长线上,如果这个要素没有在磁极上作用的话,就会在位于 A 的磁极上,或者位于 A 同一个点的电流要素上。

电的传导

我们都知道静电传导是紧跟安培的流芳百世的发现之后问世的。

由于安培的定理只涉及闭路电流,所以赫尔姆霍兹认为只需要能量守恒定律从安培的电动力定理来推,就可以获得相关推论。但是伯兰特发现这也是要满足一个条件的,都是建立在我们的几个假想上面。

在开放电路里，这种推理合情合理，虽然我们因无法产生这样的电流而进行相关实验。

我们如果把这种分析方法用到安培开路电流的定理里面，计算的结果可能就要让我们惊讶了。

首先，我们不能从那些经验主义者及研究员通过磁场的变化规律来推出电的传导。其实，就和我们说的一样，这已经没有磁场了。

但是，我们看得更远的话，C 电路总是受电的传导系统 S 的影响。不管是系统 S 移位还是因为各种原因变形，而导致电流强度随某种规律的变化，但是最后在这些变化结束以后，都会回到原始的状态，这让我们很自然地假设 C 上的这些电位的变化其实没有什么用。

C 电路是闭路电路，这就是正确的，或者 S 系统只涉及闭路电流。如果有开路电流或者接受安培的理论，就不再正确了，而不会仅仅是传导不再是磁极的磁作用的变化，我们也不能再用通常的词汇来形容，而且也找不出什么可以表达它们了。

赫尔姆霍兹的理论

我研究过安培理论及其解释开放电路的方法，而我们又很难忽略这个相互矛盾又是人为编造的理论，但我们又在他的方向上发展，因为没有人说这是错误的。

这也是为什么赫尔姆霍兹要去寻找其他的解释。

他摒弃了安培的基本假想，即两个电流的要素相互作用会成为一个沿着它们交互地方的力，安培假设这个要素也不只是受一个力的影响，而是一个力和磁极，这也是伯兰特和赫尔姆霍兹的想法。

事实上赫尔姆霍兹是从以下结论来否认安培的猜想：电流里的两个要素有一个电位差，只和其位置和方向有关，所以一个要素作用在另一个上面的力就与里面的势能变化有关系。其实，脱离假想赫尔姆霍兹的成就会不如安培，但是他都是公开说出自己的假想的。

我们实验中能做的闭路电流里，这两个理论是适用的，但在其他情况下，理论就是不同的。

所以在与安培假设相反的第一种情况，作用在闭路电流的运动部分的力是与其在这个部分隔离或者是有开路电流构成时的情况不同的。

我们再回到电路 C'，之前说过，是由 ab 运动部分的线构成，但在固定的线上运动。在这种情况下，在我们可以进行的实验里 ab 的运动部分就不说是隔离的，而是闭路电流的一部分。当它从 AB 到 $A'B'$时，总体的电位差就会因以下两个原因变化：

(1)电位差会因 $A'B'$的势能与 C 没什么关系，与 AB 相反，而增加。

(2)第二次由于 AA'、BB'的电位差与 C 的关系，其电位差必然再次增加。

这两次增加都是由于 AB 部分作用的力。

相反，要是 ab 是隔离的，电位差也只会增加一次，而且是可以测量作用在 AB 上面的力点的。

此外在没有相互接触的情况时，是不可能有相互旋转的，其实我们在闭路电路里面也都看到，都是电位差存在导致的结果。

在法拉第的实验里，磁铁如果是静止不动的，电流一部分是在磁极之外的，但沿着电线流动，这种情况下，那个运动部分也会经历旋转。但是这也不能说如果阻止电线与磁铁的接触，那就是开路电流沿着电线流动还是会有选择发生。

其实，我不是说这种隔离的要素作用和运动部分即部分闭路电路的作用是一样的。

另外还有一个不同点：实验表明，闭路磁铁的磁性作用在闭路电流里面是无效的，这也是根据两个定理得来的。安培的实验认为其在开路电路里也是无效的。但是赫尔姆霍兹就不这样认为了。这样，就导致磁力的概念，我们都可以给出三个了。但是由于电流要素不是有一个力作用，第三个也没什么意义了。第一个也不会有意义了。那么，什么是磁极呢？是无规律的线性磁铁的两端。而我们为了使它们有意义，就有必要使开路电路的作用在无规律的磁极上面，且只能和这个磁极的两端位置有关系，那就是说，闭路磁极的作用为零。然而，并不是这样的。

另外，我们是可以选择第二种定义的，因为是建立在测量指定磁针方向的磁力上。

如果是这样的话，导电的情况及电动力的效果就不会只和磁场中磁力线的分布有关系了。

这些理论中的缺陷

赫尔姆霍兹的理论要比安培的先进。然而，我们要扫清所有的问题。在那种情况，磁场就没了任何意义，如果我们要是给他一个意义，就算多多少少有点儿人为因素，那么针对电学的一切理论就没了作用。所以，电位运动的力在电线传导，就和线上磁力线的多少没关系了。

此外，我们不喜欢那样不仅是因为那些我们想放弃的无根据的语言及想法。更多原因是，我们要是不相信远处的力直接作用，那电现象就只能解释为介质的改变现象。这种改变我们很精确地叫做磁场。那么，电现象就只和磁场有关系。

而且，这一切都是从开路电流的假想中来。

马克斯·韦伯理论

这些问题都是马克斯·韦伯时代的那些以主导理论为基础的人提出来的，而他本人已提出的其他的理论仿佛都消失了，失去了原来的作用。他认为，所有的电路都是闭路的。他假设在不良导体里面，磁场恰好发生变化，那这个导体就成了一个特殊的现象，就像电流流过其测量仪器,这些就是他说的电流位移。

如果两个相反电极的导体用一根电线连接,在断电之后,就成了一个开路电流的导体,但是同时在导体周围,就有位移来不让这导体通电。

那时候,这种概念只是一种假设,也不能用实验来证明。

在马克斯·韦伯研究的最后二十年里,他肯定了这个实验。而赫兹也给我们展示一种电位来回移动的系统,可以拥有光的一切特质,只是用波长来区别,也就是说紫色光波,与红色不同。这样就可以模拟出人造光。

但是我们假设要是没有电流位移,或者假设电流位移产生了电的传导效应,而且传导是立即发生的,这些其实都是差不多的。

但是我们一开始是看不到的,而我们最后可以通过分析来证明,这种分析我还不好总结。

罗兰德的实验

我说过,一共有两种开路的电流情况。首先是电容器或导体断电。但也有闭路情况里发生的断电,一般都是因为一部分电路里导体导致的电流移位,或者因为其他部分传导。

对于第二种情况的开路电流,答案就更容易了。如果现在电流成了闭路的,那只会是因为电流传导导致的。这其实就足够假设一个传导的电流导体,即运动的带电导体,会作用在电流测量仪上。

但这缺少实验证明。其实,我们通过具体电荷知道导体速度是很难测量电流强度的。但罗兰德非常有经验能力,克服了这个难关。他用一个光盘传导静电,光盘会发生非常快的旋转。这样的话,静止的磁场系统位于光盘旁边就会发生位移。

这样的实验,罗兰德进行过两次,一次在柏林,一次在巴尔的摩。不过后来,他又在 Himstedit 重复了一次。他们这些物理学家其实都在量化的测量上面，取得了很大的成功。

其实，罗兰德的实验在他二十年的研究生涯里，没有任何其他学者反驳或提出争议，反而得到几乎所有人的认同。他认为摩擦产生的火花不会产生磁场效应。现在，是不是因火花产生的断电的原因就是粒子的电子被带走到另一个电子上了？这不就是不同的火花，明显的证据，我们在里面才认识到电子里面金属的线？火花就是明显证明传导的证据所在。

此外，还有观点认为电位之间，电流是由运动的离子运动产生。所以电流也就是传导发生的介质，现在我们认为是作用在磁针上面。

这对于负极光是这么一回事，库克斯认为这些光是源于一些很细微的带电物质，由于高速运动，现在它们的方向被磁场干扰。但根据作用力与反作用力法则，它们反过来也应该影响磁针指向。赫兹认为他展示的负极光不带电子，也不作用于磁针。但我们误解了他的意思。首先佩兰已经成功在这些光束里面捕捉到了电子，而正是赫兹否认其存在。另外由于 X 光的缘故，德国科学家们也因为其效果走过错误的研究道路，而且这现象还没被发现。之后，负极光对于磁针的作用已经有证据证明。

这些现象都是关于电流传导、火花、电解质电流的，但都和电流测量器上面的相符，也遵守罗兰德法则。

洛伦兹的理论

我们再进一步探索。洛伦兹认为电流传导本身就是传导的真实存在的电流。电其实和一种物质有关系，也是独立的个体，那就是电子。电子的方向性流动导致了电流。那么导体与绝缘体的区别，就是一个是可以让电子通过的，一个是阻止它们流动的。

我们其实很认同他的理论。因为对于一些现象，我们早期就算用马克斯·韦伯的初始理论都无法解释,至少我们无法满意。就比如说,在光的阻碍、粒子引导带光的波,还有磁偏振、兹曼效应里面都有体现。

但是同样我们现在也提出了争议,比如关于电子系统发生的现象就只和其重力的绝对速度有关,和我们现在认同的空间的相对理论完全相反。科雷米尤在李普曼的支持下又惊人地提出他的想法,也是非常反对洛伦兹的理论。想象一下如果两个物体都是以相同的速度运动,它们实际上也是相对静止的状态。但是它们和电流传输的效果本质上都一样,都是相互吸引,而且我们还能测量这个吸引力,来得出它们的绝对速度。

但是洛伦兹说:“不对,不是这样的。我们其实根本不是在测量物体的绝对速度,而是在测量物体相对于空气的相对速度,所以这样想的话,我们就可以毫不犹豫地运用相对原则。”

不管以后还会有什么样的争议,我们还是以这些,至少在大方向上建立起来电动力学的体系,而目前我们也对里面的内容感到最满意。而那些安培和赫尔姆霍兹的开路电流的理论,也不复存在,除了对我们的有历史意义之外,另外它还有一些我们由这样推理出的细微的复杂现象。

科雷米尤的实验最近也在尝试推翻罗兰德的实验的精髓及他得出的结论。但是科雷米尤的想法并没有得到最新的实验的证明,但是对于洛伦兹的理论,我们深深认同。

但是我们通过这样的历史变化也知道了它们的意义所在,这也让我们知道科学家会面临哪些难题以及如何避免它们。

科学的价值

简　介

我们致力寻求真理，真理就是我们努力的最终价值所在。但是我们毫不犹豫地想办法减轻我们的痛苦，为什么？我们不愿意受罪也是直到世界毁灭之前的最终的一个理想，但也是很消极的。我们要是想让自己越来越大程度上解脱于物质困扰，就要投身学术研究中，来寻求思想的解放及对真理的思考。

但是我们有时又发现事实其实是很可怕的。我们一直逃避它，而追求真理的本能像一个鬼魂一样跟随我们，我们也就不停地追求真理，但是一直无法达到理想状态。一些希腊学者，比如亚里士多德说过，我们学会工作，也要学会休息。事实是很残酷无情的，于是我们就通过幻想来安慰自己，我们反而就会更愿意接受所谓的幻想，也是我们信心的来源。如果没有了这些幻想，我们还会有希望和追求探索的勇气吗？如果一匹马的眼睛没有被遮住，它是不是就会在跑步机上面止步不前呢？我们未来寻求真相，就要有完全独立的人格。但是我们要是为了有作为，要强大起来，就要联合。我们很多人都害怕真相。我们认为这就是人性的弱点。当然，真相本身并不可怕，反而有着自己的美。

我在提到真理时，肯定要说到科学上的真理，当然也要说到道德上的真理。我们通常说正义只是其一个方面。也许你们觉得我用错词了，觉得我把两样没有什么相同点的事物以相同的名义结合起来。我们展现的科学真理，不可能和我们的道德真理一样，因为道德真理是感受得到的。我们为了寻求什么是道德上的真理,就要使我们身心完全不受偏见、热血的影响,要完全沉浸到客观环境中去。实际上,我们发现的这两种真理给我们的感受是相同的,每一个都有自己光辉的地方。所以,我们要么接受,要么拒绝。最后再补充一下,它们两者是不可分开的,要么我们都接受,要么就全部否认。它们也没有一个固定的模式。但是我们一旦开始追求它们,就不会再去想要否认其中一个。如果我们否认了,那就是全盘否定,因为它们两者关乎所有事物及结果。所以,我会因一些原因喜欢它们,也因为同样的原因拒绝它们,因为害怕。

我们要是不害怕道德上的真理的话,那还需要害怕科学上的真理吗?首先,科学是不会与伦理相冲突的,因为它们各自都有自己的体系,互不干扰。一个是告诉我们有什么目标,另一个是告诉我们如何去实现。它们既然不会冲突,那就没有什么不道德的科学,也同样没有科学道德。

但如果我们惧怕科学,是不是就因为科学不能给我们带来快乐?当然,科学本身是不会的。我们此外还会问,野兽是不是没有人那么多烦恼?那么我们是不是就可以认为,如果人不能意识到死亡,他就不知道自己死了,地球也就成了天堂一样?就跟我们吃苹果一样,如果感知不到味道,我们也不会觉得苹果难吃。这样的话,我们就会问道:一个盲人没有光的意识,是不是不会意识到自己眼睛瞎了?所以,我们了解了科学反而变得不快乐了,但就现在来说,没有科学,我们肯定不会快乐。

不过,这又有一个问题,如果我们觉得真理不值得追求,那我们还需要追求真理吗?我们肯定要怀疑。读过我们的《科学与猜想》这本书的人就会想到我想的问题。我们看到的真理并不是我们对于其总和叫的“真理”。那是不是意味着我们最严密最有用的努力又是最没有意义的了?或者,不管怎样,我们还是能从另外一种方法来探求真理。我们肯定会探索出个所以然。

首先,我们要用什么样的东西来完成这样的工作?我们人类的脑力,或者准确地说是科学家的脑力,是不是会受很多变数影响?其实我写这本书也可以不提到这个问题。我在最开始的几章里也只是点到了这个问题,比如几何学家的思维就和物理学家及自然学家不同,我们对此都很认同。但是数学家们的思维各有不同,有人只认识到逻辑是不可缺少的,其他的就认为直觉最重要,也是我们发现认知事物的基础。当然我们也可以提出理由不相信这些。那么数学家们的思维各有不同,提出的理论就可以是完全一样、普遍适用的呢?如果所谓的真理提出的都不一样,那哪一个是真理?我们再进一步说,会有很多不同类型的工人在做同一个工作,如果没有他们合作,工作就不可能完成,这跟我们的研究是一样的。

接下来的工作就是要看看我们这个封闭的自然系统,有时间和空间。在《科学与猜想》里面,我已经提到了它们之间的关系是多么的近。这并不是自然界强加于我们,而是我们这些人为的概念强加给自然,因为有利于我们的研究,但是对于空间,或者特别是数量空间,里面的数学关系的总和就是几何。这些关系适用于世界,同样适用于空间。另外,我还需要强调我们为什么要将空间理解为三个维度。这些问题肯定不会是一会儿就能讲清楚的,对此我表示歉意。

我们对这个世界最好的规律把握就是定律,定律的提出也是我们人类文明的一大进步。但还是有些人一直认为一切都是偶然的,对规律根本没多大兴趣。相反,我们对这些规律还是觉得非常惊讶的。其实,人们如果需要一个神来解释这世界的一切,那事实就是没有一样证明是可以一直保持下去,不被取代。这世界不是被造物主创造出来的,因为它有规律可循。如果这个世界是没有规律的,我们又如何证明它是一切偶然事件的总和?

我对于规律的创造主要还是来自天文学,这也是科学之美所在,而不是其中研究的物质的美。这些研究都是遵循自然法则的,而且天体力学的运动是数学物理研究的首要对象。但自从我们有了科学，科学就要不停地发展、更新。我在《科学与猜想》这本书里，说到过一些地方需要改进。我也在圣路易斯的研究里探索我们的道路，然而，结果有待我们日后再见。

科学的不断进步使得我们难以认识以前我们觉得是最好的定律，特别是那些所谓的基础定理。而且现在也没有证据表明我们还可以认出那些，但如果它们仅仅是不完美，那么它们还是有用处的，尽管是被修改过的，科学的进步和城市的发展不能划等号，城市里面就是拆了旧楼起新楼，而科学就是像动物进化一样，不会停歇，但最后我们都认不出它的真面目了，除了一些科学家可以追溯到它几个世纪以前的痕迹。所以，我们就不能说那些过时的理论就完全没有用。

如果书写到这里，我们应该是可以认识科学的价值所在。然而，还是会有反对声，认为科学一无是处。所以，我们现在就要改变观点。

其实这是因为一些人夸大了我们的传统认知在科学的作用，他们甚至会说科学定理都是科学家人为提出的。这就是存在主义里面的做法。但是，科学定律不是我们人为编造的。所以就算我们没法证明其必然，也不能认为它就是偶然的。

宇宙的规律是不是存在于我们的认知以外？不是，但是完全独立于外界的思考是不可能存在的，所以我们不可能对宇宙的认知感受有万千自己独特的见解。就算那种世界存在，我们也不可能意识到。实际上，我们所说的客观是大多人认同的观点，或者是所有人。这就是我们客观认知能达到的极限。我们都知道宇宙规律是一切美的来源，那么我们也要理解我们在认识这些规律时付出的巨大代价，在这条路上慢慢地曲折前行。

第一部分 数学科学

第一章 数学中的逻辑与直觉

I

我们如果不分清两个不同的数学家思维方式的不同，是根本不可能研究他们的理论的，就算他们不是顶级的数学家。实际上，他们两个人的思维方式是完全不同的。一种是纯逻辑的，你读起来会感到它的步步前进，知道结论，中间是没有任何遗漏的。另外一种是依赖于直觉，你会感觉一切就从脑海里蹦出，之前没有任何提示，就好比一个没戴钢盔的骑兵往前冲一样。

这些方法其实都不是我们研究的对象强加上去的。虽然我们一直在说第一种就是分析方法，第二种就是几何方法，但是这也意味着几何方法里也会有分析，纯分析里也带有几何，两者相掺杂。这两种不同的思维方式造就了逻辑家和直觉主义者，而他们在研究新的课题时，两者要兼备。

另外，后天的教育其实对于我们倾向于选择哪一个并不重要。所以，数学思维从某种意义上来说是天生形成的，有些人有天生的几何学家或者数学家的潜质。这也有很多例子来说明。我们先来看看这些差别,看看这些很极端的例子,关乎两个在世的数学家的。

梅雷想证明一个二项式方程总是有个根,用我们日常的话说,就是一个角总是可以分成几份。如果我们有一种直觉的话,就会认为完全可以。因为谁又能怀疑角不能被平均分成几份?但是梅雷没有这么看,也并不觉得绝对是这样的。但他想证明出来,就要花几页纸。

我们再来看克莱因教授的例子,他在研究一个目前最抽象的函数关系,那就是决定黎曼的平面上是不是有一个函数关系来承认有奇点存在。那他是如何做到的?他用一块金属的面当作黎曼平面,其导电性能根据一些定律来变化。同时他用电池的两个极将里面的点连接起来。他认为电流必然经过这里,其分布情况可以解释关于奇点的函数关系,也是我们所要求的。

然后,我们再来比较这两个人,他们都为法国科学院作出相当大的贡献,而我们也一直都在学习他们的理论,他们两人的成就都已经进入我们的科学史册。一个是伯兰特,另一个是爱尔米特。他们都是同一个时代的人,读的相同的学校,接受的教育也是一样的,也就是说成长环境大体相同。但是他们两人也有不同的地方!比如他们论文的写作风格、教学方法及说话的表达方式,还有很明显的长相特征。另外,他们教的学生都非常崇拜他们,在其心目中认为他们是永生的。这种形象在那些一直想学习他们的人看来,就是他们永远不会忘掉的。

伯兰特在说话时,整个人看起来都是在运动,似乎在一直与外界保持联系,他可以用一些姿势来指明他研究的对象,这些姿势其实也在辅助他的研究,他很渴望看到现象,也想去描述。但爱尔米特完全相反,他尽量与外界隔绝,保持自身的独立个体,其实他只在真理的范围内寻找答案。

在德国的几何学家里面,也有两个很出名的,他们建立了几何的基础理论体系,他们是威尔斯塔拉斯和黎曼。威尔斯塔拉斯是把一切都抽象到一系列的分析步骤上，换句话说，就是把分析步骤改为一系列的很长的算式。而黎曼则相反，他一直在用图形做辅助，他的概念都是一些图形，只要理解了它的含义，我们也忘不了。

还有后来的莱，是一位直觉主义者。刚开始你会觉得在她的书中，感到不是这样，但是你只要与她交谈，就会不再怀疑。而瓦列夫斯基则是一个逻辑学家。

我们的学生中有喜欢逻辑的，也有喜欢几何方法的。前者一般不能在空间中观察，后者容易被自己列出的一长串公式困扰，从而感到疲倦。

其实这两种思想都很重要，都是研究中必不可少的一部分，因为逻辑学家和直觉主义者都有过无人能及的成就，所以，没有人敢于去说威尔斯塔拉斯或者黎曼就没有写过很有成就性的著作。在我们的历史里，分析家和直觉主义者都有自己的合理之处，但是我们要是在科学史里面研究这两个部分，就会觉得更加有趣。

II

这些都好不可思议！如果我们阅读古代的学术著作，就会发现我们不自觉地在将它们归为直觉主义，虽然这些东西本质上看起来都一样。当然也不是这个世纪才开始有了逻辑意识。我们要是注意到古代的盛行思想，就会认识到很多当时的几何文献都是分析式的。比如，欧几里得几何就建立了一个科学体系，当代人都无法找到里面的漏洞所在。而且我们通过这个庞大的理论体系，至今不难发现这就是一个逻辑学者的杰作，虽然里面每一节都是由直觉得来。

其实我们是因为自身的看法变了，而不是我们的思维方式变了。直觉感受一直都是一样，但是日后的学者给了那些著作更广泛的意义。

这种发展是怎么来的？我们其实不难发现答案。虽然我们提供直觉不能得出结论，甚至我们还不能肯定一些结果。但是我们还是越来越看重直觉了。我举几个例子。比如我们认为的连续函数是存在的,而且不可能没有对应的值——只要有连续性。这概念对于我们的直觉来说,就没有什么比这更不可思议,因为它是我们的逻辑形成的。所以我们的前辈这样说就不会错:“每个连续函数都有一个相对应的值,就像每条曲线都有切线。”

这一点上我们的直觉是怎么骗了我们?这是因为我们找的一条曲线来代表我们理论中的概念,其实是有宽度的,同样,我们的直线也是有宽度的,其实我们看到的宽度,就是在直线型的一条带上,虽然我们明确知道这些直线是没有宽度的。所以我们就把它们想象得尽量窄。然后接近这个极限,但是我们始终不能到达那个极限。而且我们也在一直描绘这两条线,一条直的,一条曲线,它们相互无限贴近,但不相交。只要没有太严谨的要求,我们都可以认为这曲线是有切线的。

第二,我还要举一个例子,是关于狄利克雷的,他提出关于数学物理的很多基础性理论。我们今天就用一个很肯定但是又很长的论证过程来重建这个体系。但是以前,我们反而只满足于非常简短的总结性的证据。因为一些与任意函数相关的因素是不会消失的,所以我们可以推断这肯定是有一个最小值。我们只要一想到“函数”这个抽象的概念,就马上看出这个体系的漏洞。我们同时也对空间函数表示的里面的奇点很熟悉,这样,我们就理解了函数这个词的意义。

然而,我们要是用具体的图形来表达时,情况就不会是相同的了。比如,我们想象这函数是表示电位差的,那我们也可以合理地猜想静电位差是可以达到一种平衡状态的。但也许有人通过物理性质的比较,发现这还是有很细微的不对之处。如果证明过程要用几何语言来表达,介于物理和分析之间,要是我们事先没有给他们说明的话,就会让很多读者误解。

所以,靠直觉我们不能确定任何事物。这也是为什么需要发展,以下就是其过程。

我们很快就注意到这种确定是不能归为逻辑证明里面的，除非我们可以定义第一个。一般数学家研究的物体很难有个准确的定义，我们也就是通过想象及一些相似事物代替感知到的。但我们只有个大致的认知，也无法有准确的证明过程。这些也成了逻辑学家首先要研究的方向。

所以，对于那些不可通约数来说，我们通过直觉认识的连续性其实是很模糊的，于是就成了一个复杂的不等式系统，涉及整数。

那样的话，一切关于接近极限的问题以及从无限小的问题都得到了解决。所以我们在今天的分析当中，就只考虑整数或者整数系统，无论是有限还是无限，总之是因为一系列等式或不等式构成。所以，他们说数学算术化了。

III

这里我们回到了第一个问题：发展会不会有尽头？我们是不是可以完全肯定解释一切事物？其实，每个时代，当代的研究者都认为研究已经到了顶峰。如果事实不是那样，我们其实也是在自欺欺人。

我们也相信论证是不能有直觉参与，哲学家告诉我们直觉就是一个假象。纯粹的逻辑除了得出一些教条，就不能推出其他有用的信息。因为我们无法从中得出新的信息，也不能从中产生科学来。从这种意义上讲，哲学家的想法是对的，他们认为的算术、几何以及任何科学都是纯逻辑之上的。这样，我们就只能借助于直觉，但是这个词又隐含了多少意思在里面？

我们目前已经得出四种公理：(1)两个量如果都等于第三个，那这三个量都是相等的。(2)如果一个理论对于1正确，如果又能证明$(n+1)$在n的情况下正确，那对于所有整数都正确。(3)如果C点在A和B之间，而 AB 又是一条直线，D 点在 B 和 C 点之间，那 D 就在 A 与 B 之间。(4)过一点，只有一条直线与已知直线平行。

这些都是通过直觉而来。然而第一个是根据常规逻辑思维推出的，第二个是以真正的公理作为基础的，第三个是借助我们的想象，最后一个是我们没有认识到的定理。

其实直觉并不是非要给予我们的感官上面，不然我们的感官会变得一点儿用都没有。我举个例子，我们无法想象一个一千边形，但我们可以想象多边形，直觉都可以告诉我们。这个所谓的千边形就是一个特例。

你知道彭赛列通过连续性原则得出了什么结论？如果对于一个真实的数量，这理论符合，那对于想象中的也是如此。就好比对于抛物线是正确的，其渐近线是真实存在的，那对于椭圆也是正确的，其渐近线是我们想象的。在他的那个时代，彭赛列是其中一个直觉主义者，而且他非常狂热于直觉。另外，如果要把抛物线列入椭圆，肯定会与之前的理论相冲突。其实这猜想总结都是我们直觉想出来的，也没有什么理性思考，此外，这些也没有什么值得辩解的地方。

其实对于直觉，我们也将其划分成很多种，第一种是基于我们的感官和想象，第二种就是我们从实验科学得来的结果的推导总结。最后一种就是上升到纯数字的层面，也就符合第二种公理，即数学逻辑推理。我之前说过前面两种推理还不足以让我们肯定某个事物，但是如果你要是怀疑第三个公理，那就是怀疑了整个算术体系！也可以这么说，今天的理想状态我们是达到了的。

IV

现在为止，哲学家还有第二种理由反对这些，他们说："你是如何肯定你的想法的，既然你已经偏离客观。因为你为了达到那种所谓的理想状态,就要与现实情况隔断联系。通过理想状态得来的结果看似正确,但也只是在象牙塔里面的,与外界隔绝。为了避免这种情况,就要与事实情况接轨。”

比如,我就试过寻找这样的物体,它的一些性质就属于一些我们一开始觉得完全没规律可循的概念里面,因为基于直觉。所以,我也就只停留在大致的粗略研究上面,并且满足于现状。但最后,我还是给了它一个准确的概念,而且我可以使它不被推翻。

所以哲学家也说过:“这就是为什么有些物体符合这性质,其实就是你的直觉告诉你它是什么,或者那些真实客观的物体,你一眼就能识别,它们其实也符合这定理。然后你就声称这些物体有你说的那个特征。其实你还是没能解决这个问题,只是换了个角度看问题。”

但是,我们其实也不能说完全没解决这个问题,我们只是把这个问题分成几个部分。实际上这个理论就是建于两个不同的事实上,只是它们一眼是看不出来的,所以你就觉得它们是一样的了。第一个事实是数学是符合数学逻辑的,有着很肯定的基础,第二个事实是实验中得来的。实验本身就可以让我们知道一些真实存在的具体物体和一些抽象的概念有关,也有无关的。但是,第二个事实从数学领域里无法证明,而物理还有自然科学里,同样无济于事。所以我们提问再多也没什么用。

那么我们既然弄清楚了这个问题,这是长期以来我们都很迷惑的困难,是不是一个很大的进展?是否意味着没必要留给哲学家来思考了?如果要给出一个确定的答案,我还真不好说。不过,数学科学里面有一个特点,感觉是人为的一样,所以我们都觉得不可思议。我们也忘了数学科学的由来,只知道如何解答里面的问题,而遗忘了这些问题由何而来,又为什么出现。

所以,我们通过这些得知,光有逻辑是不够的。其实科学的证明本身不能证明整个部分,直觉也是科学的一个补充,其实也可以从逻辑困境中将你解脱出来，也可以成为另一种思考方式。

所以，我更加坚定地认为在科学教育中，直觉的洞察力也需要在数学科学中教授。不然的话，那些年轻的初学者很难明白其中的理论。他们也不会对其中的概念产生兴趣，只会认为是文字上的争议罢了。但其实，他们不可能在没有直觉的情况下，用好数学科学。所以我现在来说一下直觉在科学中的作用。如果它对学生有用的话，那对想发挥创造力的科学家更是如此。

V

我们一直在寻求真实情况，那什么才是我们所说的真实情况？生理学家说生命体是由细胞构成，化学家又补充说细胞是由原子构成。那么真实情况是不是由原子或者细胞组成，或者它们构成的就是唯一的真实情况？这种细胞或者原子的组合方法或者组成的整体，是不是又比单个的元素有趣？那么没研究过大象的自然学家是不是只需要在显微镜下观察，就对动物足够熟悉了？

所以，数学也是一样的。逻辑学家其实是把一个问题分成很多小的问题，然后再向我们展示这些小的问题。我们再来一个一个解决这些小问题，然后我们就确定每个问题都已攻破，那我们是不是就可以宣称已经抓住真正问题的本质所在了？甚至我们重现这些小问题的单独情况，以它们本身的发生顺序依次出现，就可以将这当作证据，来让我们明白那些问题？显然这是错误的。我们不明白整个问题的本质所在，真正的整体我们现在完全还没有概念。

其实我们的纯分析可以让我们的推理步骤完全没有反驳的空间，也有很多不同的办法使我们获得信心，我们于是对此办法非常确信。但问题是，在这么多办法里面，哪一个是可以让我们最快得出答案的？我们也不知道如何去选择，我们需要知道还有很长的路要走，这就是直觉告诉我们的。对于研究者来说，选择哪种方法是至关重要的，但是对于后来的人也是同样如此，因为他们需要了解其思路。

如果你下棋的话，就会知道，仅仅知道基本规则是不可能完全明白这种棋，而你只会知道每步棋就是遵照规则的，所以这其实也没什么意义。但是一个纯粹的逻辑学家在读数学书时就是这样。事实上，明白这种棋也是另外一回事，因为你需要知道对手为什么要这么下，为什么不那么下，而两者都没有违反规则。在一系列的走法当中，我们要去了解这里面的意图。不过，这其实对于棋手更有必要，对于其创始人也是一样的。

我们现在再回到数学中，再来看连续函数的情况。从表面看也就是我们看到其图像，一条连续的线画在黑板上，我们之后再从中解释。其实很久以前，这些都建立了很多不等式作为一个复杂的体系，图像只是它们的重现。我们现在只是粗略地重现它以前的情况，只是没有了以前拱起来的中心部分。我们暂时就用这种粗略的模拟来研究，但是之后不需要时就放弃了。我们现在只留下它的这个图像，不过在逻辑学家的眼中，是不可推翻的。那么，如果没有了这个图像，我们又如何在变化中确定这些不等式互相作为基础而成的体系？

你也许会认为我用的例子太多了，再次说声对不起。不过你肯定看到过很多硅针精细地组合在一起成了一个海绵的大致构架。如果没有了物质，就只会剩下框架看起来很壮观，但是很空虚，其实，这框架也只有硅，但是我们对其又是怎么产生兴趣的，如果没有了这个海绵作为这些硅针的具体的形状，我们估计也不会对此进行研究。其实话又说回来，这又是我们前辈的直觉，尽管我们现在想抛弃，但是我们在逻辑体系建立时，也有它们的参与。

对于那些最初的研究者来说，这种组成的外形固然很重要，对于想了解内部的人来说，不管是谁，都是一个必要的环节。这时逻辑能帮我们的忙吗？其实数学家所说的逻辑就可以证明出来。在数学里，逻辑就是分析，分析就是把对象拆分，逐个研究。所以，我们也只要有手术刀和显微镜就可以探索。

这样，逻辑和直觉都有各自在研究中的作用，两者都很重要，逻辑是我们用来展示定理的，因为它具有确定性，直觉是我们用来发现事物的。

VI

但我在归纳这个结论时，还有点纠结。我虽然从大的层面上区分出了这两种不同的思维方式，一个是逻辑与分析，一个是直觉和几何，但是分析家有时也能发现事物，跟直觉一样。所以，我之前的想法就没有必要了。

然而，现在就有一个相互矛盾的地方，至少在表面上需要解释。首先，你是不是认为逻辑思路就是由一般到特殊？这是一般逻辑的要求。所以，这就不可能到科学的边界地带。而我们的科学成就都是因为总结归纳得出。

在我的《科学与猜想》的一章中，我探讨过数学逻辑，也展示过这种思路一直让我们不怀疑地从特殊到特殊的推理，这就是数学推理。分析家就是通过这种方法才让科学进展，我们也要看到里面每一步其实都是基于亚里士多德的罗列证明法，所以我们要看到分析家不仅仅造就了这种罗列法，也成了学术研究的潮流发展的动力。

此外，你知不知道他们在一步步取得进展时，在他们心中没有一个明确的目标？他们肯定是注定了有一条路，他们要在这上面前行。然而，他们也需要指导，首先那就是相似性。比如，分析家用来展示的其中一种方法就是基于现在比较流行的函数，它解决了相当多的问题。那么对于那些理论创始者来说，他们想把这用到一个新的问题上，他们的作用又在哪儿？从表面来看，他也是认识到了这问题的相似情况，而且已经得到解决，之后他就需要知道这个新问题和以前的那个有什么不同的地方。

然而，他们又是怎样认识这些相似性和其不同点的呢？在之前的例子里，这些地方都是明确地指出，但是我还找了另外一些特别不明显的例子，这一般需要惊人的洞察能力才能发现。所以，那些分析家为了找出这些联系，提出这些理论，就不能借助感官和想象，而要有一个对它的逻辑思路的整体把握，也就是什么是它生命力的本质所在、灵魂所在。

我们谈到埃尔米特时，一般也不会产生什么高大的形象，但你会发现他能把最抽象的事物，就像活生生的生物一样具体地展现在我们的视野中，虽然他没看到，但他知道不是我们人为构成这些的，而是基于一些里面的结合法则组成的一个整体。

但是也会有人说，这还是直觉啊！那我们是不是就要推断出一个不同点来？看起来要非常明显，那就只有一种思维，所有的数学家都是直觉主义者，至少那些能发现一些联系的人是。

显然不对，我们的不同想法都是因为一些真实存在的事物。我也说过直觉也分很多种，比如那些对于纯数字的直觉，专门用来确定事物，与感觉上的直觉就完全不同，只有我们的想象力作为其重要支撑。

那这种区别是不是一开始比之后的要大？我们可不可以下意识地认识到这种纯数字直觉本身也要依靠感官直觉？这其实都是生理学家和物理哲学家的事，我也没必要在这里讨论。但是这件事本身就值得我们怀疑，所以我才有理由来认识或者来确定它们的不同本质。它们本身就是两个不同的事物，也起着不同的作用。所以就有人会想这是来自两个世界的陌生人碰在了一起。

那是不是这些纯数字直觉和纯逻辑思路可以来帮助并指导我们所谓的分析？这就是为什么它们单个是不能用来展示理论的，而是发现理论。这样的话，我们就可以一眼看到其逻辑顺序，而且没有感官来干扰我们。另外,我们的想象虽然看起来不总是那么不可推翻,但只是可以在保持真实的情况下使我们的研究前行!所以我们必须敬仰它们,但它们又很稀少!

在分析家里,才会出现理论家,但是并不多。我们大多数人如果想要通过纯数字直觉看得更远,我们很快就会感到自己会偏向一个领域。我们于是就有个弱点,所以就需要一个更具体的物体。虽然我之前说过有例外,但是理性的直觉在数学中还是发现事物的最常用的办法。

在这些结论中,有一个问题我一直没时间去解决,甚至在看其发展都没有时间述说。这是不是对于分析家来说,可以有种新的方法将他们分类呢?一类为纯数字直觉者,另一类为纯逻辑者。

埃尔米特的例子我说过,他就不能被列入那些靠理性直觉的几何学家里面,然而他也不是一名逻辑学家,他其实不掩饰自己反对那种从特殊到一般的推理方法。

第二章　测量时间

I

只要还在我们的认识以内，我们就能清楚地感受到时间。我们不仅能轻松区分出过去的、现在的还有未来的时间，对它们的感觉也是不同的。而且，我们也能很清楚地说出不同时间发生在我们的记忆中的两个事物，一个发生在另一个的前面，或者两个未来可预见的事物，同样是一个会在另一个之前发生。

我们如果说这两个现象同时发生，那就是说它们在很多方面相互贯穿，所以分析家无法在不遵守这些规则的情况下，将它们区分开来。

事物的发生排序是不含任何主观因素的，是我们本能就有的，对此我们无法作出改变。

不过，我还得补充一个现象。我们的感觉综合起来是为了能感知时间，留下记忆，我们不认为它是无限长度的，不然会一直认为它就是停留在现在。所以说，我们已经把一堆问题搞明白了。也只有在它们成为我们过去的记忆时，我们才能将其划分为过去记忆，就好比植物学家来划分腊叶集上的干枯的花。

但是这些标签都是数量上有限的。这样的话，衡量时间的尺度就没有连续性了。如何感受两个时间段之间的时间段？于是重新审视一下时间线，发现里面有空洞部分。为什么会这样，要不是时间本身在我们感知系统里，这些空洞部分通过其本身展现给我们，那我们又如何知道这些空洞？

Ⅱ

但是这也不是绝对的，我们都想将自己的意识放入其中，但其他的意识就像影院的屏幕上展现出来的。但我要的是真实的例子，那就是我们如何定义时间，也没有什么有意识地直接观测到。但这也是必要部分，没有它，也就没有科学。总之，我们有心理上感受到的时间，但需要科学上及物理上证明的时间。这就是问题的开始，难度会非常大，因为是两个方面。

想想这是两个不同的世界，互不干扰。那我们靠什么将它们两者合为一体，并用同一个标准衡量？这不像是用 m 来测量重量，用 g 来测量长度吗？此外，我们所说的比较是什么意思？我们也知道一些事物在另一些的前面发生，但是我们并不了解它们的程度。

所以就有两个难题出现：(1)我们能否将心理上的质感时间量化。(2)我们能否只用一种方式来衡量不同世界的状况？

Ⅲ

第一个难题我们已经注意了很久了，这课题我们很久以前就开始讨论了，也许有人说现在有了答案。由于我们对两个相同的时间段没有任何直觉来感知，所以那些宣称自己能的全都是骗子。从中午开始的时间和从下午两三点开始的时间，有什么不同意义？

这种最简单的问题本身是没有任何意义的，除了我们自己给它添加一个，所以根据这个所谓的定义，它就有了自己的含义，但是很多都有我们自己的意志在里面。心理学家可以在没有这种所谓定义下进行研究，但物理学家及天文学家就不行。那心理学家是如何做到的？

于是他们就用钟表上的钟摆来测量时间，指针每走一次或一步就发声一次，每一次的发声持续时间都是相等的。然而，这也只能算是一个大致结果，因为钟摆还受空气阻力影响，此外还有气压大小等，都能影响钟摆的运动情况。如果我们能避免这些干扰，或许还能得到更准确的结果，但是也不能完全没有误差。其实还有电和磁以及其他的因素，都可以造成影响，除非我们忽略不计。

其实，我们最好是经常校准计时器，减小要借助天文仪器误差，并作出相关的调整，所以同一个星球经过子午线是经过了一小时，与遥远地方的钟上显示都是一样的。换句话说，这就是行星日，地球旋转一周的时间，也是测量时间的一个常量。之后我们又用一个新定理去取代过去基于钟摆运动的那一个。我们根据新定理来假设两个绕轴的选择都是相同的时间。

但是，这还是让很多天文学家觉得不满意，认为潮汐就是在检查我们地球，地球的旋转也越来越慢。这些都在月球上的加速度运动中解释过，会比理论上的要快，因为我们地球上的手表会慢一些。

Ⅳ

有人会说，这些都没有什么大问题，我们的仪器无疑是不完美的，但是我们足以用这些来了解一个完美仪器测量出来的状态了。我们虽然不能达到这个理想状态，但是我们能感知到，并能在时间的概念里面肯定。

但问题是这理论没有什么是可以肯定的。我们用钟摆来测量时间，我们都间接用了哪些公理？是两个完全一样的现象持续时间都是相同的？或者你更喜欢一样的事物用相同的时间产生一样的效果？

一开始，你会认为这是两个事物相等的情况，但是就确定没有任何实验来推翻这些吗？

所以我来解释，如果在一个特定的时间里，现象 a 发生，在发生时间结束时，就有 a' 结果出现。然后在离第一个地方很远的另一个地方。发

生了现象 b,产生了 b'现象。a 和 b 现象是同时发生的,a'和 b'也是。

之后,现象 a 就在和以前一样的条件下重现了,同时还有 b 现象,只不过离 a 现象很远,但条件几乎一样。所以就有 a' 和 b' 情况发生。之后,我们再来假设我们感知到 a'现象发生在 b'现象之前。

如果我们的经验能让我们感受到,那我们得出的结果就会截然不同,与现在的相矛盾。因为我们通过经验得知,aa'里面第一个现象的时间长和 bb'的是一样的,第二个要比第一个短些。另外,我们的认知 aa' 和 bb'一样都是相等的。所以,由经验得出的等式还有不等式和我们的认知中两个等式是不相符的。

所以,我们现在确定刚才的猜想没有任何根据,而且它们也与矛盾原则不相符。我们因此肯定在不违背充分条件的情况下,它们不可能发生。但是我们还是选择别的有把握的认知来证明这个如此基础的定义。

V

但也不完全是这样。在物理里,一个原因不会直接产生一个现象,但是很多原因结合在一起就会,而且每一个原因都不会变化。

物理学家们一直致力将它们找出来,进行分析,但他们不可能把这些全部分析出来,而且,不管进展如何,他们也无法接近那个理想。所以他们认为钟摆的运动大概仅仅是由于地球的吸引力吧!但是在我们能确定的所有事物里,每个吸引,甚至天狼星,都作用在钟摆上。

所以这样的话,就算在相同条件下,造成相同现象的原因都不能精确地重现,和原来的总是有差别。所以我们就要改变自己的认知还有我们的定义,我们不再说,一样的起因用同样的时间产生同样的结果。我们应该说,几乎相同的起因会在几乎相同的时间里形成几乎相同的现象。

所以我们的理论也就是大致说明一个事物,此外,Calinon 在其传记里面也说过。

任何现象的发生都离不开其中一种情况，那就是地球旋转的速度，如果速度有变化，那么在重现时，就会产生不同的情况。但是我们假设旋转速度不变就是假设我们知道测量时间的办法。

所以我们的理论还没有那么让人满意，当然对于那些天文学者来说，让他们肯定地球旋转速度在变慢时，甚至连作为推理的基础都不行。

对他们来说，这种肯定又有什么意义？我们实际上也只能根据分析他们对于这些理论给的定义作为证据。他们首先认为潮汐的摩擦产生的热肯定会毁掉 vis visa。所以就有了 vis visa 原则以及能量守恒定律。

之后就是根据牛顿定律算出的月球的加速度不会比推理出来的低，除了我们纠正对于地球的旋转速度。这里他们就引用了牛顿定律。换句话说，他们就是这样定义时间的持续长度：我们定义时间时要改进 vis visa 定理及牛顿定律。牛顿定律只是正确的实验结果，而且一般这种结论都是有误差的，所以我们的这种定理是大致的。

如果要说第二种测量时间的方法，基于牛顿定律的实验，尽管这样还是会有相同的意义。只是我们述说理论的方法不一样，因为我们只是用不同方式来说明。所以天文学家间接采用的方法就可以这样总结。我们定义时间时力学原则要尽可能简单。其实，每一种方法都大同小异，只是哪一种更简洁。在两个方法面前，我们不能说哪个对哪个错，而只能说比起第一个更能遵守法则。

我之前说出的那些困难一直都存在。在最近的著作中，除了 Calinon 以外，我还要说到一本关于力学的书，作者是安德拉德。

Ⅵ

第二个难点现在受到的关注就少多了，但和第一个很相似。但是，逻辑上来讲，我还是先来说第一个。

两个我们心理感知的现象发生，我们感知到是两个现象。我们就说它们同时发生，这是什么意思？我如果说一个物理世界的现象发生在我们的感知范围之外，在我们心理感知之前，或者之后，又是什么意思？

早在公元1572年，第谷·布拉赫就注意到天空中一个新出现的星星。有一场巨大的火吞噬了一些遥远的天体，但是实际上这很早就发生了。因为那里的光要花200多年才能到达地球。所以那场大火是在发现新大陆之前发生的。所以，那场灾难发生时的壮观现象就没有人见证到，因为那颗星星当时是没有卫星的，在哥伦布的意识里，那现象就是伊帕诺拉出现在我们视野之前发生的，这又是什么意思？

其实思考一下，就不难发现这些肯定本身都没有什么含义，除了我们认识的结果。

Ⅶ

我们首先要问自己如何将这么多互不干扰的世界放到一块儿来。我们似乎也只有想象外界的宇宙，才能感到我们明白了这些。由于我们有太多缺陷，这个目标无法实现。但至少我们想象有一种生物，无限聪明，可以理解外界宇宙的现象。所以我们就将这种意识划分为我们这个时代看不到的。

这种假想很显然是很粗略的也是很不完善的，因为这种绝顶智慧的生物只会是我们描绘的神。从某种意义来说，它的智慧是无限的，但是从另一种意义来说，又是有限的，它也只是修正我们过去的不完美，此外就没有其他的了。因为不然的话，我们就会遇到所有的情况同等的出现在我们面前，我们也没那么多时间来研究这些。然而，我们一般说到时间，独立我们本身之外的一切，会不会让我们不自觉地接受这种猜想，我们会不会将自身置于这种不完美的神之中，甚至是那些无神论者也去有神存在的地方，如果神存在的话！

之前我说的就是为什么我们要把不同的物理世界发生的情况放到一个框架上去。但是这不符合事物同时发生的原则，如果这种猜想中的智能生物是存在的，我们也无法理解。所以我们要找其他的事实来解释这些。

Ⅷ

我们似乎不再满足于心理上感知的时间里的普通概念。因为两个同时发生的现象像是紧紧地绑在一块的，分析家也无法将它们在违反其法则的情况下隔离分析。那对于两个物理现象是不是一样的！昨天对我来说是不是天狼星出现了？

我们同样说过我们能自由切换两个事物的顺序时，这两个事物就是相同时间发生的。但是，这对于那些两个相距甚远的事物来说就不适用，所以我们甚至也不再关注这种颠倒能不能被我们明白。所以我们还是先介绍什么是相继吧！

Ⅸ

我们先来认识一下什么是同时，什么是之前，这里有几个实例。

我写了封信，然后我朋友收到后拆开看。这两个事件在电影中我们的生活感知告诉我们这是两个不同事件。我在写信时，是一个场景，我朋友在读信时，又是一个场景，这两个场景发生在两个互不干扰的世界里，而我们也毫不犹豫地认为第一个在第二个之前发生，因为第一个是起因。

我们遵循这个规则，就会发现事物只能以因果关系先后出现，起因在先，结果在后。所以我们根据起因定义了时间。但是如果两个相互关联的事件发生在我们面前，关系还不变，那我们如何认知哪个是因，哪个是果？我们假设先发生的就是因。所以，我们又通过时间定义了起因。

那我们怎么逃脱这种循环?

Ⅹ

我们看到我们没有成功逃脱刚才那种循环,而是尝试如何逃脱。

假设我执行一个动作 A,感受到 D,我认为 D 就是 A 的后果,另外,我因种种原因认为这种结果不会马上发生。但是另外两个现象,独立于这些,B 和 C,虽然我们没有看到,但还是发生了,而且 B 是 A 的结果,C 是 B 的结果,D 是 C 的结果。

为什么会如此? 如果我们有理由认定四种现象有一种很松散的联系。那我们为什么就要将其随便列为 A、B、C、D,同时又有时间性地列为这,而不是别的顺序。

我可以清楚地看到,在 A 现象里,很积极,在经历 D 时却很消极。这就是为什么我认为 A 是 D 的原因。这也是为什么我把 A 放到时间顺序的第一个,然后就是为什么 B 在 C 之前,C 在 B 之前。

如果我们问这个问题,就会这样回答:我们知道 B 就是 C 的原因,因为我们一直看到 B 发生在 C 之前。这两个可见的现象,确实有一个发生的先后顺序。如果相似情况发生没有办法见证,就没有理由来改变顺序。

这是没有怀疑余地的,但是我们要注意。我们一直都不知道 B 和 C 这两个物理现象。我们只知道 B' 和 C' 这两种感觉是由它们产生,而且顺序也是一样的。

这其实也是合乎自然的,但我们总是脱离自然。我们在看到云层电荷闪电几秒后,听到了打雷声。闪电在我们眼前,另外一个离我们很远,就不能说在我们的眼前的先发生,打雷也是如此。

Ⅺ

另外,还有一个问题:我们能不能认定这是现象的起因。因为如果宇宙各个部分都是以一种联系紧紧相连，任何一个现象都不可能是一个起因引起的，但是起因会引起无数种结果，所以，有人说这现象就是宇宙刚才的状态。为什么合乎实际情况的法则就如此复杂？而且只有这样，我们才觉得它们都是很严谨的，也是肯定的。

我们为了不使自己困扰在这些复杂的定理中，我们得来个简单点的才行。想想太阳、土星、木星三颗星星。我们就将其看作三个质点，与它们外界是独立的。在所给的时间里，这三个物体的位置及速度就足以算出之后的状态。而且这对于任何时间都是如此。在 t 时间上，就可以算出$(t+h)$的状态，也可以算出 t、h 的状态。

此外，木星在 t 的位置和土星在$(t+a)$的位置就可以算出木星在任何时间上的位置，还有土星。

在时间点$(t+e)$上，木星的位置总和，和在土星在$(t+a+e)$时间上，是跟木星在 t 任何时间及土星$(t+a)$上有联系的，这是根据同牛顿定律一样精确的法则算出的，虽然更复杂。那为什么不认定一个总和就是其他的起因？又是什么导致我们认为木星在时间 t 上与$(t+a)$上是同时的？

我们问其答案，也只能得出原因，非常肯定的是正确的，那就是方便与简洁。

Ⅻ

我们还是来看一些不是那么人为的例子吧！我们要寻找并理解那些伟人如何发现同时的性质，来理解他们的推理过程。

我这里就有两个例子，一是光的速度测量，二是经度的测算。

如果有一个天文学家告诉我们一个天文现象发生于五十年前，我就要问他是如何知道是五十年前，如何测量光的速度。

他假设光有一个不变的速度，作为其常量，而且在任何方向都是一样的。如果我们无法认识这里，就无法测出光速度。但如果不同的测量方法得出的结果几次都是不一样的，那我们就不能得出此结论。我们应该感到幸运，因为它从来没有被推翻过，就算一点小的偏差，我们也是有办法解释的。

我们在任何情况都接受这想法，就和充分条件原则差不多。而且我希望这可以让我们得到观测相同时间的又一种方法，跟我们之前说的完全不一样。

我们假设这个认知成立，那我们就来看怎么用它来测量光速。罗莫就是利用土星卫星的椭圆轨道，然后再来观测事件的发生相对之前的预测晚了多少。那这个预测又是怎么来的啊？是我们借助天文定理的，比如牛顿定律？

我们要是给予光速另一个和之前不一样的值，是不是我们之前观察到的现象就无法解释了？我们来假设牛顿定律是大致符合的。只有这样的话，我们才能有更加复杂的定理来取代。如果地理学家或者导航者要测定一个地方的维度，他们就要解决我刚才说到的问题，他们人不在巴黎，但要算出巴黎的时间。他们是怎么做到的？他们其实是在巴黎放了一个秒表。关于质的问题就只能取决于测量时间量是多少。由于以上我花了很长的篇幅来说明这问题的难度，关于后者的情况，我就没必要再说了。

或者他们观察到了一个天文现象，比如月球在椭圆轨道上旋转，假设他们在地球上任意点都能观测到，而且是同一时间。由于光照射到地球的每一个地方不是同一个时间到达，所以这也不能完全正确。如果我们想要其绝对精确，我们就要根据一个复杂的规律来校正。

或者他们使用电报。比如，首先第一封电报在柏林收到，之前在巴黎也发出相同的电报。这就是我们之前所说的因果关系。但是这个时间差是多少？一般电报的传输时间我们是忽略不计的。上述两个情况就当作同时发生的。但为了精准，我们还是要校正结果，进行更复杂的运算，而这都在误差原则接受的范围内。所以我还需要提到另外两个认识：(1)适用的规律有无数个；(2)我们无法测量同时的质的问题与测量时间的量的问题。不管有没有用到计时器或者考虑到速度的传输，就与光一样，如果没有测量时间，速度就无法测量出来。

XIII

我们于是就推断同时或两个相等时间段发生的概念。我们没有这方面的直觉的话，那这些就是一个幻象。所以我借助一些规律来取代这些，而我们运用时又将其弃之一边。

这些规律的本质在哪儿？没有一个总的规律，也没有确定的规律。这些规律分别对应一个事物上面。

这也其实并不是强加于我们，但是没有它们，我们的物理理论就无法构建发展，还有力学、运动及机械。

我们之所以选择这些法则不是因为它们是正确的，而是因为我们容易认知到它们。我们最后接受了，便认为："我们定义两个相同时间发生的事，还有它们的发生顺序及两个事物的发生时间长度的时候，概念是尽量简洁的，换句话说，对于这些规律来说，定义都只是我们无意间发现的机会。"

第三章　关于空间的认知

之前我关于研究空间的文章虽然着力于非欧几里得几何的问题，但是也忽略了其他更加复杂的问题，比如关于空间几个维度的问题。实际上这些问题都有一个共同基础，那就是三维的连续性都是差不多的，只有在研究它本身的性质及测量它时才能看出不同点。

在这个连续性的空间里，看起来没有任何形状，我们就想象有一个由线和面组成的网，我们将这个整体看作相等的。而且，我们只有这样去认识，才能测量这个空间，才能看起来像欧几里得或者非欧几里得空间。那么，是不是在这个无形的空间里，就可以产生互不相关的这两个空间的其中一个，或者另一个，就像空白的纸上我们认识到的一条直线或者圆，也没有任何直接关系。

在空间里，我们都知道直线三角形的角度总和等于两个直角之和，但是我们也知道在曲线三角形里，是小于两个直角之和。其实这两种三角形的有关结论都是有其原因的。为了给第一个三角形的边命名，就寻求欧几里得几何，给第二个三角形边的命名就需要寻求非欧几里得几何。如果要是想问哪一种几何更适合，我们就问什么样的线可以在里面定义为直线。

但是这个实验还是不能解决一个问题，那就是我们不会问应该叫 AB 或者 CD 哪一个为直线。而且，我们还不能把所认为的直线放在非欧几里得几何三角形的边里面使用，因为它们不符合我们直觉认识的直线定义。我们其实对于欧几里得几何的三角形有直觉的认知，但对于非欧几里得的同样也有。那我们为什么还要认为直线的定义用到第一个合适,而不是第二个,为什么这种强调部分成了我们直觉的一部分?很明显我们说欧几里得几何里面的直线是真正的直线,而非欧几里得的则不是。但我们又是如何认为这更有意义呢?我其实在《科学与猜想》一书中探讨过。

这里我们看到了经验的作用。如果欧几里得几何里的直线比非欧几里得更有意义,那是因为非欧几里得直线比欧几里得里面的更加符合自然界的状态。但是,有人也会说,非欧几里得几何里面的直线定义是我们人造的。如果我们要是宣扬它的话,就要看到两个不同半径的圆都有非欧几里得几何里的直线,而且对于半径相同的两个圆,我们可以在一个符合的条件下,得出其定义。然而,我们要是将其中一条直线移位,即使它们不变形,也不再会是直的。不过我们又是怎么认定这两个欧几里得几何里的形状里我们叫圆的半径是一样的?为什么我们说这移位是在直线不变形的情况下发生的?这里也没有一个很好的理由来说明。在我们能明白的运动中,有一些是欧几里得几何学家所认为的没有变形发生的,有些又是关于非欧几里得几何的。在一种情况下,也就是欧几里得运动中,欧几里得直线一直保持原样,但非欧几里得直线就不是。另外,在第二种情况中,或者非欧几里得几何中,情况恰恰相反。所以我们就不能认为非欧几里得几何的三角形的边是直线是不合理的。而且同时只有在我们一直认为非欧几里得几何运动是没有涉及变形的情况下,欧几里得几何三角形的边是直线是不合理的。

现在,我们说欧几里得几何运动是真的,而且没有变形,是什么意思?我们仅仅是说它比其他的更有价值。那又是为什么呢?是有一些具体的物体也有相似的运动状态。

之后,我先问一句,我们能不能想象非欧几里得几何空间?这也就是说,有没有一个世界,里面的物体都是值得我们研究的,与非欧几里得几何的直线形状有关系,而且里面的物体的运动和非欧几里得几何里面的经常是相似的。我在《科学与猜想》这本书中说过答案是肯定的。

我们经常说如果宇宙中的物体全部同时膨胀，而且都是相同的比例，由于我们测量那些物体的仪器会发生膨胀，就会变得无法理解这些物体。这个世界经过变形之后，会一直这样膨胀，我们也不会再有什么相关的感知价值了。这也就是说，这两个世界就从彼此相似到完全无法理解。而且，它们也完全分不清，不管它们相不相同，我们从里面的一个点经过另一个点，不用改变坐标轴点大小，或者改变长度相关的量。而且就算我们在里面不管什么地方发生变化，我们也无法弄清楚它们。这就意味着每一个点都和另一个相关，反过来也是如此。而且那个坐标轴是个连续性的关于其相关点的函数，不然就没有了任何意义，跟我们捏造的点没什么区别。另外，还有一个假设，第一个世界的任何一个点都和第二个世界里的性质相同的点有关，位置都是一样的。最后，我假设这个关系是在一种无规律的情况下维持，我们也就没有任何一种方法来区分这两个世界。所以这个空间的相对性就不是用我们一般的方法在广义上理解，但是我们最好还是要理解。

如果世界中，有一个是我们欧几里得世界，那什么样的直线，里面的生物才会称它为欧几里得直线，但是第二个世界的生物叫的直线其实我们将之理解为曲线，但在那个世界的关系是一样的，和其运动有关的他们称之为无变形的运动。所以他们的几何也就成了欧几里得几何。除了直线不属于这个体系。这种变化其实就是点的变化，从我们世界变到他们的世界。这些人理解的直线就跟我们理解的直线不一样，但是和我们所理解的直线的关系是一样的。从这种意义上来讲，我们两个世界的几何就是一样的。所以，如果我们希望他们的是假象，他们所理解的直线并不是直线，或者我们认为这些没任何意义，我们就要承认这些人的观点失去了假设的意义所在。

定性几何

这些会相对容易理解，我也说过很多遍没必要再去解释这些了。欧几里得几何并不是我们感知到的，因为我们可以想象出非欧几里得几何的样子，但它们两者都有一个相同的基础。之前我说过的连续性，无边无形的，我们可以感知到欧几里得几何和罗巴切夫斯基几何，就像我们可以通过一些量化将一个无刻度的温度计等同于摄氏度或华氏度刻度的温度计。

然后就有一个问题，这种无形的连续性是不是强加于我们的感知，就像我们之前的分析一样。如果是，我们的认知范围也只是扩大了，但还是有限的。

但这种连续性也有一些特点，可以通过一些测量得到。我们很多几何学家对此的研究就是发展这些理论，并成为一门科学，特别是罗曼·贝蒂，其分析方法都是以其特点来命名理论。在这个体系中，抽象思维都是由一个个概念组成，比如，我们确定 B 点在 A 和 C 之间，我们就应该满足，而不是去纠结 ABC 是直线还是曲线，或者 AB 的长等于 BC 的长，或者两倍于 BC。

所以这分析理论就有一个奇怪的地方，如果这些地方都被改变了，包括比例，然后就有一些或多或少的弯弯曲曲的线代替直线，那这些就是正确的。但在数学里面，并没有被那些点替代。我们经常说单位几何就是量化的，投影几何就是完全质化的。直线其实也是和其他线有区别的，比如在那些量化的性质的一些方面。所以真正的质化几何就是分析。

同样的问题也在欧几里得几何里面出现过，作为一个新的问题。它们是不是通过推理得出的？或者是我们不知道的定理？是实验结果，还是我们感知到的特点及思考得来的？

但我希望最后两个不能都正确。因为我们不能想象四维空间,经验告诉我们空间只有三个维度。所以对于自然,实验就是这样答复:是这样还是那样?如果没有两个可以替代,我们根本无法应用。如果这些替代的我们无法想象,这些就没有任何意义,寻求经验帮助也就没有用处了。我们其实没必要去观察一个 12 个小时的手表上有没有第 15 个小时。我们因此也就不能在"15"看指针,因为 15 并不存在。

另外,实验者在分析过程中都会被一个很致命的反对观点弄得不在乎,他们努力使理论适用于欧几里得几何,这些也完全没什么用。这些其实都有定论,实验结果都有误差。实验都可能会让我们确定的结果,比如,如果我看到的空间不是两个或更少的维度,也不是四个或者更多的维度,那我们就确定是三维,因为空间维度不可能有 2.5 维或者 3.5 维。

在这些理论中,最重要的是空间有三个维度。这就是我们考虑问题的范畴,比如为什么空间是三维,这有什么意义。

多维世界的连续性

之前我在《科学与猜想》一书中讲过,物理空间的连续性和数学空间的连续性是如何来的。这种连续性让我们区分两种事物,与第三种没有关系。比如对于 $12g$ 重量和 $10g$ 重量的物体,我们就无法从中感知 $11g$ 物体的重量。如果用数学语言表述,那就是:

$A=B, B=C, A<C$

这种初始经验给我们的结果就是物理世界的连续性的形式,但是这里又有一种矛盾产生,只有通过数学连续性才能解决。这就是不同的数量级之间的关系,比如通约数与不可通约数,其中的差距是无法测量的,而不是和物理空间里面的一样有接壤或遵守刚才那个公式。

所以物理空间的连续性就是一个未解的谜团。就算最精确的仪器都无法测量。但是我们在手中感知这些物体的重量，就能知道 $11g$ 与 $10g$ 还有 $12g$ 的区别，即$A<B$、$B<C$、$A<C$。

但是在 A 和 B、B 和 C，还有新来的 D 和 E 之间，就是，$A=D$、$D=B$、$A<B$、$B=E$、$E=C$、$B<C$，通过这样，我们其实只是缓解了一些困难，不能说这个谜团就完全揭开。我们也只能通过大脑意识来解决，数学连续性就好比将星团化为星星一样。

其实这样我们还不足以知道空间有多少维，我们说物理或数学连续的世界有两维或者三维是什么意思？

首先，我们要通过学习物理连续性来理解断点的含义，而我们已经知道物理连续性的特质是什么。每一个要素都由很多印象组成，要么这些要素无法在同个连续性里面与同类区分出来，如果新的要素出现，但不足以与它们区别，或者相反的情况，就是我们可以区分开来。最终，这些无法被区分的外来要素都可以互相区分，虽然与外界的还是不行。

所以 A 与 B 在 C 连续性空间里是不可区分的，那么一系列的要素比如 E_1、…、E_n 属于 C 连续性空间里的都可以找到，而且都不能从前一个区分出来，E_1 无法从 A 区分，E_n 无法从 B 区分，这样的话，我们从 A 到 B 就是沿着一条连续的 C 空间里面走过。

如果 A 和 B 两个要素在 C 连续性空间里满足这条件，我们就可以说 C 是一个整体连续性的空间。现在我们就来区分 C 空间里面的要素，它们要么可以互相区分，要么就是在不同的连续空间自我区分。所以，我们在 C 空间里随意挑选的这两个要素就组成我们所说的一个或几个断点。

我们拿 A、B 来做例子，比如我们可以找到 E_1、E_2、…、E_n 一系列要素，它们要么属于 C，每一个都无法区分出后一个，E_1 与 A 无法区分，E_n 与 B 无法区分，此外，E 无法和断点区分。或者，相反的是在这些要素里面，满足前面两个条件的要素，会有一个 E 无法和其中一个断点区分。

在第一种情况，我们沿着连续性空间 C 从 A 走到 B，中间没有断点，但这在第二种情况下是不可能的。

如果说对于 C，连续空间的任意两个要素 A 和 B，总是符合第一种情况，我们就说 C 是连续性的，无断点。

如果我们选择断点不是那么的随意，情况就是要么连续空间是一起的，要么就不具备连续。后者我们在猜想里面都说是被断点切开了。

实际上这些定义都是从一个简单的事实出发，那就是一些东西有时我们能意识到，有时我们又不能。如果我们划分一个连续空间，断点作为空间里面的一些要素无法互相区分开来，这个连续空间就是一维的，相反，如果是一个系列的要素组成几个连续性，它们构成的断点在一个空间里，我们就说这空间是多维空间。

如果一个 C 空间里，断点构成了一个一维的或者几个连续的线，那 C 就是二维的连续空间。如果是二维的，那 C 就是三维的连续空间，以此类推。

我们还是要回到几何学家是不是在开始就用这种方式说空间有三个维度，为了证明这个理论，那我们又能得出什么来？他们其实一般都将表面定义为一个具体物体的表面，或者一个空间的，线就说表面的边，点就是线的两端，这就已经不能再往前推了。

这就是以上结论，我们定义一个空间，断点就必须是一个面，为了定义一个面，断点就必须是线……这也是有一个尽头的。点就不能往下再分了，因为它不具备连续性。线如果能被没有连续性的断点分开，就是一维连续空间，如果是被有连续性的线分开，就是二维的面。最后，如果被一个具有连续性的面分开，那就是我们所在的三维空间，也具有连续性。

我刚才给的定义其实和常规定义没有什么不同，只是在形式上接近于数学连续性而不是物理的，一般都取决于我们如何去展示，很大程度上受其影响，但不失精确。此外，这个理论不仅适用于我们的空间，而且对于我们所能感知的物理连续性的特征都适用，感觉起来也差不多。所以我们也就不难举出四维空间、五维空间和六维空间，但是这都是感受于我们意识中。

最后，如果我有足够时间，就解释我之前说的科学道理和黎曼所说的分析，都让我们了解相同维数的不同空间里的不同地方，如何划分其实也和断点有关系。

由此推来，数学连续性的空间的维数也和物理的差不多，数学的一维空间是物理的一维空间的基础。

$A>C, A=B, B=C$。

这就总结出我们的原始数据，里面就有了一个我们必须解决的矛盾。为了解决这个矛盾，我们又要引进一个新的认识，但还是要遵守多维空间的本质特点。而数学的连续性在一维空间里，被平均分成无数份，形成一个尺度，每一份都和一个值有关，不管是通约数还是不可通约数，但都在同一个数量级。那么在多维空间里，就有多个尺度，每一个尺度也同样被平均分成无数份，每一份与一个数有关，而这几个尺度就形成了一个坐标轴。这样我们就得到一个多维物理连续空间的尽可能准确的认知，而且可以不发生之前我说的那种矛盾情况。

关于点的认知

我们最开始提出的问题已经得到了解答。我们所说的三维空间，就是这个空间的点合乎我们刚才说的物理连续性的定义。由此我们便假设我们知道什么是空间的点的集合，甚至一个点。

但这问题不是我们当初想象的那么简单，我们也许是认为自己太明白了，觉得根本没必要定义一个点。当然我们也没必要知道，因为在我们往前追溯这些概念的源头时，总会有个尽头。那么什么是那个尽头？

我们通常在能感知相关的物体时，或者我们能想象出那物体的时候就不再往下追溯。定义也变得没有任何用处，就好比我们不用给小孩子定义什么是睡觉，就只需要跟他说：睡觉去吧！

然后，我们就会问道，那我们可不可以在想象空间里描述一个点是什么样的？那些回答“是”的人其实就没能想出白纸上黑笔画的点或者黑板上白粉笔画的点到底是什么样，除了能在他们的感知系统里想象出一个物体或者其记忆印象。

因此他们在尝试想象出一个点时，就会想象一种几乎没有质量的物体，而且不需要补充说，这两个物体尽管非常的小，但会产生极为不同的效果。然而，这个研究会耗费一些时间，我们也不必在此纠结。

我们其实也不是刻意地要去关注这问题，因为想象一个点其实用处不大，必要的是想象出一个特定的点，而且能和其他点有区别。其实，我们可以将上面说的法则应用在连续空间里面，而且通过这，我们还能了解空间的维度。但我们要认识到这空间的两个要素有时能区分，而有时就不能区分。所以我们很有必要知道如何认知一个特定要素，并知道它与其他的要素的区别。

但问题是我一小时以前想象的那个点和我现在说的点是不是相同的，或者是不是不同的两个点。换句话说，我们如何了解在时间 a 里，物体 A 的点是不是和物体 B 在时间 b 一样(还有更好的说明)，这是什么意思?

我坐在一个房间里，桌子上有一个物体。我不动时，物体放在那儿，没人碰。这就使得我说物体所在的 A 点，在一开始就和最后所在点 B 点是一样的。但是事实根本就不是这样。从 A 到 B，有 30km 长，物体在沿着上面运动时还有地球的旋转速度。不管这个物体多大，其绝对位置在空间有没有变动。我们不仅无法确定，而且确定了也没有什么意义。而且这在任何情况下，都没法想象出来。

但是物体相对于其他物体的相对位置有没有变化，首先是以我们身体为参照物。如果没有改变相对位置，我们就会说它的相对位置及状态都没有改变，如果改变了，那就两者都有变化。然后我们要判断的是，究竟是哪一种变化。我在《科学与猜想》中提过，如果去观察位置变化，我们要更深入研究。所以，我们就要看这物体相对于我们身体的位置有没有变化。

如果这两个物体与我们身体的相对位置是保持不变的，就可以推断出它们互相为参照物的话，相对位置也不会改变。但是这只是凭我们的感觉间接推断的。事实上我们只知道其与我们身体作为参照物时的情况。而且是基于我们知道物体的绝对的位置改变了。

总之，如果有一个坐标系包括我们外界的所有物体，那这个坐标轴肯定就一直和我们的身体是一体的，而且与我们同步。

事实上我们不可能在绝对空间里表示一个物体。所以有人要是说能在绝对空间里同时表示他自己和物体，那其实他自己是不动的，周围物体都在运动。

如果使所有东西在坐标轴上与我们身体有关，是不是问题就解决了？我们是不是就会知道以我们身体为参照物的物体的相对位置是什么？很多人会说是，并将这个外界的物体的位置确定下来。

这又意味着什么？我们确定一个物体的位置事实上就是描述它的运动状态，而我们也必须借助运动来感知这一物体。这其实并不是记录这物体在空间运动中的状态，而是仅仅伴随物体运动的肌肉感觉，也不会跟空间是否存在有关系。

我们如果假设这两个物体的相对位置都相继与我们一样，这两个物体给我们的印象还是会有些不同的。而且我们要是把它们列为同一个位置，也看不到它们有什么共同点，除了位置。

但对于那个物体，我们还会有更多的感觉使我们感知到这个物体的存在。我们要是通过其肌肉感觉伴随其运动来认识这物体，然后再来确定这个点，那就会有完全不一样的很多方法来表示这个点。如果你要是不满意其中一种方法，但希望把视觉效果及肌肉的感知结合在一起，那还会有很多的方法来表示同一个点，但我们只会感觉更困难。所以在任何情况下，就有这样一个问题：为什么这些点表达方式都不一样，但都是代表同一个点？

另外，我们是以自己的身体为参考来衡量外界的物体，而且同时我们的身体在坐标系的中心，不会变动。所以，我们就要在外界物体和这个坐标系联系起来之前，就假设我们的身体已经回到原来的状态，虽然这方法不是普遍适用的。

关于位移的认知

对于我们身体在空间里运动发挥的重要作用，我之前在《科学与猜想》里面说过。对于一个完全不动的生物来说，它就根本不会有空间或者几何的意识，外界物体的位移对它来说也没有什么意义，因为这些位移造成的变化在它的印象里不会认为是位置的变化，而是状态的变化。所以它无法区分这两种变化，我们习以为常的变化，在它看来就毫无意义。

我们认识到的运动其实是由其产生的变化在我们的感官刺激上的反应，其他的变化也可能会作出相同的刺激，但是我们一般也只会将自己产生的运动与外界的区分开来，以下我们用两种原因来区分：(1)它们是自己本身就想分开；(2)它们都是通过肌肉感知认知到的。

此外，我们还观察到在这些内部变化中，一些是可以纠正的，这就要归功于那些内在变化，使其返回原始状态，但其他的就不能这样（当外界物体移位时，我将物体和我们的位置变换一下，我们就建立了原来的认识，如果物体没有位移，但状态得到改变，就不能这样做）。这样在物体的外部变化时，就出现了一个不同于以前的地方。物体如果可以那样纠正的，就是物体位移；如果不能，那就是状态改变。

我举一个例子，想象一个圆球，半边是蓝色，半边是红色，然后球开始选择，之前一个角度下的红色部分变为蓝色部分。然后，再想象一下，一个球形的瓶子里面装着蓝色液体，在经过一系列变化之后变为红色。在以上两种情况中，红色的感知取代了蓝色。我们的感知得到了同样的认知，互相取代之前的。但我们还是觉得这两个变化是很不一样的。第一个是位移，第二个是状态改变。为什么？因为我们足以围绕瓶子，将自己置于蓝色部分的相对方向，然后重建我们对蓝色的原来感知。

此外，要是还有两个半球，分别是绿色和黄色，那我如何描述后面的变化？以前是红色取代蓝色，现在是绿色取代黄色。实际上，这两个球经历的变化都是相同的，每一个都是围绕轴旋转。但我还是不能说绿色对于黄色跟蓝色对于红色是一回事。那我们怎么才能得出它们是经历了相同的运动呢？很明显，因为我都是通过自己围绕着球变换视角，运动状态都是一样的，所以我重建了之前的感觉。而我知道自己的运动都是一样的，然后肌肉感知到的也都是一样的。我也知道之前不需要了解几何，然后同样表示了几何空间里自己的身体运动。

另外还有一个例子：一个物体在眼前发生位移，首先在视网膜成像，然后在边上。所以最先的感知就是神经纤维停在视网膜中心，我们就感知到了，新的感知就在另一根神经纤维边上开始。这感知肯定是质的不同，不然我们又是如何区分出来的？

那我们又是如何确立这两个质的不同的感知的呢，而它们都表示同一个物体，只是移位了而已？那是因为我的眼球追随物体，而我们的眼球在位移，自觉伴随物体的位移，便是我们得到物体在视网膜中心的物体成像，然后重建最初的认知。

然后，我们再假设有一个红色的物体从视网膜中心 A 到边缘 B，蓝色的物体走相反的路径。而我可以认定这两个运动其实经历一样的位移。为什么？因为在这两种情况下，我都重建了最初的运动感知。这样的话，我的眼球就要做相同的运动，我如果能感知是这样，那就是有相同的肌肉感知。

如果我的眼睛不能动的话，那我是不是就有理由假设位于中心位置的红色物体对于边上的红色物体来说，与中心的蓝色物体对于边上的蓝色物体都是一回事？事实上，这时候应该会有四种质的不同感受。我如果问它们是不是和之前我说的比例一样，就很荒谬，好像在听觉、触觉及味觉之间有一个相似比例。

现在我们再来考虑内部变化，就是我们身体内自主产生的变化，伴随着肌肉感知的变化。于是，它们就成了以下两个现象的基础，和我之前说的有关外界的变化相似。

(1)假设我的身体从一个点运动到另一个点，但内部情况还是原样，还有其相对位置，尽管变化的是其在空间里面的绝对位置。然后另一种情况是不仅我的身体位置发生变化，而且内部情况也不再一样，比如我的双臂之前是交叉的，现在伸展出来了。

这样我就可以将简单的位移变化从状态变化中区分出来，状态在此没有发生变化。这两者都是在肌肉感知下发生。那我们又是如何做到区分的？那是第一个来纠正外界变化，其他的就不能，或者也就只能给出一个不完美的。

尽管我把这解释给那些懂几何的人，但已经不需要再去推理出来，我们必须懂几何才能发现这个不同点。在我还没有明白几何的时候，就能认定这了(实验中的，只能这样说)。但我不能解释出为什么，除了我们只是认识到这两种变化的不同点。然而，我并不需要解释为什么，就可以确定有两个变化。

而不管怎样，其实也不难解释。我们假设一个外界物体移位。我们要是想以这个物体为参照，将其所有部分都移回原来的相对位置的状态，这些部分就必须要以它们最初的相互位置为参照来还原。也就只有内部变化满足于后者的条件，才能纠正外界物体移位时的变化。如果我的眼睛对于手指的相对位置改变了，我还是可以将眼睛最初相对于物体的状态改变，然后重建最初的视觉信息。但手指相对于物体的位置也会发生改变，还有触觉都不能重现出来了。

(2)我们认定同样的内部变化可以由两个内部的肌肉变化来认知。然后这里我再次认定是这样的，但我还是在不懂几何的情况下进行。而且其他的东西我也没必要知道，然而我可以用几何语言继续给出相关的解释。从 A 到 B，我可能会经过几条不同的路。在第一条路，一系列的肌肉感知 S 假设与这相关，S'' 与第二条路相关，但会完全不同，因为还会涉及其他的肌肉组织。

我又是如何认定两个感知系列 S 和 S'' 和同一个位移 AB 有关？这是因为它们可以参考同一个外界运动。此外，它们就没有任何共同点。

我们再来想想这两个外界变化：a 和 b 分别是两个球，其中的一半分别是蓝色和红色、黄色和绿色。这两个变化本身没有什么共同地方，但是它们与一个同样的位移都有关系，为什么？仅仅因为 S 可以参考 a 还有 b，或者 a 可以以它们两者为参考。有一个问题可以给出提示。

我如果认定 S 可以参考 a 和 b，S'' 可以参考 a，那 S'' 就可以参考 b？其实，我们通过实验就可以验证这些。如果无法验证，就连大致的情况都不行，那几何是不会存在的，同样没有看见，因为我们就不会再愿意这样去区分内在还是外在的变化，比如，将位移变化与状态变化区分开来。

另外，这实验的作用其实也是很有意思的。因为其作用让我们知道一个特定的规律被大致地验证出来。虽然没有告诉我们空间是何种状态，我们也不知道符不符合问题的条件，但其实我知道这空间是否符合那些条件，而且是在实验开始之前，而且根据实验得知我也不能说这几何是不可能出现的。反而我看到的是可能,因为我们没有看到有矛盾的地方。然而,我们通过经验也只是得出几何是有价值的。

视觉空间

尽管我解释过一个很重要的运动现象,对于空间的运动有很大的影响。而且没有那运动,空间也就是静止得像一片死水。那么,探索视觉印象的作用及其空间有多少维度同样有趣,我们就要用到定理3。

首先,是第一个困难:我们先想想一个红色感知在我们视网膜上的一个点上的影响,另外还有蓝色在同一个点上作用。其实我们有必要来想办法认识这些感知,虽然有着质的不同,但是还有相同点。现在,根据我们之前费了很大精力解释的定理,我们只能通过眼球的运动和它们发生的现象来判断。如果眼睛无法移动,或者我们不能感知到它的运动,我们就无法认识到这两种感知具备不同的性质是有共同点的。我们也就不可能把那些给予它们几何特征的事物联系在一起。这种视觉感知如果没有肌肉感知辅助是不可能有什么几何特征的,所以纯视觉空间是不存在的。

为了摆脱这种困难,我们就考虑相同性质的感知,比如红色的感知就与其他的红不一样,而且只从它们影响的视网膜来看。但是我清楚自己没有理由在这些所有的视觉感知中作出这样一个随意的选择来将同一个等级、同一种颜色的感知联合起来,不管它们影响视网膜的哪个点。我甚至都不应该假设这样,如果我的眼球不会移动,就不会用我刚才说的方法来区分状态改变和位置改变。其实两个不同的感知来认知相同的颜色,作用在两个不同的视网膜的区域就是质的不同,就和不同颜色的两种感知一样。

现在我们就只探讨红色感知,这是我给自己设的限制,我也系统地忽视了一整个系列的问题。但是我用这种技巧,分析视觉空间时就不会与运动感知混合一起了。

现象映在视网膜上的一条直线将其分成两个平面，将红色感知影响线的点的一部分分开，另一部分就是无法区分的感知。这些感知一起就可以组成一个断点，就叫C，这个断点就足以将红色感知的区域分出来。如果我们将两个红色影响两个边上点上的感知列出来，我们就不可能从一边到另一边不经过断点，因为没有连续性空间直达那里。

如果这个断点有n个维度，那红色感知的总维度，或者视觉空间就是$(n+1)$维。

现在我再将影响C断点上的红色感知区域区分出来。这些新的感知又可以组成新的断点C'。这其实很显然会把C分开，就是继续往里面分。

若C'有n个维度，断点C就有$(n+1)$个维度，整个视觉空间就有$(n+2)$个维度。

如果所有的红色感知都影响着视网膜上的同一点，C'断点就成了一个零维的物体，视觉空间就有二维。

然而，我们经常说眼睛使我们认识到了三个维度，而且用一定方法使我们又认识到了物体的距离。我们也尝试着分析它的由来，但最后我们将就于一个答案，那就是两只眼睛结合在一起的视觉，或者是睫状肌对物体的对焦调节。

实际上，在它们结合的地方只有两个红色的感知，或者我们自身至少两者的有关信息的调整，但我们无法感受不同。

但是经验似乎很准确地告诉我们两个视觉感知是由同一个结合的感知伴随，也就是由同一个感知伴随。如果我们用所有这些C'上的感知来构成一个断点C''，由一些感知结合，遵守之前提出的规律，它们无法区分开来，都看起来是相同的。那么C''就不会有任何连续性，也不会有维度。既然C''分开C'，那C'就是一维，C就是二维，我们的整个视觉空间就是三维。

如果经验给我们传达相反的信息，如果一些结合在一起的感知不总是由一些一样的感知伴随，这种情况会不会相同？在这种情况下，两个感知影响视网膜上一个相同的点，然后由相同的结合的感知伴随，这两个感知就会和断点 C′有关，但还是能区分出来的，因为它们会有两个不同的感知伴随。这样 C″就反而有连续性，并且是一维的（至少），C′就是二维，以此类推，最后我们的视觉空间就是四维。

以上说明不是经验告诉我们空间有三个维度，因为是从一个实验得出的定理出发，我们才认定空间有三维！但是我们之前展示过，这只是生理学上的一个例子。此外，这也足够让我们带上一种眼镜，看到打破对结合的感知及混合的感知的区别，那么我们通过这个眼镜是不是能感知四维空间，那些制造此眼镜的人给了空间另一个维度？显然不是这样，我们能说的也就是我们通过经验得知，认定空间是三维是为了方便我们的认知。

但视觉空间仅仅是所有空间的一部分，而且里面还包含我们人为制造的假象，我开始说过，真正的空间是运动空间，之后我们会研究。

第四章　空间及其三个维度

位移的组

我们还是先大致总结一下我们的结论吧！我们首先来看看所谓的三维空间是什么意思，之前我们还问过物理的连续空间是什么意思以及有 n 个维度意味着什么。如果我们把几种不同的认识集中起来进行比较，就会发现其中两个是无法区分的（换句话说，就是太相似了，我们的感官无法察觉到它们的区别），但我们有时又确定它们还是可以互相区分的，只要不在两者以外的视角来观察。所以，那样的话我们就观察到了这些认识一起形成了一个有着连续性的空间 C，而它们也就是里面的构成要素。

那么这样构成的空间有多少个维度？我们先看看 A、B 两个在 C 里面的要素，并假设一系列的要素都在 C 里面，A 和 B 就是里面的两种极端情况，而里面的各个要素都无法从前面一个区别出来。我们如果能发现，那 A 和 B 就是连接的，C 就有了连续性。

我们现在再来随意选取 C 空间里的一些要素。这些要素一起成了断点，其中一个系列里有 A 和 B 相互联系，我们就可以将那些无法与断点区分开来的要素和可以与之区分的分出来，如果断点里面有系列里面的点，A 和 B 中间就有断点，断点也将 C 分开。如果我们没能找到 C 上的两个要素将其分开，那断点就没有分开 C。

如果 C 连续空间没有被断点分开，而这些断点本身又没有连续性，这个 C 空间就是一维空间，不然就是多维。如果断点的连续性是一维，那C就是二维空间，以此类推。这样，我们也就能认识到物理空间的维数。至于我们的空间和这个物理连续空间的每一个点是不是差不多的，还有待观察，而且相邻的两个点无法区分出来。这样空间的维数就和这个连续性一样。

用这种方法来认知物理连续性，对我们很重要，因为我们自己是没办法模拟出空间的，原因也有很多。空间有着数学连续性，是无限的，但我们只能展示物理空间的连续性及有限的物体。空间中不同的要素，我们就叫点，其实都差不多。而我们为了应用那个定理，就要知道如何将要素划分出来，至少要能够在它们不是极为相似的情况下。最后，研究绝对空间是没什么意义的。我们也有必要将自己作为参考，在空间坐标轴中，开始研究空间(我们也是为了能够还原到最初的状态)。

另外我们也在尝试将物理连续空间和我们的视觉感知联系到一起，物理的连续空间与我们的空间是一样的。这固然不是特别难，这例子也特别合适讨论空间的维数，因为我们通过这知道了如何衡量出空间有三个维度。但是只有这种方法也是不完美的，也是我们人为意志主导。不过我也解释过，我们更应该关注运动空间而不是视觉空间。我也说过位置变化和状态变化的区别是什么。而我们通常在这些运动中，都是先将内部运动区分出来，它们就是自觉运动而且都有肌肉感知的伴随，而外界运动的情况就恰好相反。我们确定通过内部运动是可以纠正认识外界运动，而且重建我们最初的认知。所以，能被内部运动纠正的外部运动就是位置变化，而不能的就是状态变化。那些能纠正外界变化的内部变化就是一个移位的整体，不能的就是状态改变。

现在我们来假设a和b两个外界运动，a′和b′两个内部运动。a可以由a′和b′纠正，a′可以由a和b纠正。我们又从经验得知b′，所以就可以纠正b。所以，在这种情况下a和b都和相同的位移有关，另外a′和b′也是一样的。所以这就是我们想象出一个物理连续空间，我们叫连续性或者位移组，之后我会解释。而这个连续性的要素就是那些能纠正外界运动的内部运动。而两个内部运动的要素 a′还有 b′都应该无法区分，要么它们自然就是这样，要么就是互相离得太近了；如果 a′可以纠正一个同样的外界运动，作为第三个内部运动的要素，不能与 b′区分开来。然后，还有第三种情况，我们是不可能通过传统的办法将它们两者区分，我的意思是不再去想那些所谓的可以将它们区分的情况。

这样，我们对于连续性的解释都告一个段落了，我们知道了它的要素，也确定了它们在哪些情况下无法区分。所以我们就知道了所有的规律，来研究我们的定义及这个连续空间有多少维度。而我们应该认识到其中的六个维度，连续空间的位移和我们空间里的还是有不一样的，因为空间维数不同。那我们又是如何知道它有六维？凭经验？

这个有关的实验也好说。我们可以看到在这连续空间里，很容易产生断点将其分开，而且断点也有连续性。而这些断点还能被第二级断点分开，而它们也有连续性，直到被第六级没有连续性的断点分开为止。所以我们得知这个位移组有六维。

我说过这些都很难，过程会相当漫长，而且会很深奥！这个位移组和我们的空间是相关的，我们也看到，我们也能由此推理出我们的空间情况，但是和空间并不能等同，由于维数的不同。然而在我们展示这个连续性怎么组成的及我们的空间是如何推断出来的，别人总会问为什么比起六维空间，我们对三维空间更熟悉，会怀疑空间的概念是不是我们自己独创的。

关于两点的认知

什么是点？我们又如何得知两个点是一样的还是不同？或者，我说物体 A 在时间点 a 的点在时间点 b 上，是由 B 物体在上面，这是什么意思？

我们在前一章中提过这样的问题。我是这样解释的:这不是在比较两个物体在绝对空间里面的位置。而是在比较以我们的身体为参照物时,它们的相对位置,假设它们状态不变。

此外,在两个时间段 a 和 b 之间,我的眼睛和身体都没发生运动,我的肌肉感知到的都是静止,而且我的肩膀、头还有手都没有动。而我可以确定在时间点 a 上物体 A 的印象已经传达给我,一些是通过我们的光学神经,还有一些是我们的触觉敏感,来自于我的手指。此外在时间段 b 里,物体 B 的印象也传达给我了,方法跟上面一样。

在这里,我必须要解释一下:A 物体和 B 物体本质上有着不同的地方,是如何通过一样的神经传达给我的?我是不是又要根据视觉感知的例子来假设 A 同时产生了两种肌肉感知,一种是纯粹光的感知 a,另一种是色彩感知 a′,而 B 同时产生光的感知 b,再就是颜色感知 b′,但是如果这些不同的感知都是通过同一个视网膜纤维传输给我的话,a 就与 b 相同,但是关于色彩的感知 a′与 b′,来自于不同的物体,那就不一样了!所以在那种情况下,a 感知由 a′伴随的其实与 b 感知由 b′伴随的是一样的,它们都是由同一个神经纤维传输给我们的。

无论它对于这个猜想是什么样的,虽然我更喜欢另一种情况,比这种复杂得多,但是我们肯定会通过某种方式来得知(a+a′)和(b+b′)的共同点,不这样我们也就无法得知 B 物体取代 A 物体。

所以,我不再坚持那样认为,然后再回到刚刚那个猜想:先认定 B 物体的印象在 b 时间点是通过同一个纤维传输,还包括光以及触觉,而且在 a 时间点让我们知道 A 物体的印象。如果是这样,我们就应该立即认为 B 物体所在的点,在时间点 b 上,和 A 物体在时间点 a 上是一样的位置。

这就是这些点在两个条件下是一样的,一个是视觉,一个是触觉,我们一般都是分开研究这两者,前者是必要的,但这也不是充分条件,第二个是充分必要条件。如果你懂几何的话，解释起来也就会很轻松。这样就可以解释为：O是视网膜上的一个点，是代表a时间点物体A映在上面的位置，M是在空间里面的位置，M′是物体B在时间点b时的空间位置。为了物体B在O上成像，M与M′不必重合到一起。因为视觉作用都是在一定距离以外，所以OMM′也足以成为一条直线。这就可以让这两个物体在O上面成像，成为其必要条件，但是对于MM′重合是不够的。现在，假设P是我手指在空间里面的点，然后一直不动，甚至是一点小动作。由于触觉是不可能远程作用的，所以物体A是在时间点a触摸到我的手指，那就是MP重合。物体B在时间点b触摸到我的手指，那就是M′P重合。所以，A要是在时间点a触摸到我的手指，而B是在时间点b触摸到我的手指，这就可以成为MM′重合的充分必要条件。

但对于那些不懂几何的人来说，这些就无法明白。而我们能做的也就是用实验来确定第一个与视觉有关的条件，可以在第二个关乎触觉条件不一定满足的情况下成立。但是第二个条件必须在第一个成立的前提下成立。

然而，我们假设经验告诉我们相反的情况。这种情况理论上是有可能的，也有一定根据。所以我们就假设出与触觉有关的条件可以在没有视觉的情况下成立，但另外还有视觉条件必须以触觉条件成立为前提。所以很明显我们就认为触觉可以远程作用，而视觉不可以。

不过实际情况会比这个例子复杂得多，因为我只是用手指和眼睛来确定物体的位置。此外，我还能用其他的方式，比如我的其他手指。

由此，我们假设我的第一根手指在时间点a收到一个触觉信号，是由物体A传达的，根据这些，我作出的一系列反应S，就是我的肌肉感知。然后，反应结束后，在时间点a′，我的第二根手指也收到一个触觉信号，也和物体A有关。之后，在时间点b，我整个身子都不动，但肌肉传达给我的信号就是我的第二根手指收到一个来自于物体B的新的信息，我再作出一系列肌肉反应 S′。然而，这反映 S′是和 S 相反的。而以往的经验都让我们知道如果我们收到相继的两个肌肉感知的信号，我们是可以回想起它们，也就是说，这两个系列的运动都是相互联系的。比如在时间点 b′，第二个系列肌肉运动结束之后，我的第一根手指会不会收到物体 B 发出的触觉信号，并且手指感知到了？

那些几何学家就会这样解答：从时间点 a 到时间点 a′，物体 A 有可能是不动的，对于物体 B，在时间点 b 到 b′，也是同样的情况。这样，我们就来假设一个物体 A 在时间点 a 上，在空间里面的 M 点，然后触摸到了我的第一根手指。由于触觉不是远程作用，那结论只能是第一根手指在 M 点上。之后，我作出一系列反应 S，最后反应结束后，我就确定物体 A 触摸到了我的第二根手指。然后，我就由此推出第二根手指也在 M 点上，那是因为反应 S 可以把我的第二根手指也带到第一根手指的位置。在时间点 b，B 物体就和我的第二根手指有联系，所以 B 就到了 M。但是这个假想，不是说 B 就会运动到时间点 b′。但在时间点 b 和 b′之间，我又有了一系列反应 S′，由于它与 S 相反，所以它们就可以将第一根手指带到第二根手指所在的位置。在时间点 b′，第一根手指就在 M 点，物体 B 也在 M 上，B 就会触摸到我的手指。所以，上面问题的答案是肯定的。

而我们不懂几何的话，就无法这样证明。但是，我们能确定的是，这个结论差不多是说可以，然而我们还会从这地方反驳，因为有这样一个例外情况：A 物体在 a 到 a′时间段运动或 B 物体在 b 到 b′时间段运动。

经验会不会把我们带到相反的情况下？这个相反情况是不是自身觉得很荒谬？所有的几何就此变得没有可能性了？至少在我们的世界不是这回事。我们应该感到满意，因为我们推出了触觉是不能远程作用的。

我们所说的触觉不能远程作用，而视觉可以，这其中就只有一个意义，那就是，为了认识物体B在时间点b所在点是不是物体A在时间点a所在点，我就有很多不同标准来验证。其中我可以用眼睛观察，还可以用手指感知，还可以用第二根手指。如果我们的其中一根手指验证得到满意结果，那其他的同样满意。这就是我们怎么确定一个结果的。但是，手指的情况并不能说明对于眼睛观察也会是一样的结果。这就是我们应该肯定一个实验结果。

我们在前一章最后一个部分讨论了视觉空间。我们为了认识视觉空间，就必须拥有视网膜的感知伴随，还要有结合感知及混合感知。如果后面两个不是相互有联系，那空间就不再是三维，而是四维。但我们如果只是拥有视网膜的感知，我们也只能得到一个视觉认知的效果，也只是二维。另外，我们参考触觉，将我们的研究范围缩小到一根手指上，触觉空间就是手指的所有能移动到的位置。我们下一章会研究这种触觉空间，但不会研究太深，其实这个触觉空间是有三个维度的。为什么空间会和触觉空间一样有三个维度，而不是二维的纯视觉空间？那是由于触觉不能远程作用。这两种说法，意义都一样，我们也都看过。

现在，我再回到之前提及的一个地方，当时只是简单地一笔带过，为的是不耽误当时的重点部分。我们对于视网膜在a时间点的物体A的图像，以及B物体在时间点b的图像，都是由一个视网膜神经纤维传输的，尽管这两者有质的不同。另外，我再加点别的有关猜想，会使其更复杂，但会更真实。以下就是那些猜想，我也提到过一些。我们是如何知道红色物体在时间点a的情况，还有蓝色物体B在时间点b的情况？如果两者都在视网膜同一点上，并且有相同之处，我们肯定会不要那个简单的猜想了，换到假设这上面来。我们假设这两个情况有质的不同，而且是由两个不同连续的纤维神经传输。那对于连续的神经纤维有什么意义？是不是我们的眼睛无法移动，这些就没有意义？或者根据眼睛的运动，我们的感知，A点的红色感知与B点的蓝色感知是一样的，正如

A、B两点的红色感知。其实，这些给我们展现的就是相同的肌肉感知，将我们从第一个带到第二个，从第三个带到第四个。因此，我们不再强调那些关于局部特征的问题。

触觉空间

对于A物体在时间点a的点和B物体在时间点b的点，在我们不动的情况下，我们如何在时间段a到b认出它们？其实，我们不动是不够的。所以就算我在这个时间段运动，我如何知道时间点a的A物体的所在点和时间点b的B物体的点是一样的？那我再假设物体A在时间点a和我的第一根手指有联系，但是同时肌肉感知又告诉我，身体发生了移动。我想过之前的S和S′两个系列运动，有时我们考虑两者相反，就是因为在我们重建最初的认知时，两者相互取代。

如果我通过肌肉运动感知到我在a和b两个时间点之间运动，但是会相继感受到我所认为是相反的两个系列运动S和S′，凭此我就可以推断，如果我的第一根手指在时间点a触摸到A，时间点b触摸到B，我要是不动的话，A在a时间点所在点不是B在b时间点所在点。

然而，我们对这个结论并不满意。那我们就来看我们会认为空间有多少维度。我希望比较A和B在时间点a和b的两个不同的点（由于我假设我手指在a时间点触摸到A，在b时间点触摸到B），或者我希望可以比较我手指在时间点a和b里的两个点。于是我就只用一种方法来比较，即同一系列伴随身体在两个时间点之间运动。我们想象的不同系列来自于高维数的物理连续世界。我之前也有过，不将S和S′看成两个不同的系列，而S和S′是相反的。这样，就算不同的系列也会组成一个连续的物理空间，然后空间也是高维度的，但是比之前的那个要低。

每一个系列都和空间里的一个点有关系，比如，M与M′有关系。这就使得我们认识到M和M′在这两种情况下都是相同的：(1)只要M

与 M' 是相同的；(2)如果 $'=\ +S+S'$，S 和 S' 相反。如果在其他的所有情况下我们将 M 和 M' 看作是不同的，那么就会有和这个系列的总和一样多的维数，肯定高于三维。

对于那些懂几何的人来说，以下的解释不会很难理解。在这些能够想象到的肌肉感知的系列里，有一些感知与那些手指不运动的情况有关。如果将系列 Σ 和 $\Sigma'=\Sigma+\sigma$ 看作是不同的，其中 σ 系列就与手指不运动的情况有关，那么这系列的总和就会构成三维空间。但是如果两个系列 Σ 和 $\Sigma'=\Sigma+\sigma$ 除了在 $'=\ +S+S'$，S 和 S' 相反，都是不同的，就会构成高于三维的空间。

我们先假设一个空间表面 A，表面上有条直线 B，直线有个点 M。C_0、C_1 就是这个系列 Σ 和 $\Sigma'=\Sigma+\sigma$ 的总和。而我们在运动的最后都会发现在表面 A 和 C_2 上或者系列 Σ 和 $\Sigma'=\Sigma+\sigma$ 的总和上面找到手指，或者在系列 Σ 和 $\Sigma'=\Sigma+\sigma$ 上，我们发现手指的尾部在 B 或者 M。这已经很清楚 C_1 就是一个分开 C_0 的断点，C_2 是一个分开 C_1 的断点，C_2 如果有 n 维，那 C_0 就是一个$(n+3)$维空间。

所以，就让 Σ 和 $\Sigma'=\Sigma+\sigma$ 成为两个系列共同组成 C_3。我们在这两个运动的最后，都可以在 M 点找到系列 a。a 系列就是其中与手指不运动的情况有关。如果 Σ 和 $\Sigma'=\Sigma+\sigma$ 没有看作不同的，C_3 的所有系列就混合到一起，所以，C_3 就成为了零维，C_0 就是三维，之前我也想着怎么去证明。相反，如果，Σ 和 $\Sigma'=\Sigma+\sigma$ 不是混合的(除非在 S 和 S' 相反的情况下，$a=S+S'$)。不过 C_3 对于我们会有很多不同系列的感知。因为在手指不运动的情况下，我们的身体会有很多不同的状态，C_3 之后又会组成一个连续性的空间，C_0 就会呈现出多于三维的空间，这我也希望能够证明出来。

然而我们如果不懂几何，就无法理解，但可以验证。这里就又会有一个问题，我们如何在不懂几何的情况下区分出 a 系列，里面的手指是不动的？而且只有分清楚了之后，我们才能将 Σ 和 $\Sigma'=\Sigma+\sigma$ 看作相同的，我们同时也看到我们也只能在这种情况下才能认识到三维空间。

我们因为是在模仿有关系列 a 肌肉感知的运动才区分该系列，我们的第一根手指传达给我们的触觉感官，感觉一直存在，不被这些运动取代掉。所以经验就可以通过本身告诉我们。

如果我们区分出这两个相反的肌肉感知 S 和 S'来，那就是因为它们具有我们的所有认识，如果我们能区分出 a 系列，那是我们具有一些特定的相关认识(我的意思是我能确定如果能有意识 A，然后是 S 肌肉感知，我们在 S 以后还能有 A 意识)。

我之前也说过，a 系列不会取代我们手指的触觉，一般是这样，但不代表是绝对，这些在我们日常的语言中就是在只要我们的手指没动，而且两者与手指又有联系，但都没有使物体 A 运动的情况下，没有什么可以变换我们的触觉。我们不懂几何的话就无法说出为什么，除了说这现象肯定发生，这也是我们所能做到的了，但是不是一直发生。

但是这种不间断的认识不足以使系列 a 看起来如此重要，也不足以和系列 Σ 与 $\Sigma'=\Sigma+\sigma$ 平起平坐，所以不认为它们是完全不同的。所以我们在这种情况下看到的就是一个有着连续性的三维空间。

我们再来看基于我们手指触觉的三维空间。每一个手指其实都可以创造出这样一个空间。但是我们如何将它看起来与视觉空间或者几何空间一样，就有待观察。

但是我们还得考虑一种情况，我们通过之前的，知道了空间的点或者我们身体总的情况，这些都只通过同一系列传达给我们的肌肉感知，从开始伴随到最后。但是我们也很清楚，最终的情况一方面取决于这些运动，另一方面取决于我们的最初情况。现在我们的肌肉感知来向我们传达这些。但没有任何情况让我们知道最初的状况，也没有什么能使我们将其从其他情况中区分出来。这也就很好地将空间的相对性展现。

不同空间的特征

这样,我们就得比较两个连续存在空间 C 和 C′,第一个是我们第一根手指 D 创造的,第二个是第二根手指 D′创造的。这两个连续的物理世界都有着三个维度。对于每一个 C 连续性的要素,或者你更喜欢说每一个第一触觉空间的要素,都有一系列的肌肉感知系列 ,伴随着我们的开始到最后。此外,这个第一空间的同一个点和 Σ 及 Σ+σ 有关系,如果 a 是我们知道不会使手指 D 运动的那个系列。

对于 C′连续空间的每一个要素,情况也大为相似,或者说第二触觉空间,有一个肌肉感知 Σ′,同一点就会跟 Σ′和 Σ+σ 有关系,如果 a′没有使 D′运动。

我们一般也就是知道从 a 到 a′系列的很多这种系列的运动里,第一个是不会由 D 取代触觉运动,第二个会保留 D′到感知,才讲这些系列区分开来。

所以现在我们确定,开始是我们手指 D′感知 A′感觉,我作出一系列肌肉反应 S,D 感到 A 感觉。此外,我的肌肉运动还有 a 感觉,D 也感觉到了 A,因为这就是 a 的特性。然后我再作出与 S 相反的运动 S′,并且 D′也有了对 A′的新的感知(所以,我们明白了应该选 S)。

这意思就是 S+a+S′系列,保留着 D′的触觉特性,就是我叫作 a′的系列之一。相反,如果是对于 a′,S′+a+S 就是 a 的系列之一。

所以如果我们选择 S,非常合适,S+a+S′就是 a′。然后我们将使 a 有着很多方法变换,我们就可以得出很多系列 a′。

如果我们不懂几何,只能将自己限制在那种验证的范围里。但是这里像是那些懂几何的在解释他们的道理一样。我的手指 D′在 M 点,一开始在 M 点接触物体,然后产生一种感觉意识 A′。之后,我作出的运动和 S 系列有关。我说过对于这种选择一定要慎重,我于是就选择这种情况，这些运动将 D 移到 M，以前是 D′手指的位置，也就是 M 点，其实。但这个手指 D 会和 a 物体有关系，也会使其感受到 A。

然后，我们再使这些运动和 a 系列有关系，根据猜想，D 手指的位置不会改变，所以就一直与 a 有联系，也一直有感知 A。最后，再使其与 S′有关。由于 S′和 S 是相反的，这些运动就会把手指 D′带到 D 之前的那个位置。那么，物体 a 就和假设一样，没有运动，手指 D′就会和这物体有关系，于是就会感到新的感知 A′……

我们再来看结果，想想一系列的肌肉感知 Σ。M 点作为第一个触觉传输点，就会和这些产生联系。然后，再拿 S 和 S′举例子。N 点作为第二个触觉传输点，就会和 S+Σ+S′有关系，因为任何一个肌肉感知就会和一个点产生关系，这我之前说过，不管是在第一空间还是在第二空间。

现在我们再深入了解 M 和 N，两者互相有联系。是什么使我们这样认为？我们为了使这个关系易于接受，就必须要让 M 和 M′两点是一样的，并和第一空间里的 S 和 S′，还有第二空间里的 N 和 N′有联系，这两个点于是和 S+Σ+S′及 S+Σ′+S′产生关系。现在我们要看到这关系实现。

那么，因为 S 和 S′是相反的两个系列运动感知，S+S′=0，所以 S+S′+Σ=Σ+S+S′=Σ，或者 Σ+S+S′+Σ′=Σ+Σ′，但接下来并不是 S+Σ+S′=Σ。因为，尽管我们是用加号来表达我们的感知的总和，但是我们还需要注意这些感知的顺序。所以，我们不能生搬硬套加法结合律，来颠倒顺序。为了使这些算式传达我们想表达的东西，我们就不能随意参考算式里随意切换的要素。

为了 Σ 和 Σ′与同一个点 M=M′在第一空间里面有联系，Σ=Σ′+a 对我们就是充分必要条件。之后，我们得出 S+Σ′+S′=S+Σ+a+S′=S+Σ+S′=S+Σ+S′+S+a+S′。

但是我们刚才就认定 S+a+S′属于 a′系列，所以我们得出 S+Σ′+

$S'=S+\Sigma+S'+a'$，意思就是 $S+\Sigma'+S'$ 及 $S+\Sigma+S'$ 就和同一个点 $N=N'$ 在第二空间里有关系。

所以我们的这两个空间就有对应的点了，它们就可以相互转化，都是相互独立的个体。那我们又是如何认定它们是相同的？

想想两个系列 a 和 $S+a+S'=a'$。我也经常说，虽然不是一直说，系列 a 有着 D 感知到的 A 触觉。同样 a' 有着 D' 感知到的 A' 触觉。其实，这都是非常肯定的结果（比一般所谓的经常频率还要高）。一般，a 系列有着 D 感知到的 A，那 a' 系列就有着 D' 感知到的 A'，反之亦然。然后，第一感知如果有被替换，第二个也一样。这也是一般情况，虽然不是绝对情况。

我们的实验结果表明未知物体 a 给了手指 D 一个 A 触觉感知，与物体 a' 给了手指 D 一个 A' 的感知是一回事。其实，在第一个物体移动时，A 感知就会离开我们的手指，第二个也会离开，是由于 A' 的消失。然后第一个物体停止运动，第二个也一样。它们两者相同，第一个物体在第一空间的 M 点，第二个物体在第二空间的 N 点，它们两个点都是一样的。这就是我们为什么认为这两个点相同，或者更准确地说，我们在认定它们相同有什么意义。

实际上，我们刚才所说的那两个触觉空间的特征使得我们不必要再去探讨视觉和触觉空间的问题，因为本质上都相同。

空间与实验

我们看似是使结论和实验结果相符合。实际上我在试着将经验的作用及分析实验结果在三维空间里面进行分析。但是，不管这些结论有多重要，我们还是不能忽略而且必须多次注意一个事实，那就是这些实验数据只能用来经常验证而不能永远用下去。这同样不意味着空间有三个维度，当然也不绝对。

而且没必要纠结这些,如果实际情况无法验证,那我们也可以很简单地解释成有外界物体的干扰,如果经验符合事实,那就可以说我们通过它了解了宇宙;如何不符合,我们就会怪罪于外界物体的移动。换句话说,如果不符合,我们还是有“退路”的。

然而,这些“退路”是有依据的,也有其存在条件。因为我们通过这些知道了空间不完全是实验得出的真实结论。事实上,我们通过这样类似方法可以说明很多其他规律。那么,我们是不是都在用同一个理由来说明?因为我们最多说,不要怀疑这些理由都是有道理的,但你滥用它们了,因为哪来的这么多移动的外界物体。

所以我们总结出,经验没有给我们证明出空间有三维,而只是告诉我们这样会很方便,因为我们找的那样的“退路”说明是最少的。

另外,我再补充一句,经验让我们接触到了我们的空间,具有物理连续性,而不是几何空间,有那种数学连续性。而且在大多数时候,我们都会觉得赋予几何空间三个维度是最简单的,所以就和我们所在的空间有一样的维度。

然而,我们还可以用另一个形式来看待这个问题。可不可以把空间理解成物理现象,比如力学运动休闲,而不是三维空间?如果这样的话,我们就需要用客观的实验来作为证据,而且可以这样说,要独立于我们的生理认知及我们的认知模式。

但是不能完全说是这样的,而我也不应该在这里将这个问题解释得这么全面,我应该仅限于述说赫兹的例子,让我们觉得脑洞大开。你也知道伟大的物理学家不会相信力的存在。所以他就假设一些可视的质点是受一些看不见的联系将它们和不可见的质点联系起来。力的作用就是这些看不见的联系的作用。

但是这并不是他的所有思想。假设一个系统有 n 个质点,不管可不可见,就会形成 $3n$ 的坐标系,我们就将其认为是三维空间坐标系的一个点。这个独立的点就会停留在一个表面上(小于三维的平面),由于那些我们刚才说的联系。在这个平面上的一点移动到另一点,总是会走最短的路,这就是所有运动力学的基本法则。

不管我们如何看待这个假想,无论是不是会想起它的简单,或者因为它的不自然而排斥,但是赫兹就可以理解这个简单事实,还认为比我们习惯性的猜想更简单方便,就足以证明出我们的常规理解,尤其是对于三维空间的,没必要强加于力学运动上,还有一个不可忽视的力。

空间与我们的认知

其实经验只能代表一方面的情况,因为它是其中发生的一个情景。但是其作用还是很重要的。所以我认为应该给予更多的重视,如果在我们头脑中已经存在一个意识,认为空间是三维的,这个作用就没有什么意义了。

那么是不是有这种情况,如果你愿意描绘高于三维的空间,你可不可以这样?首先,我们还要弄清刚才的问题是什么含义。以我们日常的语言来说,我们难以表达三维与四维空间,或者三维或者四维空间里面的一个物体,而且还不能认为是空的。因为这些空间是无限的,我们不能在空间里想象出一个东西,因为我们在没有认知整体的情况下,无法想象出部分,而整体又是无限的;这些空间都有着数学连续性,而我们只能认知物理连续性;这两个空间都是同类的,但我们基于感官认知的大框架是不能同类的,而且是受限制的。

所以,我们就只能这样理解问题。有没有可能想象出由于之前的经验是不同的,我们就得出空间不止三个维度,或者想象认知的大脑里的总和并不和眼睛看到的认知整合一致。或者说我们认为触觉不能远程作用,这个所谓的经验及其结果将我们引入一个相反的方向。

然而这不是不可能,从我们想象经验开始,我们就想象由此得出的两个相反的结论。那也是有可能的，虽然不是很容易。因为我们要经历非常多的想法及其联系，这都是我们日积月累的个人经验甚至更长的经验，是我们的种族祖先建立的。那这些联系（至少有一些是我们继承祖先的）是不是就形成了我们的直觉认知呢，我们叫纯直觉认知？我也并不理解很多人会认为这些有悖于科学分析，并且阻止我去研究这些根源。

我们说我们的感知是具有延伸性的，这里面其实只有一种情况，那就是它们一直与我们的一些肌肉感知有关，这些肌肉感知又和一些运动有关，这些肌肉感知让我们了解到了产生它们的物质，换句话说，让我们有根据去说明其观点，只是因为这个联系对生物体为自己这样说明有用处，在物种史上也是非常古老的，我们看起来总是没有什么反驳的依据。但是，这仅仅是一个联系，我们也只能理解为这联系已经消失。所以，我们可能不会说没有感知进入空间，就无法进入意识，我们会这样说，其实感知没有融入联系里面，就无法进入意识。

同理，我也不能明白更多，逻辑上时间是跟随空间之后的，因为我们只可以用一条直线来代表时间的流逝，同样时间也可以紧跟一块荒凉开阔的耕种地，因为它由一个被拿着的锄头代表。而我们常说人们不能同时进入时间的多个部分，因为这些部分的关键部分都不是完全在同一个时间点。但这并不意味着我们对时间就不能有感性认知。所以，对于空间，我们的认知也是有限的，因为我们无法想象出空间的具体模样，用适当的词来表达，原因我也说过。我们以直线的名义来代表的空间其实就是一个粗略的图像，根本就不是几何意义的那种直线，就像时间那样。

这就是为什么我们在探索四维空间时，时间维度总会回到三维空间里面。其实这也不难理解。想想我们的肌肉感知，还有它们的一系列运动，我们的这些系列的运动都在头脑中形成印象逐渐增加，所以就会再进行归类。不过在这里，我还是用简单的语言来说明我的论证，也许会很不准确。我们的肌肉运动被分为三个类型，分别是三个维度的基础。当然，实际情况远远比这复杂，但我的论证足以体现。如果我希望会出现一个第四维空间，我就需要假设出还有一个系列的运动，即第四类的系列运动。但是由于所有我能想到的系列运动的感知都被归为前三个系列的运动，我也就只能找到三维空间的运动状态。所以我无法想象一个第四个系列的运动，然后我所谓的第四维又被归到了前三维。

那这可以证明出什么？其实，这告诉我们首先就要摒弃我们以往的认知，然后建立新的认知体系，里面的运动系列可以被分为四类。问题就由此解决。

但这有时会让我们不可思议。比如我在一个密闭的空间里，六个边界无法跨越，并且还有四座墙，全部封死，包括地板和天花板。我根本就不可能出去，甚至想象也是不可能的。不过，我可以想象有个门是开着的，或者两面墙是分开的，中间有间隔，但是你会反驳道，这些墙不能移动。对，我可以移开那座墙，那座墙会随着我而动，之前是绝对静止。但是这个相对运动绝对不是随意的。当一个静止的物体开始运动时，它们对于坐标系的相对运动就是相对于一个具体物体的。现在，你想象的运动规律并不是遵循具体物体的运动，然而其实是经验告诉你这些物体的运动规律，我们也能毫无阻拦地想象它们的不同点。总之，我要去想象，就要打破传统的边界，于是我就想象，我在运动的时候，墙就是开的。

所以，我们将空间理解成三维的数学连续性的空间，不然它就不会有一个形状，这些其实都是我们头脑中关于它是如何形成的想象，但是不是无依据的。事实上，它的构建在我们的意识里，也有物质基础及模型，都是已经存在的。但这些模型都不会是单一的，而是有选择性地加入我们的意识。比如，它们会选择是三维的投射在我们的意识，还是四维。那么经验的作用在哪儿？经验带着我们去探索它们做的什么选择。

另外，我还需要提到一件事，空间的数量概念是如何形成的？这其实是肌肉感知的一系列运动在里面作用。这些系列会不停地重复,数量也就由此而来。因为它们可以无限重复,所以空间也成了无限的,如果用数量衡量它的话。但最后,我在第三部分看到,这也会是因为空间是相对性的。所以就是因为这种重复才让空间有了如此关键的一个特征。现在重复又来构建时间,那么时间逻辑上就是在空间的前面。

半圆形消化道的作用

现在,我还没有说明这些特定的要素,在生理学家眼里都有理由来说明它们的至关重要的一面,我说的就是半圆形消化道。不过,有相当多的实验充分表明这些对我们的方向感没有什么关系。但是生理学家们并不会完全这样想。现在就有两种针锋相对的理论提出,分别是马赫·德拉斯和德赛昂提出的不同理论。

德赛昂是一个生理学家,主要因关于心脏的新发现而出名。但是我不会同意他的观点。我不是一个生理学家,我首先不急于批评他关于反驳马赫·德拉斯的实验。不过在我看来这并没有那么满意,因为其中一条消化道的总压力是不同的,尽管消化道的两个极端的压力差会有所变化。另外的情况还有一些不完美的因素,比如器官损伤,导致了关系函数的变化。

不过,这些都不重要。如果这些实验真的没有漏洞,肯定会比旧的理论更有说服力,但对于新理论就不是了。其实,我要是真正理解了那个理论,我就会解释成,我们足以意识到,不可能理解那些现象的理论。

这三对消化道都只告诉我们空间有三个维度。而日本鼠就有两对消化道,所以它们就认为空间只有两个维度,而且它们的理解方法是很奇怪的,它们把自己置于一个圆内,然后快速打转。而七鳃鳗只有一对消化道,它们就认为空间是一维的,所以它们的想法就很平静。

很明显,我们根本就不会接受这想法。这些感知器官都是为了告诉我们外部世界的变化。我们不明白为什么造物主会给我们这些器官,注定会不停哭泣:记住空间有三个维度,因为每一个维度都不受外在变化而改变。

所以我们又得回到马赫·德拉斯的理论中来,消化道的神经让我们知道了两个最极端位置的压力差,所以就有了:(1)垂直部分的方向紧随三维坐标系的头部中心;(2)关于头部中心的重力加速度的转换的三要素;(3)头部旋转导致的离心力;(4)头的旋转运动会加速。

这些都来自他的实验,最后的一个结论其实是最重要的,不要怀疑,因为神经对压力差的敏感度肯定会低于那些关于压力差的粗略认知。所以,我们有时就忽略了前三个。

我们知道了每个时间点头旋转的加速度,就可以根据我们无意识地综合推理,来知道头的最终方位,相对于最开始的状态。所以圆形的消化道让我们知道我们之前的运动,以及同一个基础,作为肌肉感知。所以,当我们再说起 S 系列及 a 系列,我就不应该说仅仅是一系列肌肉感知的运动,这些系列同时也是消化道运动的感知。除此之外,我们就不需要再去改进这些了。

在 S 系列中还有 a 系列,这些关于消化道的感知有着很重要的地位。不过仅仅它们本身不是特别重要,由于我们只能从中获知头的运动状态。我们也不能知道身体的相对运动及与头有关的身体部位的情况。此外,这些也只告诉我们头部的运动情况,甚至没有形式上的转变。

第二部分 物理科学

第五章 物理与分析

I

你也许会很多次被问到什么样的数学是好的，以及那些细微的完全属于我们意识中的建模是不是人为的，是不是由我们的感觉产生的。

在这些发问者中，我需要分类，而现实的人会问我们如何去赚钱。这些回报其实不值一提，我们可以反问他们积累这些财富的好处是什么，我们会不会因为在这方面花太多时间，而忽略了艺术与科学，这些都是给予我们灵魂享受的，此外，这是为了谋求生活而放弃我们为什么要生活的理由。

此外，一个仅有应用价值的科学是不可能建立的，而真理只有在聚集到一起的时候才会体现它的真实用处。如果我们仅仅过分执着于发现这些真理的结果，而我们又太急于找到结果，我们就会忽视掉中间的联系，也就看不见任何联系了。

那些太功利的人只会过于肯定这些理论，作出所谓的成就，得到物质奖励，其实他们贬低了这些理论的真实作用。如果没有了这些物质奖励，科学就不再有进步，我们也会和那些古代国家一样，没有了新血液来发展。

但这些就足以说服那些实用主义者吗?除此之外,他们还会问我们可不可以更好地认识自然,其实他们只对自然界感兴趣。

我们也只能这样回答他们,用天体力学和机械物理这两个老掉牙的例子来展示。

这样他们就会承认这些结构非常值得研究,尽管他们会付出一定的代价。但是我们并不会对此满足。因为数学,我敢说,有三个用处。第一个是为了完善我们的研究数据,第二个是哲学用处,第三个是美的艺术。我们说到的哲学用处,是因为数学可以帮助哲学家们对数字、空间还有时间有一个把握。然后,它也能像绘画和音乐一样给我们愉悦的心情。数学里面有着令人仰慕的数的和谐及其形式。一个新发现给了数学一个全新的前所未有的角度,人们还能感受到它的艺术美吗?就算我们没有这种感觉。实际上,只有少数人才有机会享受这些,但是对于高贵的艺术,不是所有都这样!

所以这就是为什么我要说数学有自己的作用,值得发扬自己的特质,也包括物理中难以有运用价值的理论及其他情况,即使物理目的和艺术目的不一致,我们也不应该两者取其一来妥协。

此外,这两个作用是不可分开的。我们实现其中一种的最好方法,就是专注于另一种,但不要忽视这一种。这就是我要着重强调的纯科学与应用科学的本质区别。

数学不仅仅是为了表达物理的现象,而应该有更紧密的合作关系。数学物理和纯分析不仅仅是相互联系的两个学科,就好比志同道合的朋友,而是应该贯穿彼此,它们的宗旨都应该是相同的。这些我在说出物理与数学的不同之处以及物理从数学中借鉴的部分之后,就会更让人明白。

Ⅱ

物理学家不能指望通过纯分析来发现一种新消息，后者最多也只能帮助他们来预知未来。对于他们幻想着建立实验，或者将整个世界都建立在假想的基础上，这都很早就开始这样了。在这些体系中，现在我们觉得当时的理论都很幼稚，而现在也只有它们的大体了。

所以，所有的规律都是从实验中得来，但是我们为了表述这些观点，就需要一种特殊的语言。因为我们日常的语言说得不够清楚，所以我们在这里无法应用，我们要将这些关系说得很准确，也要很全面，以揭示一些很微妙的联系。

这就是物理离不开数学的其中一个原因。而数学就是这种能精确表达的语言。所以一个优秀的语言体系就很重要。一个不懂科学的人发明了一个词汇叫“热”，误导了一代又一代人。我们都错误地认为“热”是一种物质，因为它是由物质产生，所以认为它不可毁灭。

另外，那个创造了“电”的人也有不可磨灭的功绩，但我们并没有重视，他间接使物理有了一条新的规律，就是电力守恒，至少现在看来是完全没有任何漏洞的。

还有作家为了比喻，就会修饰语言，将其视为一门艺术，同时又成为一个辅助工具，给我们扩宽思路。

这样，我们也明白了那些追求美的艺术的分析家，也应用那种方法创造了一种更适合于物理学家的语言。

但是还有例外，规律是从实验中得来，但是不会是间接实验，是针对个体的，而我们推出的规律是总体的。实验又是很粗略的，但规律是精确的，至少看起来是这样的。实验的产生条件一般都会很复杂，而我们在述说规律时忽略了复杂的一面。这也就是我们所说的“克服那些系统性的错误”。

总之，我们必须要进行总结，才能从实验中得出规律。这对于那些仔细的观察者来说就是必须的。但是问题是如何总结的？每个真实的规律都有无数种方法可以表述。我们还得在这些呈现出来的方法中作出选择，至少以后我们还能改变选择。那这样，我们由什么来指导？

只能是相似法则来指导我们。但是这话太宽泛。我们用最原始的方法也只能知道大致结果的相似情况，激起我们感觉的共鸣，还有颜色及声音的共鸣，但是绝不可能将光联想到热辐射。

我们通过什么来认识真理？相似法则还是上帝给我们的推理能力？

这就要看数学的魅力了，它将物质化为一个纯粹的形式来研究。所以我们也就将仅仅物质上不同的事物都命名为一样的，当然还有四元数或整数的相乘。

如果四元数，我刚才说到的，没有被那些英国物理学家及时用上，他们就会找出很多理由来认为这没什么用。但是我们在联系起那些相互独立的外表时，它们会使我们更愿意探索自然的本质。

这些都应该是物理学家在分析中所得到的，但是要在最广泛知识之下不去寻求其功利用处，才能得到这些。所以数学家有时候也能叫作艺术家。

我们指望这些也就是为了能让我们在迷宫前，就察觉到我们该走的路。现在，数学家站在最高处。在这些例子中，我只看那种最让我不可思议的，值得我去研究的。

首先，这就会给我们展现即使在被怀疑之后，但仍然知道如何转换语言，这就足以总结了。

现在牛顿定律已经被开普勒定律取代，而我们还只是知道椭圆运动。根据我们的了解，它们两者也就是形式上不同。我们的改进理论也就是从原来的基础，往前走了一步。但是，我们还是可以从牛顿的定律里面通过总结来推出天体力的运行及干扰的作用。现在我们再来谈另外一面，如果开普勒定律没有被认可，没人会将这些扰乱的行星轨道看作椭圆的自然现象的总和，而且看起来就是复杂的曲线，没有将其关系写成方程式。那么我们的观察也只能在混乱中得出结论。

另外，第二个例子也值得思考。

马克斯·韦伯的研究工作一开始就是围绕电磁的规律，他的结论在当时都能为大家所接受。这也并不是一个新结果，来验证之前的结论，但是我们换个角度看这结论，马克斯·韦伯看到这此方程如果再加一个要素，就会变得更对称，此外，这个要素作用非常小，对于老方法根本不会产生什么影响。

在实验证实之前，马克斯·韦伯的理论基础其实都有将近二十年的历史了。或者你可以说马克斯·韦伯的理论比实验早二十年。这个感觉从何而来？

这是因为马克斯·韦伯对数学对称的洞察力有着非常惊人的天赋。如果有人在他之前看到这对称的美，他会不会有这种成就？

还因为他本人喜欢用发散思维想问题，而正是因为这种发散思维才使得这些思想都被归为分析里面。然而在我们了解真实世界的时候，这些人为想象的理论及由他们而成的优势就很难遭到反对，这些名字就是足够的证据。

总之，马克斯·韦伯并不是一个合格的分析家，这方法对他来说没有任何用处，而且浪费时间。另外，他有着最高级别的数学相似性的洞察力。这是一个优秀的数学物理学家的要求。

但马克斯·韦伯的例子还告诉我们另一件事。

我们应该如何看待数学物理？我们从中推出的结果，是完全与事实脱离的！相反，我们得出的结论都会改变，也应该有改变。这样，我们就得到有用的研究信息。

第三个例子让我们看到如何在那个不明显甚至不怎么真实的想象中找到它们相似处的联系，然后再用规律进行解释。

这与拉普拉斯方程几乎一样，在牛顿的吸引力法则里面，在液体运动、电的势能、磁能及热的辐射，还有很多领域都存在，那最后会怎么样？这些理论表现出来的效果差不多是一样的。它们相互借鉴，同时相互都可以找到原型。你可以去问那些电工，他们根据流体力学及热的理论学习力的传输。

这些数学相似的特征也让我们在物理中预知到相似的一些现象，但是即使物理现象中不是这样，在数学里面也能行得通。

总之，数学物理的目的不仅是让物理学家更加认识到量的计算以及一些不同方程的集合。此外，换个角度，还能揭示潜在的关系，看起来那么完美组合。

所以在分析理论中，最高级的也是最纯粹的，对那些懂得如何运用这些理论的人是最有用的。

Ⅲ

我们现在再来看分析对物理有什么用处。

现在，我们就有必要完全忘掉科学史，抛弃我们在数学发展史上渴望探索自然最永恒、最快乐的一部分。

首先物理学家给了我们问题，我们还要在他们期望的方法中解决。这样的话，他们就会很大程度上提前认可我们的数学物理，我们要是能解决的话。

如果我硬是要去和化学作比较，那纯数学的学者就要忘掉外界的存在，就像画家提前知道了如何完美地搭配色彩及构图，但是他没有模版，所以他的创造力很快就会枯竭。

数字与符号的结合有无限多的类型，我们的问题就是在这些类型中选择最能引起我们注意的那种！但我们只能靠多变的感觉！然而，这种感觉终究都是会消失的，并且把我们分开到很远的地方以至于我们都不再明白对方。

但是这只是这个问题的一小方面。因为物理不会让我们偏离得太远,但是也会让我们避开那些可怕的未知风险,也不会让我们原地打转。

不过历史经验表明物理不会强制让我们在这堆问题上作出选择,但没有它我们根本就不会想到这些,无论我们有多少种想象的办法,自然的结果只有我们想不到的,而且多出我们想象的情况上千倍。所以,我们探索自然,就要走不同寻常的路,这些路会使我们的研究水平达到我们的极限潜能,然后我们便有了新的发现。这不就是最有用的吗?

所以数学符号就和物理的现实世界一样,我们在这些事物的不同方面作出比较,然后再来感受它们内在的契合性,而这本身看起来就是美的感觉,所以值得我们研究。

然而我要说的第一个例子太古老了,我们估计都忘掉了。不过这是所有例子中最重要的一个。

在数学中,仅有的最自然的物体就是整数。而外在的世界让我们有了连续性的认知,这实际上就是我们想象的,但是我们必须这样。因为没有这样的连续性,我们的微观认知无从下手。因此,我们的科学就降成了算术或者替换理论。

所以我们反而投入所有的时间和精力来研究这个连续性,又有谁会后悔,或认为这就是浪费时间的精力?分析展现在我们眼前的是算术无所能及的无限的视角,也让我们看到这些完美的结合,但里面有着指向上的简洁和对称之美。相反在数的理论里,都是未知的现象来主导,所以说这个视角一直都是受限的。

所以我们毫不犹豫地说整数以外就没有什么很确定的事物,所以没有什么在数学上是正确。还有整数隐藏在各个角落,我们的任务就是将这些面纱揭开。这样的话,我们就要进行烦琐的重复论证。所以我们也就不要这么非黑即白,同时要感谢连续性,因为一切都是从整数来,那么连续性本身就可以说明很多相关问题，对研究有很大的帮助。

这时我是不是需要再次提起埃尔米特的一个研究，他将连续的变量引入数的概念里。所以整数体系里面，就不再仅仅是数了，这也在无序的状态下，有了新的秩序。

然后，我们再看看连续性还有自然物理给我们作了哪些贡献。

傅里叶分析系列对于分析就是一笔珍贵的财富，所以我们不停地做分析。就是这种方法才让我们能表示不连续的函数。其实傅里叶本人创造出这个是用来解决热辐射分布的物理问题的。如果我们没有接受这个想法，至今我们都会认为函数只有连续的才是真正函数，非连续函数也不会得到这样的重视。

所以，我们对函数有了更深层次的认识，也从逻辑分析家那里得来一些预知的发展方向。这些分析都是由纯抽象的概念来主导，而且离现实世界有尽可能的远。但是这毕竟是个物理问题，还有所发展。

在傅里叶之后，我们还有其他类似的分析也在我们的分析方法体系里，而它们一般都有应用价值。

其实第二等级里面的不同的不完全方程理论就有相似的经历。它们是由物理发展而来，也是为物理而来，但形式很多，由于一个方程不足以决定未知函数。所以我们有必要将其和互补条件结合在一起，就叫极限条件。然后还是有很多问题出现。

如果分析家太过于听信自然，他们什么都不会发现，除了考利瓦斯基在他的传记里写到的那一种。但是还有很多其他的情况都被忽略掉了。每一种情况不管在物理、电学还是热学里面，都会展现出这些方程的不同方面。所以，我们就说没有这理论我们无从知道不完全方程。

例子就不用再举了。因为我靠之前的例子足以推断出，物理学家找我们寻求解决，不是我们的责任所在，我们要去感谢他们。

Ⅳ

另外,物理不仅给了我们解决问题的机会,还给了我们两种不同的方法。一种是让我们预知未来,另一种是给我们观点。

我之前提到拉普拉斯的方程,在很多不同的物理理论里都有。然而,现在我们又在几何与相关展示及纯分析里面和我们的想象里面发现这些。

这样,我们在研究复杂的变量时,分析家就会寻找很多物理图形,就和他们常有的几何图形一样,都取得同样的成功。多亏了这些图形,才能一眼就看出纯推理要一步步得出的结论。所以他才将这些分散的要素整合,然后在可以给我们展现之前通过直觉猜测。

我需要再次说明所有的重大发现都已经成为过去了。我们无法通过论证来确定哪些事实是通过物理的相似性得出。

比如,数学物理有很多体系的发展,而且没人会认为它们各个体系是没有联系的,但是缺少数学的计算,所以很多都还有待日后证实。

一方面,物理不仅仅让问题有了答案,还让我们在一定方面有了思辨的能力。我们可以看到克莱因是如何在黎曼相似的问题上,说明电流的性质。

不过不可否认的是,从这些分析者的话中看,都不是特别肯定的结果。因此就有一个问题:一个不足以说服分析家的结论怎么让物理学家感到满意?似乎无法确定,要么肯定,要么否认。所以没有确定的基础,我们无法进行推理。

我们如果提到数在什么样的情况下可以用到自然现象,就可以更容易明白这个矛盾的想法。在确定一个结论时什么才是真正的困难?我们一直说一些数量是有极限的,或者一些函数是连续性的,而且有对应的值。

物理学家不可能在实验中得到准确的数据，只有大致的，此外任何函数都和你在非连续函数里选择出来的没有什么不同。所以物理学家都会肯定所研究的所有函数都是连续性的，都有或者没有对应的值，而且不会有现在或者未来的实验来推翻。我们由此看到这样的解放思想，他就在困难里面，让分析家觉得不可思议。但他必须要论证，所有函数在计算里都完全是多项式。

这个体系对于物理是足够的，但不是分析要求的推理过程。所以其中一个就不能帮助另一个。而且现在很多这种物理系统都转换成了肯定的展示，今天看来这些都很容易，而且很多例子都可以说明。

另外，我也希望数学物理和纯分析可以相互帮助，不贬低对方。这两门科学应该取长补短，共同完善体系。

第六章　天文学

政府和国会认为天文学是烧钱的科学。一个小小的仪器动辄就是成千上万美元的花费，一个小小的天文台就是数百万美元。月球的每一个运动都会出现互补现象。所以，对于那些遥远的行星，与总统选举的竞争对手毫无关系，我们对此也不会有多大兴趣。所以要么政治家有个是理想主义者，对那些宏大的目标有个大致的认识。不过说真的，他们是没有的，但需要用这些激励他们，直觉不会骗他们，他们也不会欺骗理想主义。

所以我们就需要指明方向，没有人会低估其重要性，而且需要天文学的帮助。但我们可能会小看问题。

由于天文学将我们视野扩宽，所以有用，看到一个宏大的场面，我们也应该这样说。我们通过天文学得知人体是如此渺小，而大脑是如此发达，其智慧可以涵盖这个眼花缭乱的大世界，身体在其中只是一个小小的点，却安静地享受秩序，所以使我们发挥出了潜能，而这并不花费太多，因为这种意识让我们更有力量。

既然天文学给了我们一个对自然的宏观了解，在此之前我要展现哪方面，哪一点是天文学帮助其他科学的?

想想如果在一个天空都被厚厚的云覆盖的星球下，就如木星一样，那我们对其他行星就无从了解。在这样的世界，现在我们会是什么样子？在这样的世界里，我们没有了对生物体在星球上居住尤为重要的来自太阳的光。但你愿意接受的话，我就可以假设这些云散发冷光，而且是一直不停地发出冷光，这只是假设，所以不会花费资金。我这回再重复我的问题:我们在这个世界还是和现在一样吗?

恒星发出来的光不仅仅是可见的全部的光,刺激我们的生理上的眼睛,另外还有一种光,相当微妙,照亮我们的心,它的作用我之后再作解释。几千年前人们在地球上是什么样,现在又是什么样?那时的人们认为周围的一切是神秘的,对每一个力的作用都感到不可理解,不可预知,而且对于宇宙的现象只能靠感觉来解释。这一切他们都归为是鬼的作用,一切看起来这么精彩,这么准确。他们为了得到有利于他们的一面,就取悦那些统治者及宗教领袖。而且就算这样做没有取得任何成功,他们也不会否认这种力量,就好比一个乞丐一直被路人拒绝,觉得很灰心,最多也就是不再做乞丐了。

但是时至今日,我们不再这样求助于自然,我们掌控自然,这是因为我们已经发现自然本身的奥秘,今后我们还会发现更多关于自然的秘密。我们以规律的名义来掌握自然,而自然也不能随意改变规律,因为规律就是自然创造的,所以规律不会硬要求自然来改变。而我们是第一个遵循这些规律的,自然却只能在规律支配下运行。

那么我们灵魂要经历哪些改变,才可以从一种形式转化到另一种形式?你信不信假设我们没有对外界行星的认知,就生活在那样一个被云层遮住的世界里,灵魂变化的会很快。这种转变可不可能再慢点儿了?

首先,我们的天文学是在有规律运行的基础下发展的。加勒底是第一个对天堂产生研究兴趣的人,他看到很多的发光点在运动,并不是一堆杂乱无章的物体在瞎转悠,而是非常有规律的整体。但是毫无疑问,他也没看出具体什么规律。但在那种平静的夜空里,这就足以看到它们的规律了,这本身就已经很伟大了。此外,西帕克、托勒密、哥白尼及开普勒,先后都有自己的理论,所以我们没必要说牛顿的自然理论是第一个,也是最早、最精确、最简洁及最有概括性的。

根据这个例子,我们自认为对于我们居住已久的小行星了解得更多。我们还在看似很混乱的星空里，也通过研究天空找到了其规律支配下的有序。虽然同样遵守很多规律，但更复杂，而且看起来和另一个明显是冲突的，所以我们如果没有足够好的洞察力，就只能看到这些无序的一面，及偶然发生的事物，伴随我们感觉上的变化。我们要是不了解行星的话，就会直接去预知一些未来现象，但是会屡遭失败，我们其实也就在一些很粗略的地方，发现了自己所谓的成就。不过，我们都没有看到，就现在而言，气象学家自我欺骗的情况，也有一些人在嘲笑他们。

那么物理学家也会因为这样的打击失去信心，如果他们没有坚持自我，例如那些天文学家，他们的惊人成果就是这么而来！他们就这样得出自然界是由规律在支配，我们只是不了解是什么样的规律。这只是个时间问题，所以他们可以要求那些怀疑他们的人给他们信任，最终会得出答案。

此外，天文学不仅仅让我们明白世界是由规律支配，任何事物都要遵守规律，没有例外和变动。那我们要是只知道这世界就是我们的地球，每一个力都和其他的力有冲突，需要花多久才能了解这个事实？所以天文学告诉我们规律是无比精确的，就算我们的计算没有那么准确，那也是我们自己的问题。亚里士多德是我们世界上最古老的科学家，他坚持将不全面的情况归为偶然，那些规律都只是支配一个大方向的运转，至少这种情况是这样。那么，我们用日益精确的天文测量是不是就可以来改正这个错误，使得自然界不难让人理解？

但是会不会出现规律的适用范围随具体情况而变化，比如在宇宙的这一处是正确的，或者说在地球、我们的太阳系，在别的地方就不再那么正确了。还有这些变化和空间位置有关，还会不会和时间有关？或者这些规律是不是仅仅随着地方不同而出现变化，或者只暂时是这个样子，之后有可能还会有变化？同样，这个问题也需要天文学来解决。我们就来看双星系统，都是相似的，只要我们望远镜能看到的地方，就不会超出牛顿定律的范畴。

即使这种简单的理论让我们明白了这些，里面又包含有多少种复杂的现象？那些不懂天体力学的人们就会从相关文献里面找到一些事例，他们就会认为这些复杂的现象背后肯定有一个简单的总规律在支配，只是我们不知道。

这就是为什么天文学可以给我们展现自然法则的基本特点，但是在它们背后，有一个最简单、最不明显也是最重要的，这个我等会来详细解释。

首先，我问一下，古代的哲人如何理解宇宙的规律，比如柏拉图、亚里士多德还有毕达哥拉斯？而且他们所理解的既不是一个一成不变的教条，也不是我们所谓一直追求的最理想的效果。而开普勒还在想行星的距离是不是和五个规则的多边形有关。这想法本身没有什么荒谬之处，但是也没有什么实际意义，因为自然界根本就不是这样的。牛顿告诉我们总的规律只是给我们揭示世界的现在状态与之后的状态之间的关系。另外之后发现的规律除了只是我们理论体系上的完善，多了几个方程式，就什么也不没有了。然而，这些原始基础都是天文学里面的，不然我们完全无法展开研究。

另外，我们还通过天文学获知其背景都是以纯粹的自然界为基础的。哥白尼证明出最稳定的状态就是运动，移动的物体都是相对静止的，他同时说直觉传达给我们的信息会欺骗我们。诚然，他的这种想法并没有得到什么认同，一旦得到认同，就不会再有那些无根据的说三道四的偏激指责，而我们拿不出相应的理由去反驳。那我们又如何预估这种新事物战胜旧事物的价值？

我们的祖先曾经认为一切都由人创造，而且这种思想根深蒂固，不过我们不这样认为同时觉得这种想法应该废弃，除非你想一直回避真理，永远无知下去。如果要完全理解自然，就不能当井底之蛙，要放眼更广阔的世界，从多个角度来思考自然。这样，我们才能了解自然的多面性。不过，我们现在所说的多面性都是一些我们无法想象的方面。不过这一想法又是如何产生的呢？这实际上是告诉我们"地球只是太阳系中最小的行星之一"的那个人提出的，另外，他还说到太阳系对于整个看似无限的星际空间又是渺小不可见的一个点。

但同时，天文学家让我们不用害怕这些大数字。其实这些大数字不仅可以用来了解宇宙，对我们探索小星球也有很大帮助，而且并不是我们今天看起来这么简单。现在我们再回到那些古希腊哲学家的视角，如果他们知道红光的振动频率为 40 亿亿次每秒，会怎么想？我们固然可以肯定，他们绝对会疯掉。而且他们也不会去验证这些。然而，今天的我们对此不再感到陌生，因为我们的认知能力足以与这平齐，那些阻碍我们祖先研究的就是因为他们因无法感知而产生恐惧，而我们今天也许无法想象。但是这原因何在？这是因为我们认识到的世界越来越大，我们先知道太阳距离地球 1.5 亿千米，而最近的恒星与地球的距离起码是这一数字的几万倍。另外，我们在习惯了极大的数字之后，又可以感知极小的数字。而这要归功于我们的想象，让我们看到事物的真面目。就像鹰的眼睛一样，在太阳底下不会被光照得睁不开。

难道我说的还有错？天文学给了我们机会了解世界，而且地球在天空之下，永远都是满足于现有的世界，看不到外界的星星，这样，我们永远也不会了解我们居住的行星，只会看到一切都是因为上帝的感觉来安排。如果我们不了解世界，也不会站在全局来总结其规律。对于那些很实际的人来说，了解科学就和工业革命一样，让我们知道如何制造机器，使我们从重复枯燥的劳动中解脱。当然，我并不这样认为，我就会说如果我们能从这种劳动中解脱，就有时间思考并且发展科学。但最终这两种观点孰优孰劣，没有一个定论。因为对于那些实际的人来说，他也学到看似与世界无关的知识。

法国社会学家孔德就认为没必要了解太阳的构造，因为对他的社会学没有什么直觉意义。他为什么这么鼠目寸光？难道我们就没有看到这一点，用他的话来说，人正是通过天文学才从理论上认识世界变为积极地参与实际探索？他的这个解释，其实是基于真实发生的事例。而他不看好的物理天文学，现在也开始给我们带来很多好处，而且将来会更多，因为它是新兴学科，而且潜力无限。

首先我们发现了太阳，这也是那些实证主义者否认的一点。我们还在地球上发现了天体存在，但之前没发现。另外，氦气的发现也让孔德大吃一惊，氦气几乎与氢气一样轻。我们通过光谱仪，可以从在不同角度发现一些很珍贵的物质。在遥远的行星，我们发现相同的物质。那有人就会问，这些地球的物质是不是一次偶然的机会由那些更稳定的原子来构造？或者在宇宙的其他地方，这种偶然的机会造就了其他不同的物质？不过现在我们可以否定这些，因为我们的化学规律就是宇宙的普遍规律，而那种偶然并不是我们为什么会在地球上的原因。

但是，又会有人说，天文学造就了那些科学，那些科学也造就了它。我们有了可以探索太空的仪器，这些太空世界也会毫不犹豫地暴露在我们面前。不过我们还是需要面对这一种争论。我们的研究和托勒密是一样的，人们自认为什么都知道，但还要学习一切。

恒星就是巨大的实验室里巨大的锅底，几乎超出所有化学家的想象，里面的温度不是我们能够想象出来的。不过它们离我们的距离太远了。但是我们通过天文望远镜还是能看到那些物质是如何运行的，这对于物理学家和化学家是一笔宝贵的财富！

其实物质会有上千种不同的形式展现在我们面前，从那些稀有气体，可以形成星云的，到可以发光的，我们至今都还不知道里面到底是些什么元素，就连那些发热的恒星及附近的行星，我们都不是很清楚，它们也有所不同。

也许,这些行星终究会教我们关于生命的知识,这是个难以实现的梦想,我们根本就没有办法去实现,但一百年前的化学家根本就无法想象这个疯狂的梦想!

现在,我们把目光放近点儿,就不会看到这么多关联的事物,但还是会吸引我们注意。所以我们会认为自己过去了解的这么多,将来还会了解更多。这也就是为什么我们如此看好占星术。如果开普勒和第谷不是这样的理想主义而是仅仅去混口饭吃,那就是他们将基于行星的联系的预知情况告诉无知的国王。国王要是没那么轻信,我们至今还会觉得世界就是凭上帝的意志安排,我们还会生活在无知和愚昧当中。

第七章 数学物理

物理的过去与未来

数学物理的发展现状如何？是什么样的问题造就了它？它的前景如何？我们需不需要改变其研究方向？

在十年的时间里，我们的科学方法及目的是不是和之前一样呢？或者，反过来，我们是不是会经历很大的科学上的转型？我们在今天的研究过程中都要直视这个问题。

这其实也不难说：这问题现在无法解答。既使非要冒险作出一个预知的话，我们也不能冒险回答，想到那些 19 世纪有名的科学家们的结论在今天看来很可笑，当时如果有人问他们未来科学是什么样的，他们也无从回答，更不用提预知。我们后来如果发现之前的预知是错的，就会使人们对我们失去信任。所以，别在我们这里问未来的情况。

我就和严谨的内科医生一样，不能轻易下结论，而且不能因一点点诊断结果就展开研究。虽然我知道会有一场巨大的危机，好像就在一次巨大转型的边缘。但与作为内科医生遇到这种情况一样，病人至少不会死去。由于历史告诉我们太多这样的事例，我们甚至可以预知这场危机将会是毁灭性打击。我们通过历史得知，这种危机也不是第一次发生，所以我们可以从之前的例子那里找到答案。现在，我再简单提到历史。

中心力的物理

我们都知道数学物理是由天体力学而来，来自 19 世纪末期，并且体系发展成熟。但在早期，它看起来和天体力学有着惊人的联系。

其实天文世界是由很多的物质构成，但是不用怀疑，这些物质都分得非常开，就像一个个质点出现在我们眼前。但是这些物质相互吸引，引力与距离的平方成反比，而且只有这种力影响它们的运动状况。但如果我们的感官足以让我们看到物理学家研究的天体的细节，我们眼前的景象就会和天文学家想的大有不同。而且我们还会看到，那些质点看起来都是互相隔离而且距离相对它们的大小也比较远，而且通过规律我们也能知道它的运行轨道。这些极小的质点其实就是原子。和行星一样，它们也有吸引和排斥，和中心的距离以及加入这引力圈的先后有关。那么，我们就可以总结出力点大小与距离的关系并写成函数，这可能就不像牛顿定律了，但也是相似定律。另外，我们可以用不同的指数来取代指数 2，这种改变就是物理世界多样性的原因，也是我们感知的多样化，我们由此就有了各种不同意识——彩色世界、黑白世界，总之就是一切自然。

这就是原始概念，只在不同的情况下寻找这个指数下应该是个什么值，来解释这些现象。比如，拉普拉斯在其模型上就有着他的很多分支理论，看起来非常有美感。另外，他认为这就是唯一互相吸引的原因，所以没有人会在他的五册《天体力学》中间部分找到这些，感觉不可思议。离我们时代更近的布里奥则认为自己已经揭开了光学体系的最终秘密，他指出原子之间的吸引力就是其距离的六次方。那马克斯·韦伯就没有说五次方的情况下是排斥吗？其实，不管是六次方，还是五次方，取代平方，我们都有一个指数。

在这些接近顶尖的理论中，有个例外，就是傅里叶的。他认为原子之间相互作用，互相散发热量，但是不会互相吸引，然而这些理论他也给当代的科学家参考过，其实他认为都是不完美的，需要进行修正。

但是我们不能否认，其有用的一面同样值得我们研究，而且我们都还没说不认可这理论了。而且他们认为我们只有在将我们感知到的复杂物质细心地分解成一个个简单的元素时，我们才能最终了解它的本质，而且我们需要循序渐进，不遗漏中间任何一步。所以我们的上一代一直想省去中间步骤，其实是错误的。然而他们相信只要我们弄清晰它们最终的模样，就会再次发现天体力学是如此的简单又具有艺术的美！

而且这理论也有实用的一面，它有着不可估量的价值，因为我们用它来使得基础的物理理论精细化。

所以现在，我就来说，古人是如何理解规律的！其实这些规律在他们看来是稳定的、一成不变的，也是有着一套秩序来制约的，自然只是这些秩序给我们的一个展现。但我们却不这样认为，我们认为这些秩序，也就是规律，是今天和明天的现象之间的关联是永恒的。所以，这就是微分方程。

物理规律

不过，终有一天我们会觉得中心力点概念不够用。这是我刚才说的危机之一。

那么这是怎么回事？那是因为我们不再尝试研究宇宙的细节，也不再从这个运动体系中分离所有的运动要素，而且我们也不再逐个分析这些要素了。我们只是满足于那些总的规律，其表现的这些物体就是我们要研究的对象。假设我们前面放着一台机器，我们既可以见到它的第一个轮子在运转，也能见到最后一个轮子在运转，但我们无法知道里面力的传输机制及这些运动是由什么联系起来的，是由传动装置还是传送带、传动杆带动。我们既然不能拆开这个大机器，就无法了解里面的运动机制。当然我们现在不能拆开，另外还有能量守恒定律足以让我们知道最有趣的一部分，我们不难认定最后一个轮子的运转速度是第一个的十分之一，因为我们都看得见它们。而且我们还可以推出施加在这上面的一组平衡力会比其他地方的平衡力小十倍,而且互相抵消其效果。所以我们就不必再去分析机械力的平衡机制,也不需要再去知道这些力看起来如何互补。我们只需要肯定这种补偿现象是会发生的。

对于宇宙,能量守恒定律同样可以让我们得出相同的想法。我们可以想象宇宙就是一个大机器,比工业机器要复杂得多,每一个部分都很深地隐藏在外表之下。而我们可以通过观察其表面运动的现象,借助这个法则得出一些结论,不管那些不为人知的细节秘密在这个大机器里怎么样,我们都可以认定结论是正确的。

能量守恒定律和贝尔原则,这两者之一是最重要,但不是仅有的。同样我们还能通过其他的原则得出相同的想法。

比如,卡诺原则或者能量衰减原则。

还有牛顿定律及作用力与反作用力原则。

根据物理现象的规律,相对原则对于静止的观察者及运动的观察者都是一样的,所以我们难以辨别我们是静止还是跟随这个运动。

此外,还有物体质量守恒定律及拉瓦锡原则。然后就是最少运动法则。

对于不同的物理现象,这五六个总的法则足以用来进行学习和研究。其中在数学物理中,最新的也是最有意义的就是马克斯·韦伯的光的电磁理论。

我们其实无从得知这个所谓的空白处是什么,有什么样的分子构成,是否相互吸引或者排斥,我们只知道这介质会造成光或者电的干扰。这种传动会和力学的总理论有关,这对于电磁方程的建立是足够了的。

这些法则都是总结出的一个大致结果,但是我们从中可以总结出非常确定的结论。实际上,这些结论越是指向大的方面就越有更多机会来检验,我们由此就得出越来越多的验证方法,最后我们选择那种最不常见、最能变化的情况,然后就不再留下什么怀疑的地方。

古老物理的实用之处

这就是数学物理历史的第二个方面，而我们还没有深入这个领域。难道第一个就没有一点儿用处吗？在过去的50年，我们都走着错误的道路，我们什么都没能得出，除了我们遗忘掉的很多努力，但是也有很多概念预示它们将提前走入失败！这在我们世界里也不少见。你认为没有第一个方面，第二个方面是不是就不存在呢？关于中心力点假想其实涉及几乎所有的法则，包括能量与物质、作用力与反作用力、最少运动法则，而且不仅仅是实验结论，而是形成一个理论。而我们把这说得更精细，不像之前的形式看起来那么笼统。

这些都要归功于那些研究数学物理的父辈科学家，使我们一点点熟悉这些法则，使我们在它们的不同形式下也能认出来。这些理论与实际的实验数据相比，我们看到也很有必要将它们修改到与实际数据相符合，这样它们就有了普适性及更加有力的依据。所以这些就成了试验出来的结论，中心力点概念就成了没用的支撑，或者是中看不中用的东西，因为法则里面就包含其假想。

但是总的框架还在，因为这框架有弹性空间，但是现在空间变大了，所以我们的前人的贡献功不可没，我们今天的科学研究就是在他们的基础上进行的。

第八章　当今物理学界的危机

新的危机

我们现在就要进入第三阶段吗？我们是不是马上就会遇到第二场危机？我们之前建立起的一些法则是不是可以将这些危机化解？这些都是曾经很谨慎的问题。

说到这儿，你无疑会想起发射元素打开一个新的纪元。我们在回到其之前的时代，就会发现还有其他的。那时我们不仅仅怀疑能量守恒定律，其他定律均遭到怀疑，之后我来一一罗列。

卡诺原则

我们先来看卡诺原则。这是唯一不和中心力原则有直接因果关系的法则，具体地说，是在不直接与其猜想冲突或者不用其猜想来不费劲地解决里面问题的情况下。如果一些物理现象仅仅是由于其原子的相互吸引的距离之和有关，那么这些现象都是可逆转的。如果初速度可以逆转，那么这些原子都会受相同的一个力，沿着原路返回，就像地球那样的椭圆轨道运动，在可以回到运动的最初状态的时候，我们直接就能有所感受。这样，如果一个物理现象有可能发生，那逆转现象是同样可以的，而且我们还重新看一下其过程的时间。不过这是卡诺原则，不是纯粹自然界的结果。热量可以从一个高温物体传导到低温物体，但是反过来从相同的路线就不行，所以我们无法重新开始这个过程来观察温度差。另外，摩擦力也可以减缓运动，并将其转化为热量，但是相反的转换就不可能，所以这都只是单向转换。

这些矛盾的现象都是我们努力通过观察得来。如果这个世界趋向一体化，那不是因为一开始不一样的物质开始变得相同，而是物质之间不断变换，最后混合到了一块儿。我们的眼睛如果足够敏锐，就可以分辨出很多不同的物质，种类就会尽可能多。而且每一种都有鲜明的特色。但是在物质间越来越趋于相同的情况下，我们的粗略感知也就只能大致看出它们。这就是为什么温度达到一定程度，就不会再往回走了。

一滴酒如果滴到一杯水里，不管液体内部运动规律是什么，我们都可以看到纯净的液体开始变色，而且酒液开始混入水中。之后不管我们怎么振动这个杯子，酒和水都不会再隔离。这就是一个不可逆转的现象，相似的还有，比如把一颗麦粒藏到一堆小麦里面很容易，再把它从里面找出来就很难。这些在马克斯·韦伯和波尔兹曼的著作中都解释过，不过还有一个人说得更清楚，那就是吉布斯，读他的书的人很少，因为很难懂，就是《基本粒子的力学运动及其数据分析》。

对于那些赞同这些观点的人来说，卡诺原则其实也是不完美的，也是我们感觉里肯定的一种。因为我们的视觉感知太粗略，我们无法辨认不同元素的区别，我们的触觉感知不够灵敏，我们看不出几个力是分开的。所以，在马克斯·韦伯想象中的生物中，它们可以把分子一个一个分出来，而且能让世界倒转。那它们能不能使自己的时间也开始倒流？其实这不是不可能的，只是看起来可能性无限的小。我们只是可能需要花很长一段时间来等这些条件成熟，但是早晚是会出现的。只不过年数都可以写成几百万位数。而且这些所谓的逆转都只是理论上可行的，所以我们也并不需要感到失望！而且卡诺原则也有非常强的实用性，但在这里情况有所改变。还有生物学家其实在很早以前就用显微镜观察到了微小粒子的不规则运动的延迟。这实际上就是布朗运动。他一开始认为这种现象很重要，不过不久他又发现了这些没生命力的粒子运动的强度几乎都是相同的，然后他就去咨询物理学家。但是物理学家们长期对此没有任何兴趣，不过终于有一个将显微镜的光聚在一起。光聚集在一起就产生热，然后不同区域的温度就会有所差异，液体内不同的温度区域就产生了流动，由此产生刚才的运动。不过古伊则更看重细节，他认为这是没有根据的，因为这些运动越频繁，粒子看起来就会越小，但不会受照明发生的影响。如果这些运动不会停止，或者不停地产生，而且不消耗外界的能量，我们要如何相信这些？不过，我们也不能否认能量守恒定律，这是底线，但是我们又的确看到了运动由摩擦转化成了热，然后又转回运动，中间能量没有任何损失，而且反复循环，一直持续下去。这其实是违背卡诺原则的。如果是这样，我们观察时光的倒流时就没必要那么依赖马克斯·韦伯的想象生物。我们只需要用显微镜就可以了。不过，我们看到的物体也太大了，比如说，就有一毫米的。我们再用运动的原子四面八方地冲击这些物体。但是这些物体还是处于静止状态，因为这些冲击对它们来说几乎是微乎其微，概率原则就可以使这些左右互补在这些物体上，然后作用基本为零。其实小的粒子物体根本没受到多大冲击，看起来若无其事。此外，这些原则我们都要谨慎看待。

相对原则

我们再把眼光转向相对原则。这些不仅仅是由我们日常生活证实，而且是我们猜想中心力的一种必定结果。但是我们不可避免地将其认为就是确定的，虽然一直有争议。然后，我们来想象两个带电物体，都受地球的旋转影响，虽然看起来都是静止的。罗兰说过，运动中的带电和电流是一样的，所以两个带电的物体等同于一个感知里的两个电流，两者相互吸引。我们为了测出这个力的大小，就要测出地球的运动速度，不是其与太阳或者固定恒星的速度关系，而是其绝对速度。

不过之后又会说，不是其绝对速度，而是其相对于宇宙的相对速度。

那么我们为什么不满足于那个绝对速度?是不是从那个成熟的理论里,我们无法再去得出任何东西,这又是因为这个理论已经不怕有争议了。如果我们可以测量一切,我们就可以毫无阻拦地说这不是绝对速度,也不是相对于宇宙的速度,而是相对于我们完全未知的速度,我们日后会探索出来。

然而,我们的试验实际上都阻止我们解释这个相对性。所以,我们对于测量其速度相对于宇宙的一切努力都没有什么很有用的结果。这回,实验结果就比数学理论中得出的结果更忠实于事实。但是理论家把这些与其他总结性的理论整合在一起,就不了了之。但是实验非常肯定地证明了这个,尽管方法会有所差异。麦克逊使精确性达到顶峰,也没有找到任何有用的信息。这也明显说明那些隐藏的现象,数学家把自己所有的潜力都用在这上面。

但是,这项工作并不是那么容易,如果洛伦兹取得成功了,那也只是通过猜想的不断增加得来。

其中最有智慧的想法就是物体的时间。两个物观察者根据光发出的信号来调整时间,也交换了信号,但是由于它们知道光的传播不可能是马上的,所以它们交换记录就会很谨慎。B 站如果收到 A 站发出的信号,B 站的钟就不能和 A 站发射信号的设定为一样,但是叠加的时间却可以代表光传播过来所需时间长度的一个常量。我举一个例子,A 站发出信号时是时间 O,B 站收到信号时是时间 t,但是时间足够短连 t 都可以代表传输的时间长度。然后,我们为了验证,与此同时,在时间 O,B 站发出信号,A 站在时间 t 接收。然后我们再来对照有关时间。

其实我们感知到的时间长度都是一样的,但是这都有一个前提,那就是两个站都是静止不动的。不然这两次传输的时间不可能是相同的,而且是两次感知。因为 A 站发出去的信号在 B 站受到其光波干扰,然而 B 站在 A 站发出的信号到达之前,就避开了这种干扰。这样的话,我们校准的时间就不是什么真实时间，而是相对的时间，其中一个会比另一个要慢。由于我们无法察觉出这些，所以也就没有那么重要。那些所有在A站发生的现象都会迟一点儿，而且都是相等地延迟，但是由于B站的观测者的表会慢一些，他就无法察觉出来。除此之外，根据相对原则，他也无法认定自己是绝对运动还是静止状态。

但不幸的是，这还不足以说明，而相同时代的假想可以。其实物体在运动时体积都会缩小，其实地球运行时的直径比实际的直径小百万分之二百，因为地球在不断运动，但其他物体还是保留以前一样大小的直径。所以我们补偿了最后一个不同的地方，不过对于力的假想还是有其他的。不管是什么样的原因产生的力，重力还是弹力，都会与世界的总体规律有比例地相适应。或者，对于那些补偿发生的重要物质来说还是会遇到这种现象。这些互不干扰的物质是不会改变的。然后，我们再来两个带电的物体，互相排斥，但同时受制于大的一个总体的运动环境，所以这与相同感知的两个带电的运动物体相互吸引是一样的。所以电力的吸引就会减小静电排斥的效果，如果两个物体处于静止状态，排斥的力就会更小。但是为了衡量这个力，我们就要用其他一个力先来平衡这种排斥。所以，所有的力都成了相同的比例。所以看起来一切就非常的有序，也没有先前的质疑。另外，如果人们可以用一种无光的信号来进行沟通，其辐射的速度与光不一样。如果我们在调整自己的手表之后，想借助这些新的信号来验证这些调整，我们就要观察细微的地方，因为这里会给出关于两个站台的信息。还有我们如果肯定拉普拉斯的理论，万有引力的传播速度是光的一百万倍，那这些信号我们是不是就不能理解了？

所以后来就有人非常勇于为相对原则辩护，但是辩护的声音也间接证明了人们的攻击有多么强烈。

牛顿定律

我们再看看牛顿的作用力及反作用力。这和之前的是紧紧相连的，而且看起来一个体系要是垮了，第二个也会马上崩塌。所以我们找到了其中的同样困难点，一点儿也不感到不可思议。

洛伦兹的理论认为电现象都是由电子——小小的带电粒子的移位造成，由我们的宇宙进行放大，作为介质。这些电子的运动会对周围的空间造成一定的影响。而且这些干扰都会以光速的速度向各个方向投射出去，反过来，其他电子却是相互作用，但是不是直接的都由太空作为介质。在这样的条件下，作用力与反作用力就会有一个补偿现象发生，对于观察者来说，只需观察物质的运动状态，即电子，而且对于他不能看到的太空一无所知。不过这明显是错误的，即使补偿是精确的，那也不能同时发生。干扰会向四周辐射，速度是有限的。所以，第二个电子就会在延迟之后经历第一个经历过的，但是不会立即对第一个电子作出任何反应，因为第一个电子周围没有任何物体在运动。

而且我们对于这些例子的分析可以让我们更精确，比如，我们想象那个赫兹的振动器，就是无线电报机里常用的那种。它会向各个方向发出能量，但是我们只能看出是成一条抛物线，这其实和他本人用最小的做的是一样的，为了将所有的能量发往一个方向。之后根据这个理论又会发生什么？这个仪器会给我们一个反作用，就像加农炮一样发射炮弹！不过这里的反作用就和牛顿的理论是相反的，因为这不涉及质量，我们只有能量，没有物质。另外，指示灯的例子和这一样，如果有一个反射的来照应。因为除了电磁场干扰的反映光其实什么也不是。而这个指示灯也应当有反作用，就像发出去的光就是投射一样。那这个反作用力是怎么来的？这就是马克斯·韦伯的压力，而这极其敏感，就算用最精确的辐射测量仪也很难得出准确结论，但是我们足以知道它的存在。

如果所有的能量都从振动器释放到接收器，情况就会是接收器感到一个力的振动，其实这就是振动器的反作用补偿，而且作用力与反作用力是相等的，但不是同时发生。接收器会继续下去但不会是在振动器有反作用力在作用时。但是如果振动器无规律释放的能量没有触及接收器，补偿就不会发生。

那么振动器和接收器之间的空间，或者干扰发生时所要经过的地方，就不是空的，既有真空也有空气，甚至有行星空间里面的一些微小的流体，但还是可以想象的。而且这物质在能量达到时，就会像振动器那样振动一下，然后在干扰结束之后产生反作用力。那就是牛顿定律，但不能说正确。如果散发的能量一直和隐藏的某种物质有关系，那么运动中的物质就会发光。菲佐认为空气肯定不可能的，至少是这样。而且我们还可以假设物质的恰当运动都有来自空间的运动补偿，但这样我们又会发现和以前想的是一样的。因为我们现有的非常成熟的理论体系可以解释一切，所以不管什么运动，只要我们可见就能假想出一种运动来补偿它。但如果是预知，那就不是因为这些理论让我们具备这种能力，我们也不能在几种可能的猜想中作出选择，因为我们什么都已经解释了。这就没什么意义了。

而且对于空间运动的假想也是那么不尽人意。如果带电粒子翻倍，我们很自然地想到空间里不同的原子运动速度也会翻倍。为了适应补偿法则，我们就认为空间的原子速度翻两番。

这也就是为什么我以前想这些与牛顿相反的理论最终会被遗弃，但最近关于放射物质的电子运动的实验又在肯定它的正确性。

拉瓦锡法则

之后，我们看看拉瓦锡的质量法则。这个我们肯定要拆开整体，逐个分析具体情况。现在有些人认为这是对的，仅仅因为考虑到了速度是一般日常大小。但是物体速度一旦接近光速，就超出了其适用范围。现在我们也看到了接近光速已经实现了。负极光和那些放射光都可能是由一些极小的粒子或者电子构成，而且都是运动的，其速度不用说比光速要小，但是只会是三分之一，或者十分之一。

而且这些光会改变其方向，不管是因为磁场还是电场。然而，我们就可以理解这些变化，同时又来测量电子的质量及速度(或者质量与电荷的关系)。不过当物体速度接近光速时，就需要我们认识的一个改变。这些带电的分子，不能在与空间没有关系的情况下进行移位。为了使其运动，我们就有必要克服两个双惯性，一个是分子本身，另一个是空间。其实我们测量一个物体的质量，都是由其真实质量或者力作用的质量，第二种就是电动力的质量，即空间惯性。

阿伯尔汗的计算以及考夫曼的实验都充分说明力作用的质量没有任何意义，而且电子质量，或者至少是负电荷的电子，就只来源于电动力学。这就要求我们改变以往对质量的看法。如果分子本身没有质量，那物质除了电动力的惯性质量以外，就没有任何质量而言。但在这种情况下，质量已经不再是常量，它随速度增加而增加，甚至和方向有关，而且一个有速度的运动物体是不会用其惯性来抵消使其改变方向的力，而有些力是可以使其加速或者减速。

但是物质还是存在，物体的最终质量就是电子的质量，一些带负电，一些带正电。带负电的是没有质量的，这我们知道。而那些带正电的，我们知道的都是有着比前者大得多的质量。有可能除了电动力的惯性带来的质量，还有真正的力作用的质量。所以物体的最终质量就是带正电的电子所有力作用的总和，不算负电子在内。这样定义的质量才是永恒的。

不过，这还是在回避我们刚才的问题。想想我之前说的相对原则及补偿原则，这不仅仅是补偿我们的认识缺陷，而且毫无疑问肯定是迈克尔逊的实验结果。

我们看到洛伦兹为了解释这些结果，就假设出所有的力，不管来源是什么，就和一个总的介质呈一个相同比例。不过对于真正的力来说，这还是不足，而且对于惯性原则也是如此。他说，这其实很重要，所有粒子的质量都受相同的影响，就像电子的电磁质量。

由于力的质量会随着电动力质量一样的规律而变化，所以就不能成为常量。

那我还需不需要指出拉瓦锡的法则不再受欢迎？其实和牛顿定律有关。后者更注重于一个封闭系统的中心重力呈一条直线运动，但是没有永恒的质量，哪有这种中心重力？我们以后可能都不知道这些了。这就是为什么我说负极光的实验是为了解决洛伦兹关于牛顿定律的疑虑。

如果这些理论得到证实，其结果会颠覆我们现有的所有理论，而我们都会注意到这个事实，光速是不能超越的，温度不可能低于绝对零度。

所以对于一个观察者来说，也不可能观察到比光速更快的物体了，即使他自己都不太确定的理论，而且这本身就是一个矛盾的地方，只要我们不去想这个观察者不和固定的观望者共用一个钟，但实际上都只是相对时间。

这里我们就面临这样一个能让自己满意的一个问题。如果没有了质量，牛顿定律又针对什么去了？质量其实有两个方面：第一是惯性的同时存在伴随的状态；第二是相互吸引的质量引入，就像牛顿的引力定律一样。那么如果惯性的伴随状态不是一个常量，那相互吸引的质量还会这样吗？这就是一个问题。

贝尔法则

至少我们不用怀疑能量守恒定律，这看起来更有依据。那么我可以说这理论后来又是如何使我们怀疑了？而这比以前引起了更多的争论，在那些研究者的传记里面都有写到。首先是贝克勒尔，再就是 Cueies 发现了放射性物质，似乎每一个放射性的物体都有散发不完的辐射，而且辐射效果会持续数月甚至好几年。这本身对于法则来说就是一个制约。实际上辐射就是能量，而我们也一直围绕这展开讨论。但是我们难以测量其能量的大小，因为它看起来不明显，不过我们觉得理论上可行，所以就没有太泄气。

不过 Cueies 将放射物质放入热量测试的仪器里面，就发现热量非常可观。

对此，就衍生出了很多解释，不过这种情况下，我们不能说越多越好，因为里面没有哪一个比另一个持续的更久。我们也就不能认为哪一个是最好的。不过之后，我们发现有一个可能会占上风，我们也希望这就是通往解密的路。

拉姆齐也努力地展示放射性物质是如何转化为能量的，放射性物质里面有巨大的能量，但不是无限的，而且转化的过程中会释放比我们已知的所有释放方式里多上百万倍的热量，放射物质最少可以持续 1250 年，而且可能几百年后我们才会确定具体情况。所以我们在等待中便产生了怀疑。

第九章　数学物理的未来

理论与实践

在很多我们遗弃的理论中，哪些我们依然用得着？也许最少运动法则是到现在为止没有做任何改动的，拉莫尔也认为这一理论比其他的都耐久。不过，实际情况比这更为模糊和笼统。

在现有理论大崩塌的背景下，数学物理的未来会是一个什么样的状况？首先，我们在兴奋之前，先问自己这有没有可能发生。因为我们的所有这些怀疑都只针对极小数。比如，我们要借助显微镜才能发现布朗运动，电子的质量是非常小的，放射性物质很稀少，一次我们只能看到不到一微克的量。另外，我们还需要问下自己，除此之外，还有没有另外一个极小值和第一种情况有冲突。

于是，这里就有一个很本质的问题，看起来似乎只有通过实验能解决。所以，我们只能让实验来处理，我们在等其结果时也不必焦虑不安，而是继续我们的研究，好像这些定律都是正确的，没有任何争议。就算我们不离开大的框架，也有很多工作可以做，在这个框架内，我们是能保证这些理论都不会超出其适用范围。在这个范围内，我们在怀疑和争议中开始发表自己的看法。

分析家的作用

对于所有的怀疑，我们对分析科学是无法否认其存在意义的。所以我们要说，并不仅仅是实验物理创造了它，数学物理对它的诞生也有着很大的功劳。一般是实验人员发现放射物质会流失能量，但是理论家可以将光在运动的介质中投射的问题摆出来。不过，我们也可以回避这些问题。如果这些问题使我们尴尬，因为无解，其实这些问题同样可以使我们摆脱困境。

实际上这都有一个很重要的检验，所有我刚才列出的新想法都要进行，而且我们只有很努力地证明其完全错误才可以抛弃掉。他们如何做到这方面，下面我来解释。

这其实也是关乎物体在运动中的电动力情况的一个问题，而我们都想得出一个更加满意的答案。不过我们之前也看到，困难只会积累得更多。而且这样的困难积累多了其实也没什么用，而我们不能一次性满足所有的定理。就现阶段而言，我们是为了满足一些定理，其他的就只有放弃掉了。但是我们还是希望能有更好的办法，所以后来就有洛伦兹的理论一点点地改进，然后一切又会重新洗牌。

我们既然得出物体在运动时体积都会缩小，而且程度对于一切物体都是一样的，不管它们的属性，还有所受到的力作用，那么我们就不能作出更简单更自然的猜想吗？比如，我们想象是那些随环境而改变的太空，这些都是相对运动用来参考穿过太空的介质时所发生的，还有当太空改变时，就不再以相同速度来散射这些干扰。而且对于那些与介质运动平行的会传播得快一些，不管我们感受到的是相同还是相反，如果是垂直投射，就会传播得慢一些。那么传播所产生的波就会是椭圆形表面，而不是球形表面。而我们就可以到处看到壮观的物体尺缩现象。

而我说的仅仅是一个例子，文献里写到的那些改进都会受制于无限的改变。

天文学与延迟

天文学在这方面是可以给我们数据上的支持，而且这个问题也是从天文学领域中来的，我们也就知道了光的延迟。我们要是得出一个很粗略的结果，那结果就会让我们好奇于地球的运动、行星的位置和实际上的不一样，如果这种运动是变化的，那行星的位置就可以变化。我们虽然不知道真实的行星位置，不过可以通过视觉看到这些不同位置变化。由于对于延迟的观测，我们知道这并不是地球运动，而是运动的变化。所以从这些信息中，我们无从得知地球的绝对运动。

至少看起来大致是正确的，但是我们精确到千分之一秒情况就会有所变动。那时，振动的幅度不仅仅取决于运动的变化，这是我们都知道的，因为行星的运行轨道是一个椭圆，而且与这运动的平均值有关系，所以这种延迟对于不同的行星是不一样的，而这些不同的地方就告诉我们地球在空间中的绝对运动。

这在另一种情况下，就是相对原则的崩塌。我们确实精确到千分之一秒，但毕竟地球的绝对运动速度可能比其相对于太阳的速度快很多，如果是 $300km/s$，而不是 $30km/s$，我们就足以观测到这些现象。

我相信这种论证下，我们可以理解这简单的延迟理论。迈克尔逊给我们展现过，物理步骤还不能表示绝对运动。而我也认同天文学的步骤同样不行，不管有多么精确。

不管怎么样，在这方面，我们的天文数据会给予物理学家一个宝贵的数据支持。同时，我也相信一些理论家，回想起迈克尔逊的例子，会预知到一个很负面的结果，不过他们通过提前建立延迟理论来完成这一工作。

电子与光谱

电子的动力可以从很多方面来了解，在这些方法中，最好的我们也许忽略了，但是会带给我们很多惊喜。那就是电子的运动产生光谱带，兹曼效应里面都有其证明。而一个发光但不发热的振动物体对磁是很敏感的，所以它也是带电的。这一点作为第一点其实很重要，但是没有人再继续深入研究。为什么这些光谱带的分布这么规律？实验人员其实也粗略地证明过，但看起来是很精确也相对容易。这些结果其实又跟声学很相近，但是也有很明显的不同点。这些振动的次数不仅仅是一个数的不停叠加，而且对于这些和超越方程的根相似的地方，我们也由此到了很多数学物理的问题里面，比如任何弹性物体的真谛、赫兹振动的发生器，还有傅里叶的固体降温的问题。

这些规律并不难，但是都是完全属于其他自然体系。振动的次数其实是有一个极限的，在有限范围以内，这也是其中一个不同点，由于一种高级的秩序，所以就不是无规律的增长。

不过那些我们都还没有考虑进去，而我们相信自己已经掌握了自然的最重要的秘密之一。一个日本的物理学家，叫 Nagaoka（长冈），就有一个解释。他认为，原子是由一个大的正电子，围绕一个环的很多小得多的负电子，就和木星及其光环一样。其实这种尝试就很不错，但是不能完全让我们满意，所以就还有改进的地方。而我们已经深入到物质最核心的部分。从我们今天的角度来看，当我们掌握为什么那些发光不发热的物体的振动和一般的弹性物体是不一样的，为什么电子的运动和我们熟悉的物质运动不一样，这些我们也许可以用规律来说明，会更简单。

实验之前的传统观念

假设所有努力都白费了，虽然我不相信这么回事，会怎么样？那还需不需要法国人所说的变革来解释这些破碎的理论，试图挽回？如果可以这样，那就当我什么都没说。

如果你期望跟我争执，那你写的这些规律都无法通过实验验证，虽然是因实验得来，因为都成了习以为常的了。而且现在你也告诉我们最近的实验表明这些理论都站不住脚了。

那是以前的是对的，现在也不能说是错的了。而以前正确的，现在的情况就说新的证据表明以前的正确性。比如居里的放射物质的热量测试实验。这可以用能量守恒定律来解决吗？我们也尝试过很多遍了。但是有一个我要给你们说明一下，这个解释现在提得已经不多了，但是曾经我们都提议过。那就是我们猜想放射物质只是一个介质，只存在于宇宙中发光的各个方向的辐射里，其自然属性我们无从得知，它贯穿所有物体，而放射物质的质量变化不大，物体也没能改变辐射投射的路径，也对物体没有什么明显的影响。放射物质的质量在此过程中，只损失一点点，但之后会以各种形式返还给我们。

这解释看起来多么有理有据，多么简洁！首先，我们无法证明它的对错。之后，这又可以去反驳一下任何关于贝尔原则的理论。这不仅提前照应了居里的反对观点，也有所有日后的实验而来的一切反对观点。这个新的未知能量可以称为一切的解释。

这就是我所说的为什么我们无法用实验验证这一原则。

那我们从这过程中可以得出什么？这法则本身没有什么改变，那么用处在哪？它可以使我们看到在某种情况下，我们可以知道某种总能量的多少。虽然我们的视角有所限制，但是我们也在看起来无规律地修改这个定理。所以我们的限制就开始得到解放。在我的书《科学与猜想》里面，如果一个定理没有用处了，那些推翻它的实验自然就成了反驳的证据。

数学物理的未来

所以我们不需要这样，但是我们可以新建立一个体系。如果硬要这样，我们也就安慰一下自己。所以我们没必要去推断出科学就只能编出罗涅罗伯的网，我们只能看到一时的结构状态，但不久就会从上到下的自我崩塌。

我之前说过，我们经过一场危机。我也提到过，在第二个数学物理里面，我们追溯着最开始的定理，那就是中心力。那对于我们建立第三个数学物理的体系至关重要。就像动物脱皮长大一样，先脱出壳，再长出新的自我。然后，我们在新的模样下就可以看到一个新的生命体，并持续生存。

而我们并不能看到我们的发展是朝着哪一个方向。也许是气体的动力理论，将要经历一些发展，或者是给其他理论作参考。我们开始发现很简单的情况成了非常多的基本情况结合起来的结果，这些基本情况只有在几率法则下才能称为一个整体，物理定理则是假设一个全新的视角，也不再会是微分方程，而是会有统计定理的特点。

对于力学运动，我们可能也需要一个全新的体系，但我们现在也就是看了一眼就没有多大兴趣。关于惯性随着速度增加而增加，光速是不可超越。而普通的力学则更简略，对于前者也就是一个大致的结论，因为在速度不太快的情况下可以保持正确，所以我们可以这么说，旧的理论也是新理论的一部分，而且对此我们不必感到惭愧。因为那些旧理论里面的高速度其实都是一些例外，所以我们最实际的做法就是相信这些，由于它们都有用，我们就要认可它们。如果我们否认了这些，那就等于在探索中少了一个工具，最后，我们总结性地说我们还没有找到，也没有任何事物可以证明，理论不可能从我们研究局部的结论或者完全不做改变的情况中得来。

第三部分 科学的客观价值

第十章 科学是人类独创的吗

勒罗伊哲学

怀疑的理由有很多种，而我们需要怀疑到极点然后再停下吗？我们一直是不到黄河心不死，而且也被极点的想法所引诱，这也是我们最容易做到的，就好比急于在沉船时把一切就救起来。

在这些哲学思想中，我最愿意先写勒罗伊的。作为思想巨人，他不仅是哲学家和优秀的作家而且对物理科学有深刻的理解，甚至还有不寻常的数学创造潜力，我们再来看看他会激起很多争论的一些话。

科学由我们的传统认知构成，在这种情况下，就只有自己的一个标准。讲事实的科学，其规律都是人为创造的，所以我们从科学中不能了解到任何真相，只是我们探索的一个工具。

另外，我们从唯名主义来看待这些哲学理论。这些理论都不假，因为里面也有一些根据，而且我们不能脱离这些根据。

但是，勒罗伊的想法并不是唯名论的，他还具有伯格森的特点，属于反智主义。在勒罗伊看来，一切大脑里想过的，都是脱离了我们当时所感受的环境，然而这些对于一些仪器的选择非常值得参考。此外，还有一个在我们不断改变的意识中存在的现实世界，甚至在这个世界里，我们接触到，就会消失。

不过勒罗伊并不是怀疑论者，他要是认定我们的智慧结晶是不可救药的无用之物，那就是他认为我们需要寻找新的知识来源，来扩宽我们的视野，在我们心灵中，要延伸我们的感觉、直觉，甚至信仰。

不管我多么敬仰他的天赋和水平，不管这理论是多么非凡，我也不能全盘接受。不过在很多观点上，我和他的想法是一致的。他为了坚持自己的观点，也提到我的一些想法，对这些想法我是绝对不会放弃的。不过我在想为什么我不能和他一样走得这么远。

别人经常说他是怀疑论者，他也不好反驳，虽然这指责看上去非常的不合理。这些表面上的想法是不是与他一样，还是别的什么？其实他看起来是一个唯名论者，不过内心是现实主义者，他只用信仰的力量，来摆脱绝对唯名论的思想。

但是事实就是反智哲学在拒绝分析和选择认定其本身，是不能推导本质里面的哲学，或者退一步来讲，相反的情况可以推导。那对于一个外界的旁观者来说，怎么样才能使怀疑论成形！

这就是这门哲学的弊端所在。如果它尽量使自己保持原样，那我们耗费的精力都用在相反的情况上面去了。而且每个作者都会重复这个相反情况，他们都有自己的特点，但是不会增加什么。

那么，我们保持沉默是不是就更具有逻辑？你看，你想写一篇很长的文章，就要用到词汇。你能完全天马行空，脱离实际，就像没有哲学指引的动物吗？那动物会不会也成哲学家了？

就像我们无法画出自己完美的人像画，我们就推断自己画不出最好的画，就不去画？一个动物学家分析动物，在分析过程中，他觉得自己无能为力。但是不去分析，他就会认为自己很无能，不知道里面的构造。

那么，我们的智慧还有没有什么与之匹配的能力？没人会疯狂去否认。我们认识到的第一个就使得这些力作用,或者给这种环境。哲学家为了说明它,就要知道难以找到答案的东西,那他又是如何看到这些的?我们的心和直觉会指导我们,但不会说智慧是无用的,会改变我们看问题的角度,也不会取代眼睛。这是不是我们在研究中不需要的,不说对于运动感知,至少是总结哲理的时候?所以哲学家不可能有反智倾向。可能我们需要超越运动,是不是我们推理的工具就一直是我们的大脑智慧?那么我们在感知运动之前就先进行思考来指导我们。这我们不能贬低其价值。

这些想法可能都很简略,但是勇于提出这些想法也是不错的。智慧主义不是我现在讨论的课题,我想讨论科学。那么根据定义,科学是我们智慧的产物,要么就什么也不是。那问题会不会是我们说的这样?

科学与运动规律

勒罗伊认为科学就仅仅是运动的一个规律。就算我们出发去认识事物,也不会知道什么,除非我们有所行动,并且建立一些规律体系。这些体系的总和就叫科学。

正是那些不同观点的人才制定这种运动的游戏规则,就像桌游小小世界比科学本身要好,这些都可以依靠世界本身找到证据。就像我们投掷一枚硬币一样,是正面还是反面落地,我们无从选择,但自然会作出选择。

小小世界这种桌游规则其实跟科学很接近,但是没有人想过它们两者的相同点及不同点,因为游戏里面的规则都很随意,甚至与常规认知相反的思想也被采用。这些思想不管怎样肯定要差点儿,相反,科学这套运动规律体系就很成功,至少大致看起来如此,另外我补充,相反的情况不可能在科学里面有一席之地。

如果要让氢原子在锌上留下酸,然后我来总结这里面的规律,我就可以说，这其实和蒸馏的水在金子上面是一样的。其实这又成为一条规律，只是没有得到认可。如果作为运动的规律，科学“这道菜”有个值，那是因为这规律被我们所认可，至少大致是这样。但是我们为了了解这些，要有一定的背景知识，那为什么我们还一无所知？

科学可以预见，这是因为科学可以预见自身是有用的，而且可以作为运动的规律存在。我也知道事实总和我们修改的规律有冲突，科学也总是那么不完美，它会一直这样不完美下去，这是毋庸置疑的。不过科学比起预言家的随意预测来说，出错概率还是要小些。另外，我们认知的过程会很漫长，但是科学家也越来越难以被迷惑，随着我们研究的深入。这看起来虽然微不足道，但是已经足够了。

不过勒罗伊在哪里说科学比起我们随意想到的更容易被认错，彗星有时候会诱骗天文学家，然而这些科学家大多是男性，都不愿提及自己的失败经历，他们更愿意提到成功的经历。

那一次，他确实太高估自己了。如果科学不被认可，那我们也就不会认可它是运动规律的总结。不然科学哪来的价值？那些炼金术士擅长炼金，他们热爱这一工作而且非常相信有这些，我们觉得这些都是不错的，虽然我们没那么相信，但我们认可它的成就。

但是我们还是难逃这个窘境，科学到底有没有预见性？有的话，价值就在于把握运动规律；如果没有，那就是一些没价值的知识摆在那里。

然而，我们并不能说运动是科学的最终的目标。那么我们就应该否认我们对于天狼星的研究，我们就不用施加这么多的影响了。对于我们的眼睛来说，情况就相反，我们的知识就是认知的最后阶段，运动就是其方式。如果要说工业发展的过程，我就不光只提到这，因为它也使得科学得以发展，这些给予了科学家信念，给了他们很多机会，他们也可以在那些很大的力之间来回旋，这些力都是无法改变的。没有这基础，谁又知道他会不会脱离坚实的基础，从高贵学者的那一面看，或者他会不会看到这是一个梦而绝望!

科学事实和粗略的事实

勒罗伊理论的矛盾之处就在于科学创造事实这个想法上,这同时也是一个重要的地方,也是我们经常讨论的话题之一。

也许,他会说(他是被特许这样说的)粗略的事实不是科学家产生的,但科学家创造了这些科学的事实。

这两种事实的差异并没有看起来那么没有任何根据,至少在我看来。但是我要解释我们并没有追溯到其界限,不管是精确还是粗略。那么作者就假设粗略的事实,只要不是科学的,就属于科学以外的范畴。

最后,我是不能承认科学顺利地造就了科学的事实,因为科学家也会有生活中得来的粗略印象。

其实勒罗伊的例子让我觉得很不可思议。第一种情况以原子为例,我强烈认为这种想法让我很提不起兴趣,我们也就不愿意再说些什么了。但是由于我明显误解了作者的意思,我这里也不好展开讨论。

第二种情况以椭圆为例,粗略的现象发生其实就是关于光和影。但不提到这两大外来要素,综合牛顿定律,天文学家就无从下手。

最后,勒罗伊对地球的旋转也有自己的见解,也有了答案,但是不是事实的,他于是这样回答道:这是伽利略的,他肯定了这,就像那些询问者一样,他们否定这些。所以这事实又和之前所说的事实是不一样的,如果我们将这两者归为一类,就会有很多困惑的地方。

这里就有四种程度:

(1)小丑说,现在天黑了。

(2)天文学家说日食晚上九点发生。

(3)月食发生,时间是牛顿定律建立在桌子上的可以找到的,天文学家又说。

(4)最后伽俐略补充一句,这都是因为地球围着太阳转。

那么哪里才是粗略事实和科学事实的区别所在?如果你读过勒罗伊的书,你就会认为是第一到第二种程度,但是你忽略了在第二个和第三个更明显,而且最后两个是最明显的。

另外,我再说两个例子来给我们思路。

我观察到导电测量仪的误差,通过移动的镜子,在分开的尺度上投影着发光的图像及点,我们看到粗略的事实是:我看到这些点自身都在移位,而科学事实是:电流经过这电路。

或者我在做实验时,要对结果做一些参考并改正,因为我知道自己肯定有错的地方。一种是偶然的错,我就用一些方法改过来,还有一些是系统性的,而且只有系统地了解了它的起因,才能分析并改正。首先,我们得到的肯定是一个粗略的事实,只有在修正之后,才能算是科学事实。

我们再来看后者作为一个事例,我们来细分第二个程度的事实,我们就不说日食晚上九点发生。我们说我的钟指向九点这个位置,日食发生。之后,我的钟慢了十分钟,日食看起来是九点十分发生。

其实,第一程度的也需要细分,而且这两者之间相距不是最少的。同时我们还要分辨出我们观察到隐藏的现象及证实的现象的区别:天变黑了,就是一个现象。我们感觉到这就是粗略的仅有的一个事实,第二个才是科学事实。

所以,我们现在有六个尺度,但是我们不能就此满足现状,停下研究的脚步。

一开始,我被这些震惊到了。虽然在这六个尺度的第一个,事实是完全粗略的,是一个个体,和其他所有可能的事实完全不同。不过从第二个开始,情况就不一样了。这个事实说出来,可以适合无数种其他的事实。用语言来表达时,我就用了一个特定名词来说明这些无限个的盲点，而在我的意识里面都有。我说“天黑了”就是表达我对日食的感受，但是我们可以想出很多这种阴影。如果一种一点不一样的阴影发生，实际上我们认识不出来，我还是要说“天黑了”，来引用其他例子。

另外，还有一种想法：即使在第二尺度里面，这个事实也是非对即错的。但是对于定理来说就不是这么一回事。如果定理是表达我们的传统认识，那我们用常用的词就不能说是正确的，如果我不说正确它是不可能正确的，就算它正确，那也是我希望它这样。

比如，我用米制来衡量长度，这就是我传播的想法，但是这不是一些事物强加于我。这在其他地方也有所体现，比如欧几里得几何领域。

有人问道：天是不是黑了！我也一直知道该说是还是否。虽然这些可能发生的不同情况都会用同一个表达方式来说明，天是黑了。还有我也知道这些已知情况是不是属于回答这些问题的答案，如果有人问我，我会毫不犹豫地说我也很确定这是不是那个体系。

但是，这种分类也在很大程度上给人们的丰富想象提供了自由发挥的空间。总之，这种分类就是一个我们的传统认识。那如果我得到这个传统认识，别人问道，这情况是否正确？我知道答案，我的答案也会基于我的感官。

那么在日食之间，有人问：天是不是黑了？全世界的人都会说是，除了那些把黑说成白的人会说不是，那意义又何在？

同理，在数学中，我给出定义还有其根据时，数学理论除了说是正确的，就是错误的。但是我们在回答这问题之前要问：这理论正不正确？这就不再是我之前用的感官，而是理性论证。

述说的事实其实很好验证，我们的方法要么借助我们的感官，要么凭着我们的印象。这就是我们给予这现象的特点。如果你问我：这事实是不是正确的？那我先要问你，如果有这样一个情况来精确说明这种传统认知，是不是问你用哪种语言来说明。然后在这一点上，就到此为止，我再借助我的感官来回答。但是我的感官早已确定了答案，而且你跟我说时，根本就不会是你：我用英语或者法语再跟你说。

那我们到达下一个程度是不是就要改变这些了？我说过，我在观察电流测量仪时，我问一个不知情的旁观者：这是不是有电流通过？他就会看到电线，并且寻找经过此的东西，如果我将此问题问我的一个助手，他如果懂我的话，他就会说：这点动不动。他就会看到那个标尺。

科学事实与粗略事实有什么不同之处？其实这和法语与德语的大致区别差不多。科学事实本身就是取材于粗略认知，然后再用高于常规的法语和德语来表述，这些语言本来只有一小部分人使用。

不过我们不要看得太快。我们为了测量电流，要用到很多种不同的电流测量仪，有时还要用到电力测量仪。然后，我说在电路里，有很大的电流通过，这意味着：如果我将这个电路拿到刚才的测量仪去测试，就会看到点在 a 这个分界点，不过和电路拿到电力测量仪来测，点就到 b 分界点。其实这可以说明很多事物，因为我们感知到电流不仅仅是通过力的效应，同时还有化学效应以及光和热的效应，等等。

对于这些完全不同的现象，还有一个说法同样可以解释这些，为什么？因为我假设的物理定理里面力可以作用，那化学效应也能作用。以前有很多实验也表明这定律已经走到尽头，我也明白可以用两个相同的事例说明，这两者一直会相互关联。

如果有人问我：有没有电流通过？意思就是这个力学效应会不会发生？但是也有另一个意思：这个化学效应会不会发生？对于化学效应及力学效应，我只能选其一来验证。这其实也没多大关系，因为最终的答案都会相同。

如果有一天我们发现这定律的错误之处，如果我们发现这两个效应是不一致的，那么就有必要改变我们的科学语言来避免这种模棱两可的情况。

之后，用日常的语言说说我们常见现象是不是可以避免模棱两可的情况。那我们是可以由此推理出这两种情况是由于语法所造成的？

你说有没有电流通过。我通过力学效应存在来回答，是肯定的。你马上会明白是力学效应的作用，还有化学效应，当然化学效应我还没有实验过。我们现在来假设这样一个不可能的情况，即规律是正确的，但化学效应不存在。在这种猜想下，就会有两种不同的情况，一种是我们直接看到的，是真实的；另一种是我们推理出来的，不一定真实。可以很严谨地说，第二种情况是我们人为创造的。所以错误就成了我们人类在科学创造史上的伴随者与合作者。

但我们要是说这个怀疑的事实是假的，是不是因为这是不自然的，而是我们人为创造的，作为一种放错位置的定理，既不能说正确又不能说错误！不过这些其实都可以验证出来，只是现在还没有。如果我说这一理论是错误的，那么我的回答太仓促了，没有深入自然，去探寻本质所在。

但是在做完实验之后，我将这些偶然的或系统的错误都改正，然后得出一个科学事实，这情况也是一样的。科学事实其实就是来源于日常粗略的事实，然后用科学的语言来表述。此外，我说一小时，我就可以说，这是我钟里面的一小时和一颗行星经过及另一颗行星经过子午线所用时间的关系。而我们一直都在用常规的认知，脱离了常规思想，我们还会问：这是一小时吗？那就不是我说是还是不是。

我们现在再来看最后一个程度：日食发生根据牛顿定律建立的桌子上的时间。这对于那些懂天体力学及天文学计算知识的人来说，就是一门常规语言。那我就来问：日食是不是在我们预知的时间发生？我再去看航海日历，发现说日食是九点发生，我明白这个问题：日食是不是九点发生？所以我们的结论也就无法改变了。科学事实其实就是来源于日常粗略的事实，然后用科学的语言来表述。

那么事物在最后会不会发生改变。地球还旋不旋转？这能不能验证？伽俐略及智者为了解决这些问题，能不能借助他们的感觉？相反，他们是看外表，不管积累下来的经验怎么样，他们都与外表高度一致，尽管和他们的解说不符。因此，他们被迫选择的讨论步骤就不那么科学。

这就是为什么说我不认同事实：我们对于地球选择无法给予相同的名称，这就是他们讨论的目的，然后对于粗略的认知还是科学的事实，我们也就这样跳过了。

在此之后，我们觉得了解粗略事实是不是属于科学范畴以外已经很肤浅，因为没有科学事实，我们的科学体系无从建构；没有生活中粗略的认知，我们就不能建立科学事实。因为前者是后者的反映。

然后，我们可不可以说科学家创造了科学事实？首先，他创造这些是有根据的，因为他和我们生活中的粗略认识有关联，所以，他不是任由自己的意志来行事，不论一个工人的能力多强，他的自由发挥总是有限的，就是那些他接触的原材料的潜力以内。

但是，自由创造科学事实和天文学家在日食现象中参考钟来对照时间，有什么意义？是不是如果日食九点发生，但他想要十点发生，这都可以任他摆布，他将钟往后调一个小时？

他开了这个可笑的玩笑，会遇到一个不确定的问题。他说日食九点发生，我就知道九点是由指针在经过一系列调整后的大致时间，或者他纠正到我们日常认知完全相反的规律。这其实他就修改了表述的语言，而没跟我们说一声。如果他说了，我也没有什么可抱怨的，但是这毕竟是另一种语言来表述的事物了。

其实，科学家所发明的就是在述说理论时创造的一种语言。他在预知未来时会用到，那样对于能明白并且能运用这语言的人来说，这预测其实没有什么不确定的地方。此外，一旦预测决定，是否实现，就不是他能够左右的了。

那勒罗伊的理论还有些什么呢？还有，科学家一直在寻求一些值得观察的现象。一个孤立的事件本身没多大意义，如果是对于其他事件有着预知意义，就会大大激起兴趣。或者预知成功，验证方式就成了定理！那么谁会选择和这些条件有关的情况，值得科学自由的研究？这就是完全靠科学家个人。

我说过科学事实其实就是来源于日常粗略的事实，然后用科学的语言来表述。另外我再补充，它由很多粗略事实组合而成。以上的例子足以说明。比如，日食发生的时间点 a 与后面一颗行星经过子午线的时间点 b，然后之前同一行星经过子午线时叫 y。这里就有三种不同的情况（每个都是由两个同时发生的粗略事实构成，但是我们没在意）。我们不说：日食发生的时间为 $24(a,b)/(b,y)$，这三个事实还是成一个科学事实。其实这三个时间点本身没有什么意义，但是结合起来 $(a,b)/(b,y)$ 就是我们唯一感兴趣的了。所以，我们的思考又可以不受限制了。

但是这种思考能力是有限的，我们不能将其给予一个值，或者另外一个值。因为我们无法影响 a、b 或者 y 作为粗略的事实。

然而，事实终归是事实，如果它们可以满足一个预知，就不是我们自由思考的结果。所以，对于粗略事实和科学事实，没有一个很精确的分界线。只能说一个比另一个更科学，或者更粗略。

唯名论及宇宙常量

如果我们根据事实来总结理论，那一些科学家的自由思考肯定会更有用。但是这是勒罗伊使其更有重要性吗？这就是我们要解释的。

首先我们来看一个例子，磷在 44℃熔化，这就是我说的理论，其实就是磷的定义。如果有人发现一种物质，性质与磷完全一样，但是不在 44℃熔化，我们就应该给予它另一个名称，但规律还是正确的。

我再说一个，在空间里重物自由落体掉落的速度是时间的平方，这是自由落体运动的规律。无论什么时候,只要其条件没有满足,就不能叫自由落体运动。所以这就是为什么规律是不会错的。如果所谓规律就是这样,就没有什么预见性,不管是作为知识还是运动法则的方式,都没有好处。

我说如果磷在44℃熔化,就是指具有这种磷特性的物质(我们就来看磷的所有特性)的熔点为44℃。我们这样理解,我的说法就成了定理,这定理对我就很有用,因为我再遇到这样特性的物体,我就预知它在44℃熔化。

但是我们肯定认为其中也有漏洞。我们在化学文献读到:“化学家认为两种物质都具有磷的特性,除了熔点不同。”这也不是化学家第一次这样区分,比如镨和钕,很长一段时间就是在其混合物的名下出现。

我不认为化学家会出现像磷的那种偶然情况。而那种情况是有可能发生,因为没有任何两种物质具有完全相同的密度或者其他属性。所以如果我们仔细观察,知道了密度之后,就可以得出熔点的温度。

不过这要是放在更深层的情况,就显得不这么重要,这也就是说明这一个规律不管正确与否,都不再仅仅是一句话。

那么我们还会不会说到地球上有一种物质熔点不是44℃,但其他属性和磷是一样的,但其他的星球我就不太确定。这想法肯定会保留,而且我们可以推断出,对于我们居住的地球,这些规律都是适用的,但是对于我们知识体系总的来说没有什么价值,只有在地球上的情况,才有意义。这是有可能发生的,但是,如果我们假设这样,这规律就失去了价值,因为不再说明一个真实现象,不是因为不符合我们常规认识。

对于物体的落体,这情况是一样的。我们也不会觉得给伽俐略的自由落体运动取这个名称有什么用处,如果不考虑在这些情况下,其他地方自由落体运动只是非常可能发生或者大致是自由落体。这一规律或许正确,或许也会有错误,但是不属于我们常规认知的范畴。

我们再来假设天文学家发现了行星不再完全遵守牛顿定律。他们就会有两种解释:第一,他们会说引力不再与距离的平方成反比;第二,引力不是唯一作用在行星上的力,此外还有其他力,因此受了影响。

在第二种情况下,我们将牛顿定律看作引力的定理了。而这就是唯名论的想法。尽管我们可以任意选择这两种解释,可以根据我们的感觉,觉得哪个方便解释来选择,但是这些解释大多都是很肯定的,所以实际上没有什么自由发挥的。

其实我们可以将这个理论分为三部分:(1)行星遵守牛顿定律,同样适用于另外两个;(2)引力也遵守牛顿定律;(3)行星上只有引力在作用。这样,第二部分就只是一个定理而已,在实验验证之上,但是也在第三部分上来检验。这其实很有必要,因为第一部分的就可以预知得到我们粗略的事实。

所以在这里,我们要感谢不自觉的唯名论的想法,科学家也是通过它将定理升华到一个理论层面了。所以我们一旦从理论上证实了一个定理,我们就会有两个想法,或者我们放弃不接受,然后就不停修正,最后肯定会得到一个大致结论。或者我们采用常规认知,认定其正确,将它升华为一个理论。但是,其中过程都是一样的。因为以前的定理对于这两者关系的把握是很粗略的,所以我们在这之间加了个抽象的过渡关系 C,虽然这多多少少有点想象在里面(这在之前的那个例子中是很难明白的,那就是万有引力)。所以我们就得到一个关系 A 和 C,而我们就设定这个关系是确定的,这成了我们的定理之一,另外还有一个 B 和 C 也是受制于我们的规律。

我们于是通过这种方法就可以找到这种结果,但如果我们一直要将规律转化成定理,那么科学可能就没有存在的必要性了。因为每一个规律可以拆分成定理或者一组理论,但是不管这两种分得有多开,都是在一定制约范围以内的。

所以我们就看到了唯名论的局限性，如果我们关注了勒罗伊的理论就可能没能看到这一点。

我们如果回顾一下科学的进程，就会发现我们更容易理解这些极限到底是什么。而那些唯名论主义者一般是看哪种情况最方便，就选择哪种。那什么时候是这样的？

我们通过实验得知天体之间的关系，但这都是一些大致的方向，其实之间的具体关系是非常复杂的。我们一般就会避免直接挖掘 A 和 B 的两种关系，而是去寻找它们之间的桥梁关系，比如空间。这样一来，我们就挖掘出了三组关系，A 天体与空间里 A′的形状，还有 B 天体及空间里 B′的形状，然后就是 A′和 B′之间的形状关系，为什么这种方法这么有效？因为 A 和 B 的关系就很复杂，但是又和 A′及 B′没有多大区别，这看起来就很容易了。所以我们就可以用这种简单的关系来取代复杂的原先关系，也就是我们通过 A′和 B′的关系及另外两组关系，A 与 A′和 B 与 B′的很小区别，我们就可以知道原先 A 和 B 的关系。比如，A 和 B 两个物体就是自然变形的话，然后就有一点点移位，我们就可以看到两个移动的固体形状 A′和 B′，所以它们两者的移位关系就显得非常简单了，实际上这就成了几何问题。之后，我们再通过补充一下物体 A 和 A′的实际形状一直有些不同，由于热或者弹力导致的变形，但是这些变化都不太大，所以我们还是能有个感知认识。但是如果我们要完全表达物体移位、变形及伸缩，语言的难度是非常大的！我们关于 A 和 B 物体关系的总结其实是非常粗略的，而且不是很有什么根据，所以我们就选用 A 与 A′的关系及 B 和 B′的关系，而且有 A′与 B′的关系理论。这些理论的总和其实就叫几何。

另外，我们还有两种看法。因为得出 A 和 B 的关系，哪怕是粗略的，所以我们就用 A′和 B′两个形状来代替，但这两个关系又等同于两个物体 A″及 B″，和 A 和 B 完全不一样，而且很多方面都不同。如果我们研究了这些 A 与 B 的关系之后，还没有发明几何，那我们就很有必要从头开始研究 A″与 B″的关系。这也是为什么几何是一笔宝贵的财富。所以几何大体状态上取代力学或者光学的关系。

但也没人这样说，不过这也证明几何是一门实验科学，将其理论分离于其他的那些科学，其实这也将产生它的科学与几何分开了。其他的科学同样也有这些特征，但还是可以叫实验科学。

但我们同时要认识到，我们不去用这些人为的方法区分它们其实非常难知道。我们也知道固体的运动作用在几何中处于什么样的地位，那是不是就可以说几何就是实验动力学的一个分支。但是直线投射光的定律对这些理论也是有一定影响的，那几何是不是必须既是动力学的一部分，也是光学的一部分？我们之所以选择欧几里得几何的体系，是因为它能方便认知，因为我们的大脑里有几种既定的认知方法模式，我们都将其分了组。

如果我们将目光投向力学运动，我们同样可以看到一些很相似的定理。由于它们的作用半径要小些，我们就无法将其与力学运动分开自成体系，我们也不能将这认为是推理科学。

最后，在物理中，理论的作用会更小，因为只有在有用的时候我们才会提出。现在我们觉得这些理论非常精确，因为数量很少，而每个都能取代很多定理。但是我们没必要把这些叠加起来。此外，我们还是有必要得出其结果，所以我们就需要将现实世界的一部分留下抽象空间。

这就是唯名论的局限性，看着就在一个框架内。

但勒罗伊还在坚持，他又用另外一种方式质问。

既然规律会受我们常规认识的影响，也会改动一些这些规律的关系，那会不会有这些规律的总和，独立于这些常规认知，所以就成了常量？比如，我们想象的生物在另一个世界就和我们的认知方法完全不一样，最后就会创造出一个非欧几里得几何的体系。那么它们要是来到我们的世界,它们的认识会和我们一样,但是语言是完全无法认识的。不过事实上,这两种语言还是有共同点,但这是因为这些生物跟我们的区别不是特别大。我们想象的生物越奇怪,它们的语言我们就会觉得越难认识,那这种共同点会不会接近于零,或者有一个始终不变,最终成为一个常量?

这个问题需要很精确的结论,那能不能期望用我们的词汇描述出来?我们其实也很清楚语言间是没有共同的词汇的,我们也不能想象出我们的语言与非欧几里得的生物的语言有哪些共同点。而且我们也不能造出一个词汇,让德国人和法国人都明白,而且他们都只懂自己的母语。但是我们可以依照一定规则将法语翻译成德语,而且是双向翻译。这也就是为什么我们需要语法和字典。那么非欧几里得几何和欧几里得几何之间,也是有一套规则来相互转化的。

如果没有翻译家和字典,法语和德语也能共生了好几个世纪,现在仍然有联系,你觉得两种语言的科学书会不会有共同点?他们之间可以明白对方的话,就像印第安人明白殖民者西班牙人的语言。

那么就会有人说,法国人同样能在不学德语的情况下听懂德国人的话,这是因为德语和法语之间的共性——人类的语言。那么我们通过假想就可以明白非欧几里得几何的语言,因为里面也有属于人类的特点。但是不管在哪一种情况下,我们都要保持最小程度的人类特征。

这是可能发生的,但是我们首先要看到其中只有一点点人类特征的非欧几里得几何足以让我们明白里面的语言,不仅如此,还可以理解所有的语言。

此外,我还要说明这还有一个最小值,先假设有一种流体物质贯穿我们已知的物质,而且没有任何作用在上面,我们也无法察觉到有关动静。而生物可以感知这种作用,物质感知不到。那么那些生物认识到的科学就会跟我们的完全不同,我们在这两种科学里面寻找常量就没有任何意义,要么那些生物也不认同我们的逻辑,比如反对我们的矛盾原则。

但是,我其实认为探索这些假想没有什么意义。

之后,我们就不再往深处研究,假设那现象的生物和我们的感知系统是相似的,得到的意识都是一样的,更加承认我们人类的逻辑,那么我们可以推断他们的语言不管与我们的语言有什么不同,都能进行翻译。而且我们通过翻译还可以认识到这个常量的存在。实际上我们的精确翻译就是分析那个常量。我们揭开里面的秘密就是为了寻找这个常量中到底是什么物质,而这些顺序就是已经排列好等待我们去发现的。

现在我们明白了这个常量的本质,我们应该用一个词就能表达。这些不变的规律都是针对粗略事实的关系,而科学事实的关系都与我们常规认知有关。

第十一章　科学与事实

裙带关系和决定论

这里我不会细说自然法则的裙带有什么关系，明显难以解决，而且我们对此做的工作不少。我只希望能够注意到不同意思是如何用一个词来表达，而我们将这些分出来又有多大的意义。

但是我们观察到具体每一条法则，我们都可以在发现结论之前就确定肯定是粗略结果，因为它其实是根据实验验证的，这些验证方法也就基于一个大致数据。我们也就只能期望更精确的仪器来让我们发现细节来增添一些新名词，这些也就是我们科学的发展史，在马里奥特的理论里都有。

此外任何规律都不可能是完整的，因为一个定理应该与一些发生过的相关事件以及之后会发生的结果特点有关。首先我需要注意到其实验条件，那么我就应该这么说：如果这些条件都符合，这现象就可以发生。

然而，在了解宇宙在时间 t 的状态时，我们就不能忘记这其中的现象。其实宇宙各部对现象或多或少都会有些影响，这些现象都在$(t+dt)$时间点发生。

现在我们已经很清楚在这些规律中不能找到这些描述，此外如果有，那么这一规律也就失去了其应用价值。如果有这么多的要求，那么在任何时候都不可能全部实现。

所以每个人都无法保证这些条件一个都没有被遗忘，那我们就不能说:如果某某条件满足,这现象就会发生。我们就应该这样说,如果这些条件实现,现象就很可能会发生。

我们就拿万有引力定律举例子,这是我们知道的最完美的定理了,我们可以通过这一定理预见运动的运动状态。比如我通过它来计算土星的运动轨迹,就忽略了恒星的运动作用,但我觉得这不是假的,因为遥远恒星的作用微乎其微,可以忽略不计。

所以我宣布,与土星时间相似的坐标系就会有一些这样或那样的局限性。但是这种人为的限制是不是绝对的?宇宙会不会存在质量极大的一个天体,大于我们能够想象出的一切现有天体,而且在远处就能感受到它的作用,同时这质量也有一个极高的速度伴随?这一天体一直在围绕着远处旋转,我们至今也很难感受到它的作用。所以在我们的太阳系中会造成很大的混乱,而我们还不能预见。我们只能说这事件几乎不可能,那就只能在这个局限性里表述为:土星几乎很可能接近天堂的一个点,而不是"土星将会接近天堂"。虽然这可能性很接近确定,但毕竟是可能事件。

所以根据这些原因,所有的规律都只能说是大致的,或者可能的,科学家也可以认识到这一点,他们也就只能相信任何规律都会被更简单、更接近的取代,不管是对或错,我们也一直这样,看起来没有什么规律,而新的方法只能等着以后来修改,这也是科学一直在进步的原因,这种大致结果也差不多和你在精确中做选择,或在确定性中寻求可能性是一样的。

所以如果科学家认为这些是正确的,我们照样也可以说自然法则是有联系的,尽管每个规律根据特质都能被认为是有联系的,不是单独存在的!或者在我们推断出这种联系之前,我们是不是又必须要求这种前进是有一个尽头的,那一天到来科学家就会在他们的研究里发现大致结果与理想结果越来越接近,那么他没有了一些局限性,就是凭着自己的感觉来认知自然。

在这理论中(应该是科学理论)我们看出,每一个规律都是不完整的,而且都是有待修改的,等着有一天被更高级的形式取代,但还是由粗略的事实来构成的,所以就没有什么自由意志存在!

那么,在我看来气体的运动理论就是一个很有说服力的例子。

我们都知道这理论都是一个很简单的假想来解释,每个气体分子都在高速运动,没有特定的方向,但总体上都是以直线方向在运动,只有在分子接触到另一个分子时才会受到一些干扰。我们通过这种很粗略的认识就知道了这种平均效果,而在这些效果里面,都会发生互补现象,不管程度如何,至少是会发生的。所以,这些我们观察到的现象都遵循马里奥特和卢扎克的理论。但是这种关于误差的补偿只是说有可能,因为这些分子在不停地变换位置,在这些不断的位移中,它们的运动轨迹就先后形成各种各样的组合情况,而且类型特别多,但每一个几何都遵守马里奥特的理论,只有极少数是例外。例外是有,不过我们要等很长时间。如果我们观察气体分子运动的时间足够长,我们肯定最终会看到这些分子都会摆脱那种马里奥特规律,但时间不会很长。那么我们到底要等多久?要是以年来计算,那数字会非常巨大,我们就算只描述几个运动的情况,也要花六张纸,但我们还是可以预见的。

这里我可以谈这些理论的价值,我们很清楚如果采用马里奥特的理论,很显然后面我们就要看到它只是有关联的,因为有一天这些都不再适用了。而且那些支持气体运动理论的人其实就是决定论者?当然不是,它们只是最极端的运动力学主义者。而这些分子都有一条固定的路线,它们受影响离开的程度就和这距离有关,这其实就是完美地决定论的思想。在这种系统里,我们不仅仅只有最小的自由思考的空间,还有内部发展的因素,或者被叫作有关系的事物。此外为了避免错误,我们不认同马里奥特的定理的发展,最后我也不知道多少世纪以后就不再正确,但最终前多少分秒,又变得正确,而中间会隔着多个世纪。

因为我提到了进化发展这个词,再来纠正一个错误。我们经常说:没有谁知道一个理论是不是在发展,或者哪一天就不是和我们现在一样高度赞同,作为一个巅峰时期!但我们知道这些又是为了什么?那我们又是如何看待我们地球过去的状态,这些我们也是从现在的状态下推断出来的。我们如何做到?这就是根据我们现有的规律。规律就是连接事物因果的桥梁,我们可以知其一推出其二,我们既可以从过去推理现在状态,当然也可以反着推回去,甚至基于现在状态,还可以预知未来。我举一个例子,天文学家可以根据牛顿定律从行星现在的状态推理出将来的状态,这就是他们所编撰的星历,从这里他们可以追溯过去,还可以预知未来。所以他们的计算就不会让他认识到牛顿的定理有一天不再正确,因为这规律在他离开的那个点上,而且他们无法说出过去是不是正确的。至于未来是不是和星历相符,只有真正到了那一天才能验证,我们那时才能知道我们祖先说的是不正确的。但是在过去,我们对于地质的年代是一点现场证据都拿不出来,所以这些计算结果,就和我们从过去推理到现在的一样,都在以最极端的情况试图逃避我们的验证。那么如果自然规律不再遵守石炭纪的情况,就和当今时代一样,我们就无从知道这些规律,因为我们连它们的历史都不知道,而我们之所以能从相关猜想中得出这些规律,是因为我们猜想这些规律都是永久的。

也许,这里有人就会怀疑这种猜想会不会有矛盾,然后我们被迫放弃,而至少现在的世界,新生命不断出现,那么生命是不是会永远存在,当然我们还可以推测出生命不是一直在地球存在,因为我们根据现有的物理定律推出地球上有一段时间温度太暖和了,不适宜生命存在。但是我们也能从两个方面来反驳这些悖论,第一,这些现有的规律都不完全是我们假设的那种;第二,不会永远是。

但我们很清楚实际规律是不会让我们采用第一种表现,所以我们就被迫推出进化论的自然规律。

另外，假设我们的生命足够的长，可以目睹进化的全过程。那我们就可以知道石炭纪的顶峰时期和第四纪的生命是完全不同的。但如果背景条件在这两个时代是相同的，那两种时代下的生命特质就完全差不多，无法区分，显然，我们不是这样假设的，我们只知道那种情况诞生哪些生命，那么同一种生命特质，在不同的情况下，就会有不同的结果，而我们不去关注时间。

因此，这规律就和那些不完整的科学说的一样，应该让那些更粗略、更具有可能性而不是确定性的新理论取代，给予那些粗略的误差和可能性的弹性空间，其中，我们确定那些生命都是一样的，不考虑当时周围的条件，所以开始我们得出的就是一条粗略的规律。

现在我们又回到最开始分析的情况，如果我们可以发现这些，我们就不会说规律在发展，而是周边情况在不断变化。

这也就是为什么一个词的不同意思都有联系。勒罗伊都保留这些看法，而不需要分清楚这些，但是他又提出了一个新的想法：实验规律只是粗略的，就算有些看起来是精确的，那是因为我们将其转化成已知的定律了。我们很容易根据自己的意志来进行这种转换，由于我们的感觉使我们发现一些联系，我们将这种联系也包含在规律里面。这样，我们就可以说决定论就是假设一切就是自由的，所以我们就成了决定论者。我们可以发现这给了唯名论很大的一个空间，而且关于联系这个词新的意义，也不会对这些问题有很大的解决意义，这些问题又是自然就会出现，也是我们在讨论的。

当然我根本不希望探索导论的所有基础，我深知不会有什么成功的机会。因为这对于继续深入研究没有什么帮助，而我们只希望知道科学家是如何运用这些，或者为什么被迫用到。

另外，如果有相同的条件发生，那结果肯定会再现，这是我们日常的语言。但是如果这些理论没有什么意义了，那么，我们如果要说相同的情况重现，就要所有的相同条件再次出现，而且都不能有一点不同，才能完全重现。但这很显然只是一个理想状态，所以这种理论就没有什么实用价值。

所以我们就要作出一些改动，并认为：原先事件 A 导致结果 B，那么还有一个事件 A′，和 A 有一点点不同，就会出现后果 B′。那么我们又是如何认识到 A 和 A′的不同点？如果这些情况有些可以用数字表达，而且这数字在两种情况下都可以接近，那我们所说的有一点不同就有点儿意义了，那么这种理论就是说，这后果就是关于事件的连续函数。这条法则拥有实用意义，我们就可以人为添加，其实这就是科学家的日常工作，如果没有这种添加，我们几乎不可能认知科学。

但是还有一种现象，这些规律也可以用一条曲线来表示。实验就在这曲线的几个点上。我们刚才讨论过的这些理论里面，这些点就可以由一个连续性的坐标图联系起来。我们可以用眼睛来观察这个坐标图。而新的实验会让我们发现新的点在上面。如果我们发现有些点不是在这曲线上，那我们就得调整这条曲线了，不过我们的原则定理还是要保留的。这些点不管有多少，都会成为一条连续性的曲线。但是我们要是发现这曲线太随着我们感觉来了，我们就会感到不正常（我们就应该看看实验中有什么问题），但是基本原则还是不能一下子否认。

此外，在这些现象的发生情况里面，有一些我们其实忽略了，而我们应该将 A 和 A′的一点点区分出来，如果仅仅因为次要条件的变化。比如，我可以确定氢和氧在电火花的摩擦下结合，那么氢气和氧气就会重新组合，尽管土星的经度在之间变了不少。还有我们假设遥远星体的影响，地球人几乎是察觉不到的，这需要很精确的论证，但是也有一些情况，我们为了现实情况，也必须考虑到这些微乎其微的影响。这也更多依赖我们的意志或者更多手段。

还有，如果宇宙的星体没有很多相似的成分在里面，我们就不可能得出导论原则，比如我们从一点点磷就能推理出另外一点点磷的性质。

我们要是思考这些问题，决定论还有联系的事物就会展现出一个全新的角度。

假设我们可以看出宇宙所有时间的各种现象，我们就能预知什么是顺序，即事件与结果的关系。这里我不希望说是永远的定理和规律，我分开来看这些不同的事件及发生顺序。

我们之后还能知道这些顺序里面，没有两个是完全相同的，但是根据刚才所说的导论原则，如果要使其成立，就要有两个相似，而且可以分类分在一列。换句话说，我们可以给这些顺序分类。

那么，决定论最后是不是就成了这种分类的合理依据和可能发生的原因？这其实都是我们之前分析得来的，这样的话，对于那些站在道德制高点的人来说就更容易接受些。

然而这肯定又回到我们以前所说的勒罗伊的结论上去了，我们之前还是拒绝的，因为我们本身就反对这观点。但这种分类实际上也是取决于分类者的想法。我认同这种勒罗伊的想法可以保留，但不能说一点儿用都没有，还是多少有些启发作用的。

科学的客观性

我根据这个标题就有了一个问题:科学的客观价值在哪里？我们根据这种客观性又能明白什么？

什么是保证我们在这个世界上和其他思考生物一样的客观性？我们通过与别人沟通，就得知一手信息，我们也知道这些论证信息不是我们自己得来的，同时我们也知道其他生物的感觉是什么样的。我们就是根据这种符合我们世界的逻辑常理，推断出这些生物所看到的和我们所看到的是一样的，而且我们并不是在做梦。

所以,这就是客观性的第一条件:客观就是要符合大多人的认识,而且我们都可以互相传达,在里面沟通,而这种沟通有着很长的论证,这论证也让很多人不相信勒罗伊,我们就被迫退出,没有这种论证就没有客观。

所以他人的时间对我们来说永远都是不可认知的,因为我们所说的红色,在别人看来不一定是红色。

那么我们就来假设樱花树和红罂粟花给了我感知 A,而他得到感知 B,相反树叶给了我感知 B,他却是 A。当然我们对实际情况其实什么都不知道,只知道我的感觉 A 就是红色认知,B 就是绿色认知,而他就相反。为了达到一个理想的客观效果,我们就认为樱花树给我们的感觉是一样的,因为他的感觉和我们的都是一样的名称。

所以这种感觉是无法让别人来替你感受的,准确地说不可能百分之百让别人感受或者完全认知到。所以不同的人得出它们之间的关系也就不一样。

那这样说所有的客观现象都只是我们感受到的一些关系,缺少客观实质。所以我们还是不要走得太深,说这种客观就是纯数量的关系,不然会涉及自然最根本的问题,我们现在也无法解答,但是我们可以去掉一些,我们就可以看出这世界就是一个微分方程。

这样直接的保留观点,看似很矛盾,我们还是要承认无法沟通传达的事物就不能叫作客观,所以感官之间的关系本身就有其客观价值。

那这可能就会有一些人说了,我们人类共有的艺术审美的情感就是我们人类感知的共同点的体现,那么这就是客观的。但是我们想想,这证据还是不足,因为我们只能证明出约翰和詹姆斯的感觉认知是一样的,两个人给的都是一样的名字,或者通过所有的这些感觉结合认识,这要么是由于约翰感觉 A,他说是红色,同理,詹姆斯感觉 B,他也叫红色。然后,我们还可以认为这不是因为感觉的数量叠加认知到的,而是我们不经意间的经历和它们之间关系的有机结合造成的。

这种感觉具有美感，不是因为有这种特质，而是我们的感觉记忆里就有这样的感觉储存在里面，所以在我们的神经另一端与这种艺术情感相关的部分没有这种刺激时，是不可能认知到这一点。

不论我们是站在科学、道德还是美学的角度，都是一回事。所以只要不是激起我们共同感觉的事物，都不能算作客观。这就是为什么那些无法相互用语言传达并得到认同的事物，都不能算作客观，因为我们都不能感知到相同的事物。

但是这并不是问题的所有部分。此外那些无序结合的事物也不是客观事物，因为我们无法感知，甚至对于那些非常有序的组合来说，如果和我们之前经历的感觉没有任何关系，我们也无法认知出这种新事物，而我对于这种条件，感觉其实很肤浅。要不是我们一直认为物理不是实验科学，我们根本连做梦都不会想到它。虽然这种观点不能被物理学家或哲学家采用，我们还是要警醒自己不要使我们的研究滑坡倒退。所以这两个条件要满足，如果第一个条件从我们梦中分离，那第二个也就从感性中离开。

那么现在再问一次：什么叫科学？之前我说过，就是一个对所有事物的总结，将那些看起来分离的现象聚在一起，虽然有些看起来是有一定自然或者潜藏的本身的关系联系。其实，换句话说，科学就是一个关系的综合系统。我说过，我们就是要在这些关系中找到客观事物。如果事物都是相互分离的，这些努力就是白费。

另外还有一种观点，既然科学让我们认识到事物之间的关系，那就谈不上什么客观价值。其实这想法是倒退的，因为准确地说这关系本身就具有客观性。

比如，“客观”这个词，就是因为外在物体而发明的，是针对实实在在的物体，而不是流体或者隐隐约约的现象，因为那不仅仅是一组组的感官构成,这些感官之间还有一个联系将它们组合在一起。而且这种联系本身可以作为一个物体,当作一个关系。

所以,我们再问科学的客观价值,就不意味着:科学是不是在教我们事实,而是是否在教我们这些关系!

对于第一个问题,我们都会毫不犹豫地回答:是。但是如果我们往深处想,不仅科学无法教我们事物的本质,其实我们不能借助任何事物达到这一点,就算上帝知道,他也无法用语言来表达。我们不能了解神的意志,而且就算我们有了那种认知,我们也不能懂。所以我就怀疑自己是不是真的明白了这个问题。

所以,当科学告诉我们什么是热,什么是电或者什么是生命时,这些都是客观存在的,而我们就通过科学得出一个很粗略的认知。其实这就是零碎的认知,有待日后的修改。

其实第一个问题脱离了理性论证,而第二个没有。科学是不是告诉我们事物的真实关系?那些结合在一起的事物就要分开,相反,分开的就要结合在一起?

我们需要参考那些客观的条件来弄清楚这个问题。这些关系有没有什么客观价值?也就是说:对于我们来说这些关系是不是都是一样的?甚至对于我们的后代也是一样的?

不过对于那些无知的人们及科学家是不一样的。但是这并不重要,因为那些无知的人不会一下子看到所有东西,而科学家可以通过一系列论证或者实验来看到这些。关键就是与实验相符合的地方要与其一致。

现在问题就是这种一致性能不能长久,对于我们的后代还能不能保持,所以今天科学的一致性能不能被明天所验证,但是这就是一个事实的问题范畴。然而我们不能拿出任何基础公理来验证它的正确性。不过我们可以研究科学历史来发现哪些经历了时间的考验,哪些只是一时风靡。

现在我们又可以知道什么？我们一开始就可以知道，科学理论差不多只持续一天，然后不停地废弃，垃圾越积越多。今天理论诞生，明天就风靡全球，后天就成了经典，然后就过时了，最后就被废弃遗忘了。但是更进一步来看，那些取代以前理论的都是告诉我们一些客观事实的，但是其中都有一个共同点，使它们得以存在。如果我们能在其中找到一些客观现象，我们就可以根据定义来获得这些现象，当然我们在后一个取代它的理论中发现其又是一个伪装。

那么我们就来举一个例子，粒子的波动理论就告诉我们光其实就是运动。但今天我们把它认为电流，因为我们更接受电磁理论。我们不知道能不能修改成光是电流，而电流又是运动。由于在任何情况下这种运动都不会跟那些旧理论的支持者说的一样，我们肯定就会认为旧理论已经过时了。但是有些保留下来了，因为在马克斯·韦伯的假想电流就有菲涅尔的假想电流核心的部分。这也是为什么我们能在这两种理论中自由穿梭。但是里面好多之前我们认为已经有联系的事物都已经不复存在了，但是大多数还是保留下来了，而且是必须保留的。

那么对于这些，我们要如何评价它们的客观性？这和我们关于外界物体的认知其实是完全一样的。外界物体也符合里面的认知，而我们的这种感知让我们感觉到这些感觉都是相互关连的，都是通过那些不可推翻的基础定理而不是一天的实际情况得出的。同样，科学使我们知道的那些现象中的其他联系——不是一眼就能感觉到的，但存在得更客观。而这些就像那些看似缠在一起的线团，实际又不怎么感知的到，长期都被我们遗忘，所以我们就算注意到也没办法去认知。所以这些并不比那些赋予真实存在的物体要虚幻。而最近我们倒是知道了小质量的物体，因为这两者之间没有一个可以先灭亡，不能有先后顺序。

比如，这些空间存在并不比外在物体看起来缺少真实性。而我们说这外在的物体存在使我们可以区分里面的颜色、气味、内在联系（永恒的或是固定的)，我们说空间存在就是说在所有的光学现象中的自然关系，而这种关系都是一样重要的。

科学的相似性研究一般都会比我们日常的感官认知更能认清现实世界，因为前者能够接受更多的现象，也可以将这些现象以相似度来划分种类。

那么有人就会说科学其实就只是个分类，而这种分类未必就是完全正确的，只是因为我们认知的方便。我们说方便是正确的，但是这不仅仅是对我一个人，而是全人类，而且对于我们后代也是，所以这绝对不是偶然性。

总之，客观的现实就仅仅在于研究事物之间的关系，然后观察在这些关系下，宇宙是如何有规律地运转。而且这些关系肯定不能脱离我们的大脑本身来考虑这些问题。但是尽管如此，它们还是具有客观性，因为它们本身，也因为它们以后的现状，对于我们来说这些生物都是共同的。

这就使得我们回到地球旋转这个问题上面，同时我们也能通过事例弄清楚刚才的问题。

地球在旋转

我在《科学与猜想》里面说过："地球旋转是绕着一条圆的轨迹自转，是没有任何意义的，或者地球绕着一条圆的轨迹自转。我们假设地球自转的轨迹是圆，这样会方便一点儿，都是一样的。"

这些让我们得到一种最奇怪的理解。有些人认为在里面已经看到有托勒密系统的重现，也许是伽利略理论的修正。

然后那些非常了解所有相关信息的人无法骗过自己的眼睛。地球自转的轨迹是圆的这个真相就等同于欧几里得几何一样。不过在同一种语言里，我们最好表述成，外在的世界是客观存在的，或者我们假设其存在，然后都是一个意思，作为一个整体，这样更方便。所以关于地球旋转的这个假想就和那些外在物体的存在有着一样的意义。

但是我们在第四章解释过这些，我们现在就要更加深入地研究。我们说过一个物理定理只有在引入更多的真实关系以后才能更加真实。所以我们在这新的理论下，就来研究这个问题。

实际上，没有绝对的空间。另外，这里有两个互相矛盾的观点，地球自转轨迹是圆的和其自转轨迹不是圆的，而我们不能认定哪一个更加真实，所以我们只能在运动的感知中，认定一个，否定另一个，那其实也就承认了绝对空间的存在。

但是我们要是认定其中一个揭示了另一个藏在下面的真实关系，就会认为这种关系比另一个在物理上更为真实，因为内容更加丰富，而且这是我们不用怀疑的。

我们再来看看恒星白天的运动状态及其他天体的，此外还有地球的扁平化及傅科的钟摆运动，还有信风、旋转的气旋。对此那些信仰托勒密的人认为这些是没有任何联系的。而对于哥白尼的信仰者来说，这些都是由一个起因引起的。说起地球自转的轨迹是圆的，那么这些现象都有着很紧密的联系，这是正确的，尽管无法验证绝对空间，其实也没有。

那么我们对于地球旋转的研究就到此为止了？那对于其围绕太阳的旋转我们又如何定义？这里我们再次认为托勒密学者觉得这三组现象完全相互不着边，而哥白尼学者则认为都是一个起源。实际上，它们都是很明显的宇宙中星体的位移以及恒星影响的延迟，恒星的影响在不同的角度观察会有所不同。所有行星是不是都偶然接受那个不等式，其周期为一年，与那个延迟相等，也和那个不同角度观察的现象都一样？如果信仰托勒密，可以回答“是”；如果信仰哥白尼，可以回答“否”。这就是承认了这三个现象中有一个联系，也是真实存在的，虽然没有绝对空间。

在托勒密的系统里，天体的运动不能用中心力的理论来解释，所以天体力学是不可能的。而且这些天体力学的紧密联系反映给我们的就是在这些天体现象中的真实关系。我们认为地球是静止的，就是否认这一切，也是愚弄我们自己。

所以伽俐略被处以极刑得来的真理永远是真理。虽然这和那些粗略认知有些不同，但是它的真正含义显得更加难以察觉，更加广阔及丰富。

科学是有目的的

我这里不是在反对勒罗伊来为科学做辩护，这也许是他不喜欢的。但他自己也养成了这样的态度，因为他本人一直致力寻求真理，并为真理而生。但是我还是有自己的观点的。

当然我们不可能知道所有的发生的事物，所以很有必要选择一些值得我们了解的。托尔斯泰说过，科学其实因我们随意选择的这种选择而成，而不是我们造就。然而这对于实用主义来说，是有道理的。但是在科学家们看来，情况恰恰相反，有些事实就比其他的有兴趣，因为这些可以使他们补充解释现在不能解释的宇宙的规律，或者可以使他们预见日后很多的现象。那么如果这些事实，他们推理出来并且划分了的事实只是一个幻象，那就没有所谓的有目的的科学。这在我看来是有道理的，比如我认为最有价值的天文事实，不是因为它多么的实用，而是对于我们有着多大的启示意义。

文明只有在经过科学和艺术的洗礼后才会变得有价值。于是一些人就思考那些公式，并想着科学是干什么的，但这和想我们为什么要活在世界上一样的重要。要是现实生活是痛苦的，甚至我们觉得那所谓的快乐也是一样的感觉，也就是说，我们不承认文明的最终目的就是让每个人都过上好生活。

事实上，每一个动作都有自己的目的，我们在这个世界就要遵守这世界上的游戏规则，我们必须工作来养活自己，我们必须忍受世界上的一切痛苦，但都针对于探讨事物的目的，或者至少其他人有一天会知道这点。

当然没经过思考的也不能说就是什么都不是，因为我们思考的就只是我们的思想，我们用语言表达，如果我们说出思想以外的东西，那都是没意义的。

然而，有一个思想对于信仰的时间是很重要的，那就是地质历史告诉我们生命周期存在于两次死亡的间隔，甚至在这个间隔里面，我们意识到的思想出现过，但就只能持续一时，看起来似乎思想就仅仅是黑暗的夜空里闪过的一道明亮的光。

但这个闪光是我们的一切思想！

科学与方法

简　介

我再把几个不同的与科学方法多少有关的问题放在这里，我们就会看到，科学方法一般就是观察与实验。而且如果科学家有可以无限支配的时间，他就会说："我们一起来观察这个。"但是也不可能有足够的时间观察所有的现象，所以我们就要尽量避免方法的错误，选择方法在这里也就变得很重要了。这个问题对于物理学家和历史学家是同等重要的，数学家也给予相同的重视，而且指导这三者的原理也不要出现任何的相似性。科学家根据说明来指示遵守这些理论规则，这样我们就可以根据它们来看到数学的未来。

如果我们看到那些在工作的科学家，我们也许对这会有更好的理解。首先，我们必须要知道心理的创造动力，特别是数学创新。所以数学家的观察及研究过程对于心理学家也有参考意义。

然而在所有的科学上的观测，我们还要考虑误差因素，因为我们的仪器和感官都不是百分百的精确。幸运的是，我们可以假设，在一定的情况下，这些误差都会因为相互补偿而抵消，所以看起来也就没有了。但这种补偿也不是必然发生。这种可能性源自哪儿？这种想法我们难以定义，更别说有什么说明性的依据。但这个误差原则，科学家是不能忽略的。所以我们对于这个概念的定义一定要准确，看起来很重要，但我们只是这样想，是否实现无法保证。

另外，对于所有的科学门类，有几种大致的框架我们可以将它们归类。比如，关于数学创造的力学运动理论，一般，我们感到也不会和力学上的创新有什么不同。之后我会提出一些对特别科学体系问题的反驳，比如纯数学。

前几章我们都一直在说这个问题，这回就更抽象地来研究这个问题。首先我们来说对宇宙的人的认知，我们都知道空间是相对的，或者很多人这样说，但是还是认为绝对空间是存在的。但我们可以看到这其中有什么相互矛盾的地方。

然而这种说法也有它自己重要的一面，首先由于它自己尽量在使那些没有这方面经历的人们明白新的理论，这同时反映出我们的祖先是如何认识这些问题的，所以我们就能知道这些认知的源泉，也就是本质。为什么孩子们的认知不能让科学家觉得有价值？为什么科学家要寻找其他的认知？之后我会解答这些问题，而我认为解决问题的方法就是提出一些哲学家们的数学逻辑的实用性方法。

另外，很多几何学家认为数学可以降格成标准的逻辑推理法则。其实我们也不知道有人在尝试这样做，比如有人为此还将追溯我们的认知史，试着用无限解释有限。而我认为我可以让你们看到，对于这些攻击客观问题的人，本身就是错误的，而我们很多人还以为是对的。所以我希望读者们能正视这个问题，并且原谅我之前用大幅篇章来解释。

而那些关于力学运动及天文的就会好懂些。

力学运动如今也到了变革的临界点。那些前所未有的创造者正在反驳我们建立已久的理论体系。那么对于这种创新者，我们可以毫不犹豫地学习他们的思维方法。

而且这些思考方法其实也能激起我们大家的兴趣，这也是我尽力在做的。根据我对其相关历史的了解，新的想法提出了，我们都会感到不可思议，除非我们知道它的源头。

而天文给了我们很宏观的视角，也有着非常大尺度的问题，因为我们不能直接在实验仪器上面验证,我们的实验室太小了。但是我们在实验室里可以根据相似的事物来找到答案。比如我们可以把银河比作一个所有太阳的总和,它们一开始的运动没有规律可循。但这种相似性不能运用于气体的分子运动,因为我们知道它的特征。所以这就是为什么物理学家研究了一阵子,又得借助天文学家的研究。

最后,我再简单说一下法国测地学的发展历史,我也知道那些测地学的研究者面临的是什么样的危险,但是他们的不懈努力让我们了解了这个地球,这是不是科学方法?是的,这段历史是用他们的汗水和辛酸来告诉我们要在真正的科学研究之前做哪些准备,也让我们知道其中会有什么样的困难以及我们要花多少时间来解决。

第一部分 科学与科学家

第一章 选择性研究

托尔斯泰解释过有目的的科学在他看来就是一个荒谬的论点。由于事件是无数个的，我们也没法知道所有的。但是我们可以从中选择，也可以让我们纯粹的好奇心来做这个工作，根据我们的实用原则或者我们的道德需求来选择会不会更好。是不是就相当于我们数地球上的瓢虫数量，没有比这更好的了。

那么对于他来说，"实用"这个词就和那些外遇男人是一样的感觉，当然对于和他同一时期的人们也是这样的。他不关注科学对于工业革命和电的发现及汽车工业的应用价值，这些在他眼中都阻碍了我们的进步。而他认为实用性的东西可以让我们过得更好。

但对我来说，也不必一直说出来，我可能对这些理想问题都不会关心，不管是有关富豪的吝啬及掠夺还是民主的妥协，因为这些都是仅仅展示了其中事物的一个方面，那些真正有思想的人都不再想去研究这些了，而他们一般发表的观点都是很中肯的，所以不会因心理狭隘而死于疾病，但会在这些无聊的问题上困扰而死。不过这也看你个人的想法，我也不希望过分纠结这些。

如果我们只通过感觉及在应用的角度上看问题，这问题就不会得到真正的解决，而我们就应该改变自己的注意力，那么没有选择性的科学，科学也不会存在。但真实情况是不是这样的？我们还是要给出答案。不管我们研究的是什么，我们的研究进展是跟不上事物发展的。而科学家在发现一个事件之后，在他的体内就有数不清的多少亿个相同的情况，但只占一立方厘米。我们希望在科学里面构建自然的体系，无非就是将整体塞入部分。

但科学家认为事实都是可以分类的，至于怎么分，我们也有办法和依据可选，不然的话科学就不可能存在，但事实上又是存在的，所以科学家这样做是正确的，而我们就要放眼世界来看看工业革命使得那些信仰实用主义的人们派上用场，但如果他们在工业革命之前就存在，如果不比以前的科学家更早存在，而那些比他们时代更早的研究者都死于贫穷，也没想过实用主义，但是他们对于我们也有指导意义，且比感觉有用得多。

就和马赫说的一样，这些专注的研究者为后天减轻了很多思想研究上的困难。而那些仅仅是看到使用价值的人们在这些问题上就没有任何有意义的价值，一旦社会上有新的需求，一切就得重来。但现在大多人已经不爱思考问题了，对他们来说，有感觉带着他们思考也是不错的，因为他们只追求功利的目标，而且大体相同，这样的话，感觉带着他们思考会比理性论证指导纯分析效果要好得多，然而我们的直觉几乎都是一样的，而我们不加以丰富，那我们就跟蜜蜂和蚂蚁一样，没有思考。所以我们就认为为那些不爱思考的人想问题是有必要的。而且这种人也不少，所以我们的思想要尽量有意义，这也就是为什么一个定理越有总结意义，就显得越珍贵。

另外，这也告诉我们该如何选择：在所有的事实中，我们最感兴趣的就是那些能适用于多种情况的，因为日后我们还会碰到它，而我们就生在这样一个时间，这些事实都是存在的。我们假设化学元素不是60种，而是600亿种,一些是不常见的,一些是常见的,但都是均匀分布的。因此,我们每次捡到一个小石块时,这石块就很有可能含有我们不知道的元素。对于其他石块的认知在这里毫无用处。对于每一个新发现的石块,我们就像新生宝宝一样,我们要么是凭感觉认知,要么是凭是否需要认知。不过如果世界上没有物种,只有个体,如果遗传使得儿子不再像父亲,生物也就无法研究下去。

所以在这样一个世界里,思想不可能存在,甚至生命也不可能存在,因为不断进化不会是生命体的本能,因为一个小的变化就会使得它们重组。那这世界里就没有什么很直接简单的事物了?就算有,我们要怎样才能认识?对此,我们就要确定我们想的事物看起来简单,且里面没有复杂性。不过我们很多人都喜欢简单的事物,而不喜欢用肉眼分辨我们不熟悉的物质。接下来我们就要面临两种情况,第一,这种简单事物是不是正确的;第二,这些要素联系得太紧密了,我们难以区分。不过我们在第一种情况里面,还可以再次出现这种简单情况,不管完全是自身的,还是复杂的元素体系的一部分。然而在第二种情况里,这些紧密的组合就比那些不同物质组合一起的有着很多机会重现。我们知道组合的各个样子都有多大的概率,但是不知道拆分出来是多少。而为了将这些很多种元素组成一个有序的物质,从外表看起来无法区分其中,我们就要表达清楚。看起来简单的事实,就算实际上不是,也很容易有机会重现。这就给了科学家的指导方法一个依据。我们对此也容易说出答案,就说那些经常重现的现象看起来就是很简单的,准确地说,就是因为我们已经习惯了。

但这个简单事实在哪儿?科学家已经从两个极端来寻找答案,即极大值和极小值。天文学家发现这是因为行星的距离实在太大,但每一个看起来就像是一个点,质量也就在茫茫宇宙中被忽略掉了,因为点看起来要比有形有质量的物体简单。另外,物理学家将身体想象地分成很多细小的管道,以寻找基本现象,因为这个问题的基本条件在从一点到另一点时经历了很多漫长而连续的变化之后,人们就把其在小管道的前端上的部分看作不变的。那么对于生物学家来说,这道理都是一样的,他们就认为细胞个体就比整个动物更重要,由于最不同的生物体里面的细胞都是一样的,我们也能辨认出来它们的相似性,而对这些生物体来说就不是这样一回事了,所以得出的结论就显出了研究者的智慧。然而,社会学家就觉得有些尴尬,因为一个社会里面的个体要素都是人,而人与人之间有太多不同点了,而且不好找到什么相似之处,另外感情的变化也太难以察觉到了,总之一句话,就是太复杂。此外,历史是不会重演的!所以里面的方法从准确意义来说就是我们对于事实选择认知的方法。首先我们要致力创造一种方法,然后我们就可以想象出很多方法,既然没有什么强加的,那么社会学里面的方法最多,但得出的结论是最少的。

所以,我们就完全可以从常规的真实事件开始,但这都是建立在规律之上,都是没有任何争论的,然而这些事实与这些规律相符也没有任何意义,因为我们无法从中获得新东西了。所以这时的例外情况变得尤为重要。而我们也不再寻找相似的地方了,现在我们就来找不同点。而在这些不同点中,第一个是容易找到的,不仅因为它最显眼,而且它最有指示意义。这里有一个简单的例子可以让我的思想更加易懂:假设一个人要根据几个点来判断是否是一条曲线。那么实用主义者就只关注它的用途,他们就会只找那些对于某些物体有用的点,而这些点在线上的分布也不是看起来那么理想,因为有些地方看起来很密集,而其他地方就很稀疏,所以我们不可能用一条连续性的线将它们连接起来,所以它们也就不会有别的用途。这样,科学家就会找另外一种思路。于是他们就会将观察的点均匀地分布一下,既然他们要研究这些曲线本身。当他们发现一定数量的点后,就会用一条线来连接,然后就会得到一条完整的曲线，但这中间过程是如何进行的？如果他确定了曲线上一端的一点，但又不去关注那一端，而是关注另一端去了，这样最有指示的点，就是它们的中点(位于它们中间)，以此类推。

所以，当一个规律建立起来时，我们就要想到最容易驳倒这条规律的一些情况。这样，在所有的其他原因中，最有趣的就是天文的发现及地质历史。我们要是追溯宇宙中很远的时间或者空间，就会发现现有的理论会全部失效，然而这些颠覆又让我们更好地理解我们周围的小变化，即我们活动的小角落。那么如果我们去了很远的国家，而那里跟我们没有任何关系，就会更好地了解我们生活的家乡。

不过我们更要关注的不是藏在表面多样性下的相似之处，而是不同点。有一些规律第一眼看起来并不是那么有联系，但是你如果研究得越深就会发现它们其实联系越紧密。尽管它们物质不同，但是形式都相似，而且组合也一样。如果我们这样看这些问题，我们就会发现好像这世界什么都会发生，我们就能接受一切事物。而这就使得那些事实的价值完全组合到了一起，而且对于其他的组合就是一个完完整整的个体。

这我就不再坚持我的看法了，但是这些话足以表现出科学家是绝不会随意选择那些事实的。就如托尔斯泰所说的，他们是不会去数瓢虫数量的，因为不管其真实数量是多少，都是一定程度上由我们的感官来认知的。相反，科学家都是将那些繁杂的经验和思想进行总结提炼，这就是为什么一本物理书上有很多过去的经验，而且相当于一千倍那些我们以前就可以知道的经验。

但是这只是问题的一方面。科学家是不会因为自然界对我们有实用价值才去研究它的，而是他们对这方面感兴趣，而兴趣又是从自然的美来的，自然如果没有那么美，那也不值得我们这么去研究，因为这样的话我们的生活也就没了半点意思。当然我这里说的美不是那种让我们感官受到刺激的美，而是质的美及外形美。所以这就不是我们日常理解的那种美，这跟科学没有半点关系。而这种深远的美来自各物体运动的规律，我们动脑筋思考就能想到。这其实就是我们所感知到的一个同一个外表有着好几种不同的颜色的物体，如果没有这种支持，那这种我们一时梦想的美不会那么完美，因为它只会看起来很模糊，而且没有一个固定的位置。相反，智慧的美对于自己是足够了，大于我们所说的人文意义，这也是科学家长期努力在研究的。

所以，在这种美及宇宙的规律下，我们选择出的事实更能适应这种规律，就像艺术家选出的构图要素要符合他的创作特点，这样才能赋予其生命。所以我们就不用担心指导性的前瞻想法使得科学家不再去探索真理了。我们都在梦想着那个理想的规律，但我们的现实世界已经把它甩得很远了！那些伟大的艺术家们创造了这种天堂，但是比起我们真正的天堂那就相形见绌了！

然而正是这些简单的法则，这些宏大的气势，才让我们感到里面真正的美，才让我们更愿意去寻找里面简约的事实，而且有些看起来很完美。这样我们感到更乐意去追随恒星的轨迹，而现在我们又去借助显微镜探索微观世界，这看起来也很壮观，然后我们又去感受地质历史的时间跨度，这也因此吸引着我们。

同时也看到对于美的追求使我们作出的选择与有关实用性是相同的。马克就说过，这种关于用途的思想及努力，就是我们科学发展的方向，同时也是美的源泉和我们实际意义的帮助。我们很羡慕这些，就和建筑师知道如何进行比例设计一样，而这里我们可以看到这似乎毫不费力地承受着压在上面的重量，就和优雅的厄瑞可修神庙的女神像一样。

那么这种巧合从何而来？仅仅因为这些看起来很美的事物就非常符合我们的大脑认知，所以我们的大脑就能最好地辨认出来？或者里面是有进化论或者自然选择在里面起作用！那些有着崇高理想的人们是不是取代其他人的思想，并且取代了他们的位置？他们追求自己的理想，却从不将结果作为其参考，这样虽然会让一些定理走向灭亡，但是又催生了新的理论。而我们总是愿意相信这些。如果古希腊人胜过野蛮人，或者欧洲人有古希腊人的思想顶峰水平，并且统一整个世界，是不是因为野蛮人喜欢鼓的那种深沉的颜色及粗犷的声调，而仅仅这些就让他们的感官发挥了作用，而古希腊人是欣赏感觉之美之下的智慧之美。而这种智慧之美才是让智慧非常强大及有威信的原因。

然而这些想法肯定会让托尔斯泰感到震惊，他肯定不愿意承认这些都是真正有用的。而这种不让人感兴趣的真实性同样能使人们得到进步，而且也是正常的。虽然我知道这里面其实不是那么的完美，也会有错误，因为那些思想家也不会一直这么严谨，甚至还有科学家给我们的并不是一个正面的形象。那么，我们是不是要因此放弃科学，只关注道德？那么道德家是不是脱离书本然后走向实际情况之后，就不食人间烟火了？

第二章　未来数学的发展

预知数学的未来，我们就要先了解它的过去及现状。

这对于我们数学家来说是不是很专业？而我们已经习惯于排除法，即我们从过去或者现在来推测未来，而且其等同效果我们也很清楚，对于这些结果范围我们也不会觉得是在欺骗自己。

而直到现在，我们都在预知魔鬼的到来。它们总是一次又一次用可怕的声音来给我们重复，这些能找到解决方法的问题已经不再是问题了，我们除了获取知识也就没有什么别的意义了。但令人高兴的是，过去的事总是在让我们肯定这些事实。因为里面经常看到所有的问题已得到解决或者至少记录上都是我们可以接受的解决方法。所以对于答案这个词的意义范围就有所扩大，而那些无法解决的问题才成了我们感兴趣的地方，那些不可预见的地方也呈现出自己的模样。但对于希腊人来说，好的解决方法就是一把直尺及一个指南针，然后这问题就成了开方的问题，然后就是代数或者加减法的函数。然而在那些悲观者的眼中，总是发现自己没机会，随时准备退出，所以我就认为这些都不存在了。

因此，既然都已经不存在了，我的直觉就不是与它们斗争。而我们知道数学是会继续发展的，但问题是如何发展，会是一个什么样的方向？也许你会说，任何方向，这可以说有正确的地方，但是说绝对正确那就言过其实了。这样的话，我们的丰富知识就会迷惑我们，那些积累下来的看起来就会像是混为一团的，根本找不出任何有价值的东西，就像那些不为人知的真相对于无知的人。

那么历史学家还有物理学家就必须在这些事实中作出选择。还有统治科学的也只是宇宙的一小部分，永远不会占有整个宇宙，所以我们对于自然界的所有现象，一些我们就不去在乎，我们就花精力和时间研究另一些，它们就留下来了。

这些对于数学来说更是如此。另外，几何学家也不可能研究所有的事实，可以说是他的感觉造就了这些事实，都是以全新的结合方式将这些要素组合到一起给我们看，所以自然在他看来就不是原先的模样。

肯定数学有时会看起来就是为了物理研究中的需求出现的，一般都是物理学家或者工程师要求用数学来计算出一个数字，这其实就是实用的一面。那么我们可不可以说几何也跟这一样，等待命令的到来？那么我们这样看这个问题是不是就很有根据了？肯定不是。我们要是没有对那些具体的科学有一个精确的说明，我们就不需要数学这个工具，有一天物理学家要是真的认为是这样，我们的希望就彻底破灭了。

但物理学家也不仅仅会在物质生活上进行此类研究，他们这样其实也是对的。如果 18 世纪的物理学家们忽略了电学，将此认为是没有实用价值的小孩子们好奇的玩物，我们在 19 世纪就不会发明出电报机，也不会有电化学这门学科的出现及电的科学。所以这些物理学家一边被迫作出选择，一边又不能完全被实用性左右他们的想法。那么他们是怎样在自然的事实中作出选择的呢？之前我们就有过解释：那些他们感兴趣的事实就可以引导我们发现规律，而且这些规律看起来和其他很多规律都有相似之处，看起来也不是相互孤立，而是和其他事实紧紧相联的。其实这些孤立的事实对于我们所有人都有一定的吸引力，但只有那些洞察力很强的物理学家才知道如何发现这些。他们其实就是通过一个联系，使得那些很广阔但不是那么容易见的相似性将这些事实都联系在一起。所以牛顿的苹果故事不一定正确，但有一个象征意义，所以我们就说得像是对的。因此，我们得面对一个事实，那就是很多人在牛顿以前都看过苹果掉落，他们只是不知道如何从中推断出一些有用的结论。如果我们不会选择性研究事物并发现表象中深藏的本质,一大推事物摆在那里其实一点儿用都没有。

另外,数学里面的情况也差不多。在我们能发现到的很多变化的要素中,我们可以得到数百万种不同的要素组合来构成这个整体。但一个孤立的要素就没有任何意义。而我们经常花大量精力来使其与其他要素分离,但这没有什么意义,除了完成中学作业以外。不然的话,那这组合是不是在一系列的相似组合中就可以有自己的一角,而我们也观察到这其中的相似性。所以我们现在就不是在说明一个事实了,而是一个定律。这意味着最终有一天真正发现这些的不是那种致力于耐心构建这些体系的人,而是发现其中关系的人。因为我们首先看到的是粗略的事实,然后其他人才可以看到其中的本质。而且发现了其中有这层关系,这就足以使得他造出一个新词,而这词是很有创造性的。而我们的科学史就是了解这些相似的例子。

维也纳著名哲学家马赫就说过科学其实就是人类思想的一个整体,就像机器制造的商品就包含工人的汗水一样,这是事实。就像没受过教育的人来说就是指望他的手指或者数石块,这就有点儿像在教小孩子乘法时,我们给出一个乘法口诀表。其中一些人通过里面的个体发现 6×7=42,然后就记下这个结果,我们就再不用去教他了。即使他是把这当作好玩,也不是浪费他的时间,因为这一过程只花了他两分钟,那如果 10 亿人在他之后要那样做,就要花 20 亿分钟。

我们评价一个事物有多重要,都是根据其总的效果来评价的,也就是我们思考力发挥的想象空间。

在物理中,很多事实其实都可以归为一个定律,因为我们都是通过这个规律来预见很多事物的运行的,对于数学也是一样。假设我做了很多复杂计算,然后花了巨大努力才得出结果,那么我要是无法通过这来预见其他相似的情况并且引导,还是尽量不要通过手的感知来,虽然一开始我们都要这样，这样的话我们就不能弥补我的困难。另一方面，如果这些触觉的感知给我一个这问题的更深远的相似性，和其他延伸的相似问题一样，我们也就不需要在这方面浪费时间，另外，如果他们马上使我们看到这些事物的相同点及不同点，或者如果使我们有了总结的能力。这就不再是我们得来的新结果，而是一种新的能力。

首先我们根据这就会想到一个例子，那就是代数式在最后从字母换算成数字时给我们解决了很多问题。我们要感谢代数，因为一个简单的代数式使得我们从不停地新的计算中解脱出来。但是这只是一个很粗略的例子，因为我们知道有些相似的地方无法表达，但看起来要珍贵些。

如果这个新结论是为了将长期分开的要素结合在一起，但对于相互来说都是很陌生的事物，在这种情况下，要是在无序中引入秩序和规律，那这个新的结论就有了价值。然后，我们就通过这个结论一眼看到了这些分开要素，然后在一个地方聚集一起。不过这个新结论本身没有什么很宝贵的地方，而是因为它使很多旧理论与之结果到了一起，这就是价值所在。实际上我们的大脑就跟感官那样不可靠。那如果在这个世界的复杂性里，这结论就不会帮助我们发现新的结论，它就像近视眼一样，只看得到细节，但在验证下一个细节时又被迫忘记这一个，因为一个规律不可能适用于所有事实。所以值得我们注意的那些事实就是将规律带入这个复杂性，使得我们能够认知它。

而数学家对于他们方法的优雅及结果也是非常重视。而这并不是停留在表面。这其实给了我们一种优雅的感受，不仅是在问题的解决方法中，还是在展示中！这些都是问题的不同部分构成的有序整体，以及对称性和平衡，这些都是规律的体现。这样我们就可以既理解整体的各个部分，又理解细节部分。但是这些不能得出什么很有用的结果，其实我们对这种组合看得越多，越是一眼就看到，那我们就有更多机会来将它们分类总结。另外，优雅可以让我们感到一种不可预知的感觉，因为我们在这看到了很多我们之前不熟悉的物体。就算在问题的复杂性和简约性纠结时,我们也觉得这很有收获。因为我们回想这个纠结是怎么来的,而且我们还看到可能性并不是原因,而且都是在一些我们之前不知道的规律中才能找到,总之,数学中的优雅是因为解决方法与我们的认识相互适应,而变得很让我们满意,而这种调和也让这个解决方法看起来像是一个工具来解决问题。所以这种艺术上的满足感和我们的思想都是紧紧相连的。然后我们再次拿厄瑞可修神庙来做比较,但是我们不能一直这样用下去。

同理,当一个很繁杂的计算将我们引入一个不可思议的简单的结果时,我们只会在能预见它时,才会感到满足,不说预见的是整个结果,至少也是特征。为什么?为什么我们不能满足于告诉我们想知道一切答案的计算结果?这是因为在相同的情况内,繁琐的计算会让我们感到没有什么用,这也不像是理性论证,而是一半带有直觉,这就可以让我们预知未来。虽然这种论证看起来很短,但足以让我们一眼就能看出所有,所以我们就可以间接理解在相同的情况下我们该如何考虑。而我们还能预知到问题的答案是否会简单,至少我们可以看到计算值不值得进行。

而我们刚才谈论的就足以说明用我们所谓的理性论证的步骤来取代数学家的不受拘束的直觉是多么的无用。因为仅仅靠计算或者让我们所谓的一个机器给他们排序,是无法得出真正的值的。而这也不是那种简简单单的顺序,是我们意想不到的顺序,也是很值得研究的。这所谓的机器最终会在那些粗略的事实中纠结着,而事实的本质是可以避免这种情况发生。

自从20世纪中叶,数学家们也越来越注重得出绝对正确的结果。这想法正确,而我们也会看到这种趋势越来越明显。但是在数学里,绝对的正确不能说明一切,但是也不能没有它,那些没有绝对正确的证明都没有任何意义。所以我认为没人会挑战真理。但我们如果太从字面上理解刚才的，那就使我们推断出在1820年以前是没有数学的。因为在那个时代数学是多余的。而那个时候的几何学家自身就会理解我们的长篇大论。但这并不意味着他们不看我们这些理论一眼，而是一眼扫过，而解释这些理论要花很大的努力。

然而这里需要多次提醒，那些首次在其他人之前强调精确的人们就会给出很多想法让我们去模仿，但是如果对于未来的想法都是基于这些，数学的文献就会写得非常繁琐。而我要是很讨厌繁琐的话，那就不仅仅是因为我很不喜欢文字，而且是因为我的这种害怕会导致我的展示会看出来那些很有用的规律，之前我也说过这些规律也是很重要的。

我们的思考最终就是为了得出一些有用的结论，所以我们仅仅去模仿已有的模式是远远不够的。对于我们的后代，就很有必要放弃这些模式，不再重复我们已有的论证，而是要去将这些总结在几个字就足够。而这些我们都实现过，比如，有一种论证在任何地方都可以找到而且很相似，看起来很准确，但很繁琐。这些总结起来就是"不同事物的归类"，而这又使得那些观点没必要。我们要是明白了，就不用去重复它了。而解决了这些问题的人们给了我们双重好处，首先是我们可以学习到他们想要的，此外还可以让我们尽可能多地避免他们所走的弯路，而且不影响问题的准确性。

另外，通过一个例子，我们还看到语言词汇在数学中的重要性，但是我们也需要注重其他的方面。就如马赫说的，我们很难相信那些精心选择的词汇如何使我们的想法更精辟。我好像在那里又说到数学就是一门艺术，就是如何给多种事物给予相同的名字，而且不重复。而这也要让我们看到不同物质构成的东西形式上是如何相似，或者是相同的运作方式。通过这些精心锤炼的语言，我们就能看到这些特定物体的证据又可以用于其他的新的物体上去，而这些就无法作出改变，因为名字都是一样的了。

而且精心选择的语言会避免一些例外情况，那些情况用老旧的方法让我们感觉到是特殊情况。这也就是为什么我们创造了“负数”“虚数”“无限的点”等。不过我们不要忘了这些例外对我们的研究就是一个障碍,因为我们会看到发现的规律不再那么普适。

而这就是我们认识这些产生大量结果事实的特征之一。而这些创始者就发展了我们的语言。然后,我们就认为那些粗略的事实没什么意义。我们也会不止一次指出这些事实对我们的科研没有多大帮助。只有那些思想家们发现里面的关系之后,用语言表述出来,我们才发现其中价值所在。

再说宽泛点儿,物理情况也一样。里面有“能量”这个词,这个词含义相当广泛,因为它排除了很多的例外情况,然后成了一个定理,因为不同的事物不同的形式都是用一个名词来代表的。

在这些很有影响力的词下,我会认为“分组”“常量”这两个词最有意思,因为我们通过它们看到数学论证的很多重要地方,而且还有那些老数学家在不认识这些的时候,如何考虑的将情况分组讨论,此外他们在这些情况互相远离的时候,可以发现情况其实离得不远,但不知道原因。

如今我们就要说他们已经分出这些组,而且各有特点。我们也知道了在一个组内,物质其实一点都不重要,形式本身就很重要。而且我们在知道一个组的情况后,所有的都可以得知,所以我们就要感些这些词,比如“组”还有“分类”,因为它将这些不明显现象用几个词就说出来了,很快我们都能理解其含义,这种转变非常快,我们在其中的努力都能立竿见影。此物对于分组的这个概念就和转型有关系,为什么我们要将新的转型给予这样一个新的价值?因为从这一个规律里,我们能得出10个、20个,就和零加入整数体系一样。

所以这些就决定了数学的前进方向,而且这也是决定其未来发展的关键。但最终还是自然界的问题在主导,我们因此不能忘记我们当初的目标。在我看来,这目标是双重的,我们的科学其实是介于哲学和物理之间，科学也在发展这两者，所以我们一直都能看到数学在朝两个相反的方向发展。

但另一方面，数学这门科学又要从自身出发，而这非常有用，因为我们在思考这点过程中，其实就是在思考我们是如何创造它的，此外这在我们从无到有的创造事物，是向外来事物中借鉴最少的学科之一。这也是为什么一些数学推测很有用，有些就成了公理，有些就是一些很奇怪的函数。这些推测与我们日常的思想走得越远，最终都会与运用及自然离得越远，那这样我们就会更容易知道我们在脱离自然的束缚以后，是会变得有多么自由，其实话说回来，我们就更容易了解我们自身。

如果这些事向着另一方面，即自然的那一面，那就需要我们转移我们的关注点。于是我们就见识了工程师或者物理学家这样说道："请将微分方程结合成一个整体，而我需要一周的时间来完成这个构建，大约这世界也是够了。"而我们就会回答道："这个方程不是来自那些繁杂的情况里，而且这些情况也不是特别的多。""这样可以，但你们能得到什么好处。"这样对于我们互相了解是足够了。其实一个工程师根本就不需要将这些有限的情况综合到一起，他只需要将这些综合函数关系大致看一眼，或者如果他知道一个特定的数可以从这里推出，他只需要那个数就可以。但一般他是不可能开始就知道这点，但是我们就算不通过这样的计算，同样能得出这个数字，只要我们知道那个工程师想得出什么数，误差是多少。

一般我们之前都是认为在有限函数的帮助下来解一个方程。但是这只能是在一个次数里面是有效的。而我们如果要一直算下去，就要借助以质的眼光来看待这个问题。换句话说，那就是我们需要知道这未知函数的总的曲线模样。

然而，我们还是有待去找数量的解。那么这个未知函数要是通过这个有限计算来决定，那就可以用无限个交汇在一起的式子来完成这个计算。这可不可以看作真正的解？有人告诉我们牛顿给莱布尼茨写了一些词，不停地更换字母顺序，莱布尼茨根本就不明白。但是我们有一种暗号，能将其转换成现代语言，那就是“我能够将所有的微分方程综合起来”，所以我们总是因此就说牛顿既是遇见一个大机遇，又被假象蒙蔽。而他就只会说他能够组成一些方程的根(用的是间接法)。

但我们如今已经不再满足这样的方程了，原因有两点：第一，这种汇合太慢；第二，这些规律都相互联系，但违背了规律。相反，我们就很不在乎这系列，因为它们融合得太快(不过这对于那些实用主义者来讲，可以尽快得出结论)，之后就是因为我们对于这些地方都是一带而过(为了使理论家有艺术的享受)。

不过这样的话，我们就无法知道哪些是已解决的，哪些还没有，解决问题的程度，只是根据那些融合的程度或者规律的完整度来定论。但这就会呈现出一个情况，那就是一个不完美的解决方案会给我们一个更好的答案。不过有时候这个融合会非常慢，计算就会变得很不切实际，而我们只能去证明解决这个问题的可能性。

由于工程师认为这个不会帮助他完成建模，所以他认为这根本就是浪费时间。而且他也不在乎这对下个世纪的工程师有什么作用，但对于我们而言，我们的想法却有所不同，我们宁愿给自己的后代留下一天的工作，也不愿意给我们当代人节省一小时的研究。

这样我们通过触觉就知道我们已经到了公式融合的地步。工程师就会说：“还需要什么？”然而，我们尽管达到了，仍然不满足，我们就应该早点预知到那个融合。为什么？因为，如果早知道了如何去预测这些，我们就也可以在另一时间来预测了。而我们其实已经成功做到了这一点，因为这对于我们的眼睛来说是个小问题，如果我们不期望认真地再去做一次。

随着科学的发展，我们对其认知也越来越困难。所以我们尝试将其分成小块的去理解，然后我们再去研究那一小部分，直到满意为止。这样，我们就总结出一个词——专业化。要是一直这样的话，就会给科学的进步设置障碍。我们说过，不同的事物在其发展时，有我们想不到的联系。如果我们将其划分太细，我们就不会察觉到这一点，甚至默认为两个领域。所以我们期望海德堡与罗马的不同点汇聚在一起，开阔我们的眼界，了解外面的世界，然后再与我们自己的做比较。这就可以避免我们刚才说的不好的现象。

之前，我们花了大量时间说总结归纳，现在就该说细节了。

那么我们先来看看那些构成数学的具体科学，它们有哪些成就，具体的研究方向及我们对此有什么期望，如果之前的观点是对的，我们就应该看到在过去我们将其中两个科学体系融合之后所取得的巨大成就，同时尽管它们的基础不同，我们还是能够看到它们相似的地方。而它们都是相互为基础，可以互相作为参考。而我们就应该看到未来的这种融合趋势。

算 术

算术领域上的进展要比代数和分析领域的慢，我们也很容易知道为什么。因为算术家们很缺乏这种联系的指导，这种方法很宝贵。其实每一个整数都与其他的隔离开来，都是一个独立的个体，每一个都是一个例外，这也是为什么在数的理论中，总结性的理论会更少，也是为什么那些就算存在不会太明显，也会让研究者觉得根本不是那样。

如果算术是落后于代数和分析的，我们能做的就是将此基于这些科学上，然后在这些科学进步的时候从中获益。所以算术家们就用代数来作为其指导的相似依据。而这些相似地方是很多的，如果在很多情况下，我们要是不去研究得更仔细一点，然后发掘到其运用价值，它们至少也是在很长的时间里可以预知的，甚至这两门科学的语言也可以认识到。所以说到超越数字，我们认为未来的数学类别中就有一个模式来分出这个超越函数,然而我们还是没有看到如何从一个分类体系发展到另一个,不然这些工作现在就已经完成了,也不会等到未来。

我想到的第一个例子就是一致性理论,这和代数的方程理论是差不多的。所以我们就可以发展这个相同的体系,比如这些就要在代数曲线和双边量的一致性中间。如果我们解决了多组变量的一致性的问题,这对于很多问题的间接解法就是一大步的前进。

代　数

代数方程的理论也一直是几何学家关注的一个重点,其方面也是非常的多而又有所不同。但是我不会认为代数已经没有用了,因为我们的组合都是基于代数的规律的。而我们也有待寻找那些有趣的规律,可以满足这样那样的条件。这就可以称为那些间接的分析,里面未知情况也不再是整数了,那是多项式。而这次就是代数将自己基于算术领域,有着整数对于综合多项式的相似性,其中就带有间接的变量,或者是多项式对于综合的间接变量的相似性。

几　何

几何看起来不可能与代数还有分析扯开关系,几何里面的事实其实就是代数及分析事实的另一种表达。不过有人会想,我们看完之后,就会想到对于几何就没有更多有意义的了。但是这些都忽略了那些很精辟的语言的重要地方,也没有认识到我们之前用的方法来表达这些及分类这些事物,通过这些我们补充说明的意义。如果你愿意这么想,这些就是分析性的问题,但是我们不会将自己与此联系起来。但是分析也会因此得到好处,就像物理问题的解决,分析就有其发展意义。

其实几何的一大好处就是帮助我们思考问题,让我们打开思路,很多人都在几何里面找到分析领域的答案。但是我们的这些感官不能将我们带到很远的地方，在三维空间以外的范畴就失去了其效能。那这是不是意味着我们的感官在一定程度上将我们关在这个狭小的三维空间里面，所以我们就要依赖纯分析法，而高于三维的几何是没有任何用处的！但是我们以前的那些精英学者就会说是。但今天我们都熟悉了那些情况，也可以随意说出来，甚至是在宇宙层面，也不再感到很惊讶。

但这样我们可以得到什么好处？这也不难发现，首先我们可以通过这些衍生出很多术语名词，这些就可以非常简明地表述那些要用很长的日常语言来表达的现象，而且可以更加容易地用同样的名字来表达事物，强调其相同地方时，我们也不会遗忘了。所以我们就可以在这个广袤无垠的空间中找到自己的一条路，但是我们无法看到，虽然我们认为是可视空间。其实这只是个不完整的表象而已，尽管还是一个图像。所以在这里，就如前面几章所说的一样，那些简单的相似性使得我们理解了复杂的现象。

超过三维的几何就不再是简单的分析几何了，也不是纯数量几何，而是质的几何，所以在这方面上，我们非常着迷。这就是叫分析基础的科学，主要就是研究一些物体里面不同要素的位置，还包括里面的大小。这种几何是完全的质的几何。就算这些理论是让一个小孩大致模仿一下，也行得通，没必要那么精确。而且我们还会追寻高于三维的分析基础。这种基础分析是非常重要的。再怎么强调也不为过。而且黎曼，作为其创始人都知道里面的优势，也证明是如此的，而我们必须要在更高维的空间里面去完善其构架，所以我们就需要一种仪器能让我们在高维数空间里面延伸我们的认知。

不过我们仅仅参考分析语言本身是看不出分析基础有什么问题的，或者是出错了，它们这些现象是要发生的，因为在分析里面，这种解决对其很多问题都是有提示性的东西，但是只会一个个到来，我们也不可能察觉到它们之间的联系。

康托主义

我之前就说过我们需要回到科学的第一原则以及这些对我们大脑的研究的用处。而这种需求在数学的发展史上有着很明显的两个努力方向。首先是康托主义,它使科学变得如此的有吸引力。因为科学给数学提供了一种新的方法来思考数学中的无限。康托主义的一个特点是我们可以通过体系构建,变得越来越复杂,然后再用这个体系面向一般规律。它一般都是从最小上界开始,就和康托说的一样,只能定义来自最近的总加数差。然后学术界又有疑问了,比如海默特就有怀疑,他是主张数学与自然科学作比较。而在这些情况下,我们的偏见都淡化了,但是我们还是会遇到一些有矛盾的地方,一些很明显的矛盾就会使芝诺和埃利特学派以及马加拉学派的人有话说了。然后每个都有自己的不足之处。我认为重要的不是将一个事物用简简单单的几个词就来完全说明,而且也不止我一个人这样认为。这就好比治病,不管采用哪种方法,都能使医生享受其乐趣,来根据治病的这个美的流程来走。

对于传统认知的看法

另外,我们还努力尝试过给公理及我们的传统认知命名,多多少少都有些隐晦,但是这些都是很多不同数学理论的基础。在这方面,哈尔波特教授就获取了最大的成功。首先,这看起来会非常受限制,把能列出的都列出之后,我们就没有什么可以做了,因为我们实在编不出再多的东西了。但是我们编出所有情况之后,就需要有很多方法来给它们分类。这些事对于图书馆的管理员就有很多机会接触了,而每一种新的分类方法对于哲学家们都有着启示意义。

对此,我无法给出一个确定的结果,但这些事例足以证明力学运动及数学科学过去有多少成就及将来还会朝哪个方向发展。

第三章　数学中的创造

数学中的创造能力本身就是一个很让生理学家着迷的问题，这种活动使我们人脑对外界的认知运用得最少，而且只在我们大脑中进行，所以在学习几何的步骤时，我们就期望在我们人脑认知的范围内达到几何最重要的部分。

这在我们长期以来都很看好，之前有过一篇文献叫《中等数学》，是由费尔和劳莱斯编写的，对很多数学家的不同心理活动及研究方法进行过调查。询问调查的结果出来时，我就基本上完成了这篇文章的排版。所以我也发现这些很难运用，也就只能说只要我的肉眼观察到的，就是证明这结论的依据。我不是说所有的，因为我们在归纳所有现象时，最好还是别抱太大希望。

而且第一个例子就会让我们不可思议，或者准确地来讲我们如果不是很熟悉的话就会感到困惑。那么有些人又是为什么不懂数学呢？如果数学只涉及逻辑规律，比如我们常规思维都有的，或者里面的推理提示都是基于我们熟悉的定理，而且这些在正常情况下都无法否认，那为什么这些人对此会如此反常？

其实不是我们每个人都能编造这些，这看起来就很神秘。我们也会忽略不是每个人都能将发生过的现象重现出来这个情况。但是我们在想不是每个人都能明白数学的逻辑论证时，就觉得难以想明白。而感到这种困难的是大多数，这我们要承认，而不是中学老师的教条。

那么我们再往深处想：错误在数学中怎么可能存在？一个正常的思维不应该因为一个逻辑错误感到内疚，但也有很天才的大脑不去进行简单的论证。比如我们日常生活中的，那些可以展示并且重复那些数学中的错误情况，是看起来多些，但是毕竟是和那些简单论证过的几乎差不多，这其实也不难。那么我们是不是可以补充说数学本身就是不可被推翻的？

答案也不难找到。我们先想想一长串的推理论证，第一组的结果就为以后的做铺垫：而我们就需要关注每一个论证的步骤，这也不是我们从第一个铺垫过渡到结论，而这过程中我们又很容易被欺骗。而这是在我们首先发现这些结论的引入点的时候和我们又发现其是另一个论证过程的基础之间。而随着时间的推移，一些联系会浮出水面。所以我们可能就已经忘掉这些了。或者更糟的，就是我们连本身的含义也忘了，然后用一个有点不同的联系将我们带入结论，但最后说出来的理论是一样的，不过我们认为的意义那就不同了，所以我们就看到了错误所在。

一般数学家都会使用一个规律，他一般都是一开始就展示这条规律。然后在他记忆犹新的时候，就很好地理解到这个规律的含义和所包含的东西，这样他就不会作出其他改动了。但之后，他就会相信自己的记忆，然后就只将其以力学运动的方式来运用。如果他的记忆出错，他也就会用错这个方法。我们举个简单的例子，有时我们的计算会跳过一些步骤，因为我们忘记了乘法口诀。

照这么来说，研究数学的能力就在于一些非常确定的记忆或者我们非常强大的注意力。这就像惠特斯牌的牌手一样，要记住很多打出去的牌，更进一步说，就像他们能够看到很多的牌组合的种类，然后记住它们。所以好的数学家也擅长玩牌，反过来也是。不然他就仅仅会计算。不过也有这样一些情况，那就是一个人同时是几何天才，又是计算能手。

但这些都是例外，不过也在规律的范围内。与我们的认知相反，高斯就是一个例外。我必须要承认我本人都无法做加法不出错。同理，我下棋的水平也很差，那么在这种游戏上，我肯定会有不利之处，对于其他的游戏，我也会提出拒绝，最后，我应该做出最先检验的那一步，同时忘掉那些预知的风险。

总之，我的记忆也不是那么差，但是成为一个优秀的棋手还是不够的，为什么在数学论证中我还可以，却难倒了一大批很优秀的棋手？很显然，里面有一个总的规律来支配。数学上的推理展示不仅仅是一个简单的罗列证明的简化，而是一定规律的罗列，而且摆出来的要素顺序比起要素本身更重要。而我对此如果存在一个直觉，用一眼看出这个论证过程的整体，我就不用再担心会忘记其中的一个要素，因为每一个都会有其作用，而我不需要花大力气来记忆。

在这种重复的论证中，看起来似乎是我自己在编的。但一般这都只是假象。不过我还是觉得自己很擅长这样做，我在重复这些时其实也在创造。

我们知道这种数学规律的直觉让我们察觉到隐藏的规律及关系，而这些不是每个人都拥有的。有些人要么是觉得没有这种细微的感觉，而他也不好解释，要么是没有这种超越常规的能力来注意或者记忆，所以他们就没有办法了解这种更高等的数学。一般大多数人都没有。不过其他一些人可能感觉不是那么明显，那是因为他们有着天赋般的记忆力和注意力。因此，他们也会认真地看待这一个个细节部分。他们能明白数学，并且发掘它的应用价值，但是不能自己创造。然而还多多少少会有一些更敏感的直觉，这样的话，他们即使没有很超常的记忆力，也能学习数学，此外他们还有创造性，根据他们的直觉可以创造出一些成就。

那么这种数学中的创造是什么？在已知的数学概念中再来个重新组合，其实人人都能做到。这种组合是无限多的，大多我们已经不感兴趣了。准确地说，创造不在于新的组合，而在于有用的少数事物。所以这也包括发明。

那么我们又如何作出选择？这种选择我之前也提到过。那些值得研究的数学事实，通过它与别的例子的相似性，就可以使我们了解到数学规律，就像实验规律让我们得出物理规律一样，而这些又让我们在里面看到一些没想到的关系，是关于其他事物的，而这些事物我们已经知道很久了，但是我们以前都错误地认为没有任何联系。

在所有的组合里面，最有用的就是一些基于相互没有任何关系的基础要素组成的。不过我不认为将一些尽可能没关系的物体放在一块儿就足够了。因为大多数结合都是没有什么意义的。但在其中还是有比较有价值的部分。

我们创造的过程中其实也就是在选择。但是语言可能会没有那么精确。这就好比一个人要去买东西，他前面就有一大堆样品供他选择，而他需要静心挑选，并作出选择。但是由于样品太多可能一生的时间都无法作出正确的选择。不过事实也不是如此。创造者不会关注这些无用的组合。在他熟悉的领域里，他从来不会去想那些没用的组合，除了他拒绝的，不过这里面也有一些有用组合的特征。不过如果创造者就像提问者一样发问，然后回答者能答出这些问题，就算通过的话，一切就可以继续了。

不过我现在要说，如果我们经过深思，能从几何中找到或者观察什么呢？

这时我们就要深入研究，来看看数学家的思想核心是什么。我尽力回忆。不过我还是先说一说富克斯函数，看看一些很有技术的表达，但他本人并不感到吃惊，因为他也没必要去明白这些。比如我找到一种情况是在这条件下发生的，这理论有一个很原始的名称，很多人都不熟悉，但这不重要。那些生理学家感兴趣的不是理论，而是事情发生的情况。

我曾经连续15天证明没有任何一个函数和富克斯函数相似，那时我就发现自己很无知，每天坐在桌子旁一两个小时，我也尝试过很多情况组合，但都没有结果，有一天晚上，我喝了一点儿黑咖啡，然后无法入眠，跟往常不一样。我突然感到灵感迸发，一切都在碰撞中产生新事物，直到发现规律将它们组合分类。第二天早晨，我就找到了富克斯函数的一系列的存在，这些都是从超几何系列中来的，不过我写出结果，也只花几个小时。

之后，我就想写出这些函数的两个系列的商，我的这个想法是有意义，也是有意识的，因为有椭圆方程的相似性在指导我。我也在问自己这些系列有什么特征，而我已经可以很成功地组成一个富克斯函数。

我离开卡昂，也就是我那时居住的地方，我在学校的帮助下进行地理旅行，旅途中不断变化的风景让我忘却了我的数学学术研究。到了库塘寺以后，我们转了车，又去了别处。就在我抬起脚准备走路时，突然有一个想法浮现出来，之前我也没有任何有关的想法。那想法其实和我用来定义富克斯函数的转型和非欧几里得几何的是一模一样的，不过我没有进行验证，因为没有时间。而我在巴士上，就继续着之前的谈话，不过我对此有着十分的肯定。在回到卡昂时，我有意识地利用休息时间把这个验证了一下。

之后我又把目光转向一些算术问题的研究上去了，但没有取得任何成果，而且没有怀疑它与之前研究的关系。我因此就对自己的研究非常沮丧，于是去海边待了几天，想想其他的事。然而，一天早上，我走在山坡上，突然又有了一个想法，即很难察觉的有着三次方的算术转型和非欧几里得几何是一模一样的。

再回到卡昂之后，我又想了想这结果，然后又去推理这结论。这个例子让我看到这些富克斯函数而不是其他的超几何系列的。所以我自然就让自己观察这些函数，并且用我所有的研究来反驳。不过有一个还是值得参考的，如果它不能成立，那就会牵扯到整个理论体系。但我所有的努力却带来更多困难，其实也有一些进展，且这些我是知道的。

我服完兵役之后，离开了蒙特马莱利。此时，我的感觉就有所不同。

有一天我走在大街上，我思考已久的问题的答案终于出现了，我马上就停下脚步。而我没有马上就深入思考，而是等到我服役结束之后，再来研究这个问题，但我已经知道了它所有的要素，等待重新组合再来研究。所以，我就一口气写下关于这些的最后自传，没有一点儿问题。

不过我还是将自己限制在这个简单的例子中，这些东西叠加起来是一点儿用都没有的。而我提到相似例子的时候，就会想到我的其他研究，这些都在《中等数学》杂志上证明过。

首先，我们看到的最震撼的就是一个很突然的灵感闪现，让我预感到自己长时间无意识地在做一项先前工作，这种无意识的数学创造在我看来非常好，而且在其他不是这么明显的情况下也能找到。一般当我们在致力解决一个很难的问题时，开始我们不会有什么结果。然后我们再做一个测验，不管是时间很长还是很短的，再重新开始工作。在最开始的半小时中，我们会跟之前一样没有任何结果，之后我们就会猛然发现一个很有启示性的想法浮现出来。也许这时候有意识的工作会让我们感到更有用处，因为这是被打断的，而剩下的则使我们大脑焕然一新变得有动力。但是接下来也会有我们无意识做成的事，而最后这些工作的结果就像几何学家那样，我之前有提到过。但揭示一种规律不可能在旅行或者散步时就能做到，而是我们有意识地做这个工作，但是与这个工作本身又没什么关系，好像就是在唤醒我们休息时的灵感，但是这也是假设我们是在有意识地这样，虽然看起来不是。

对于这种无意识的工作，还有一种想法在我们之间，而且这种想法也不是不可能的，而且我可以肯定很有价值，只要它之前有基础，之后可以有很多后续工作中进行。但这种灵感一般都是在很多天我们自愿努力没有任何结果之后才出现(之前的例子我已经说明过)，而且这些方法看起来似乎一点儿边都沾不上。不过这些努力也不是像我们想象的那样没有任何用处，因为它们就好像启动了一台无意识工作的机器，如果没有这机器，我们的研究就无从进展，也不会得出有用的结论。

在我们获得灵感之后，第二个有意识的阶段就更容易明白。而我们也需要将灵感的结果放入其中参考，以推出后果是什么，进行排序然后表述出来。但是这都需要建立在验证的基础上。我也已经说过这种绝对的尺度对于这种灵感是怎么样的。在这种情况下，我们的感觉不会欺骗自己。但是我不认为这些不会有例外情况，而且我们就算被自己的感觉欺骗，这种感觉看起来和真实的同样相仿，而我们一般都是在展示它时才发现原来是假的。尤其是我，还把这个情况和自己的想法对比了一下，无论是在早上、晚上或在床上半醒着的时候。

而这些就是事实，一般数学的灵感都来自无意识地迸发，而这种不自觉的思考在数学的创造里面有很大的作用，这就照应了我们之前所说的。但是这种下意识的思想我们一般都认为是完全不自觉的。不过现在我们看到数学研究不是机械化的，不能以机器的那种发生来做，不管机器有多好。这也不止运用规律，或者根据一些定律来进行一些结合。这种组合方式多得吓人，但看起来不会有实用性，会觉得很麻烦。而创新者的真正工作是要在这些组合中作出选择然后废弃那些没用的，或者准确地说，就算避免那些麻烦，而这其中的规则又是非常完美和微妙的。我们很难准确地将其说清楚，我们只能感受，但无法将其列为公式。那么在这种情况下，我们如何进行过滤划分？

现在我们就来看第一个假想，无意识的想法并不一定比有意识的要低一等，也不是完全自主进行，这是一种我们对于事物的认知，这也是有技巧的，有很多微妙的关系在里面。这种潜意识可以帮我们划分一些现象，也懂得如何猜测。那我们就认为这种猜测比意识更重要。这样你就可以认识到这问题的所有重要的地方。总之，不是潜意识本身就比我们的意识更有用。布特鲁在最近的演讲中就说过这些在不同的情况下是什么样的，之后又会有什么结果。

这个结果不是我说的那些事实强加给我的想法。我承认,应该不去接受这些。所以我们就需要重新看看这些事实,然后看它们是否与另一个解释相符。

但是肯定的是,在长时间工作没有任何结果之后,这些组合会给我们一些很有启示性的东西,一般用处都很大,而这看来就成了我们的第一印象。这是不是我们的潜意识本身,我们通过这些也猜测到这些组合要么就只有这些,要么就有很多其他的,而我们没兴趣去看,或者没察觉!

如果我们换个角度来看问题,所有的组合其实都是因为潜意识自主地将它们组合在一起,但是只有最让我们感兴趣的那一个才让我们意识到。这显然很神秘。为什么呢？上千个我们没有意识到的活动中,有些能达到要求,有些就达不到！这是不是仅仅是个巧合而已？很显然不是。在我们所有的感官中,我们只可能注意到最强烈的那种,除非是我们注意到其他的地方了。一般这些比我们意识更加强大的潜意识,都会受影响而变成有意识的,而这些直接或者间接地影响我们感知器官的敏感度。

我们也会很不可思议地看到这种敏感度也会察觉到数学证明的公理,这看起来只会让知识分子着迷。但是我们忽视了数学中的美、数字间的规律和形式美以及几何的优雅。这些艺术价值数学家其实都知道,这就是我们的感觉认知。

这些美可以在我们的认知中形成一种审美,在数学中有什么特点？里面的各个要素都是有规律构成的,所以我们在认知时就会发现它们的完整,同时我们也在认知它们的细节。这种规律就满足了我们对美的需求,也锻炼了我们的思维,当然也有指导作用,另外这种规律有持续性。但是,在我们观察到里面的全部规律时,还能让我们预知到一个数学规律。我之前说过数学中的事实可以锻炼我们的注意力,但最重要的就是可以使我们得知一种数学规律。我们由此得出一个结论:最有用的结合也就是最有美感的组合,不过只有那些有这方面素养的人才可以欣赏到这种数学家能感受到的美,那些无知的人群也只能对此一笑而过。

之后,这又是什么情况?其实在我们无意识形成的很多组合里面,几乎所有的都没有什么意义和实用性,它们也不存在任何美感。而我们都无法意识到,只有一些是有规律的,也是有用的,同时具有美感。而且这些可以涉及对几何的特殊感受,我之前也说过。我们一旦产生这种感受,就会注意到这方面来。

不过这只是个猜想,但我们还是可以通过观察来证实:当数学家恍然大悟时,他就会感到自己没有被欺骗,但是有时这也不能当作在验证事实。而我们一直都在注意那个假现象,如果是真的,就会使我们感受到数学中的美感。

所以这就是一个特殊的美的认知,对于现象就像一个过滤器一样,而且这也充分说明了,没有这,一个人就不可能当一个创造者。

但是,这不能说明其他的问题。因为我们显意识的认知范围是很受限的。然而对于潜意识的认知能力我们却不知道极限,这也是为什么我们一直认为在潜意识中认识到的情况比我们显意识的一生认识的都要多,这数字都会直奔我们的想象极限!尽管这样,但我认为还是很有必要这样,反而如果只有一小部分组合情况,或者这种组合是没有任何规律可循的,那其中好的组合就会更少,而我们要找的,就在其中。

也许现阶段我们就是要致力解释有意识的研究之前的准备活动,这也就是我们潜意识开始之前的准备。我现在就来做个粗略的比较。假设我们以后组合而成的元素就像附着物体的原子一样。而这些在我们的意识中,就是一些无规则运动的原子,也就是说都是贴在墙上的原子,所以这种完整的规律性组合会无限延伸,原子之间没有任何交集,所以也不会有什么组合。

不过,在这些原子无意识地状态及静止状态时,有一些离开了墙壁然后开始运动。它们在空间的每一个角落活动(我说的房间),当然是密闭的空间里,它们也就像一大群飞着的小虫子,或者更能显示你受过教育的比较,就像气体运动理论里面的气体分子。而它们相互碰撞之后,又会产生新的组合。

那么先前的有意识的展开工作的意义何在?很明显,我们要将原子移动,从墙上拿开,然后让它们在密闭空间里运动。但是我并不认为我们的工作就做得非常好了,因为我们有上千种方法使这些原子移动,然后看它们是如何组合起来的,但没有一种组合让我们满意。在经历这些之后,这些原子并没有回到最初的状态,而是继续在空间里自由运动。

不过我们对于它们的个体选择并不是基于我们随意的一只,我们是有一个很理想化的目标,而不管怎么样这些运动着的原子也不再是原子,不过我们还是期望在这里面找到结论。这些原子在运动,同时也在和其他不动的原子发生碰撞,并改变它们原先的轨迹。不过我的这个比较很粗略,但是我还是大致知道如何让大家明白这个道理。

不管情况如何,组合要有机会能成功在一起,至少在这其中有一个原子是由我们自己的意志选出的。现在很明显,这就是我们所谓的好的组合。这可能就是我们在原先的猜想里发现其矛盾的地方。

另外,我们也观察到,潜意识不会将我们很长的所有计算结果展现出来,里面我们只套用了一些固定的规律。我们可能会认为这是潜意识在这种工作的独特倾向的机械方法。在我们思考这些组合起来的多种情况时,我们就希望能够得出恍然大悟的那种想法,或者在潜意识下进行一种代数的式子计算,比如验证类的计算。但我们观察到没有这些迹象。而我们总是在期望这些灵感出现,就是潜意识的力量,就可以让我们从这些繁杂的计算中解脱。但是对于计算本身,这就要在第二阶段有意识的工作中进行,紧随灵感之后,就是在检验我们的灵感,然后推出其结果。这些计算的过程要求非常苛刻，而且又很复杂，而潜意识相反，完全是自由进行其过程，如果我们要给这种天马行空一个名字，那就是思想解放！我们在这些无规律的遨游中，发现了很多没想到的组合方式！

最后我再说一下，尽管上面的观点是我在研究，但我几乎一晚上都很兴奋。其实这种例子也很常见，就和我刚才说到的一样。但在这种情况下，我们是成功地将潜意识的情况，让我们的过度兴奋的意识也能认知到，而其本质还是没有什么变化。然后，我们大致地理解两种力学的不同，你如果希望知道这两种不同方法的话。而我做的那些心理测试就是让我来看看之前那些观点大体上是什么样的。

它们肯定也需要这些，因为它们就是这样的，尽管所有都是猜想，这些问题也很有趣，我当然也就毫不犹豫地交给读者看看。

第四章　事件的偶然

I

“我们是如何定义概率的规律?”这概率是不是违背理论的原则了?伯兰特在他的概率论开头说过,概率是相对确定的一个概念。所以是因为无法得知,我们才无法计算。而这个很显然就是一个矛盾。

首先,什么是概率?我们的古代哲人将所有的事件分为两类,一类是完全遵照规律在运行的,一开始就不会有什么改变了;另一类是有概率的,它们难以预测,因为不符合我们现有的一切规律。在我们现在所有的规律中,规律只是在确定性与非确定性之间划出一条界线,其实精确的规律不能反映所有的事物。在概率的定义中,它的意义很准确也很客观:对于一个事物的概率跟其他事物时一样的,就是上帝也这样。

但今天我们不采用这个理论。我们都成为完全的决定论者了。而那些信仰自由思考的人们至少也让决定论来解释所有无法认知的世界。其实每个现象,不管多短,都有一个原因。而无限发达的大脑,无限精通各种自然规律,在几个世纪前是不可能预知到现在是什么样的。即使有这样的大脑,我们也不能拿它去玩概率游戏,因为这也不会有什么胜算。

实际上,概率这词其实没有任何意义,或者世上根本就没有概率。其实我们的无知和认知的限制才让我们发明了“概率”这个词。此外,在我们人类有限的认知内,普通人觉得没有规律的事物在科学家那儿就是有规律的。其实规律是我们无知的表现。根据定义,偶然性的事件其实就有我们不知道的规律在支配其运行。

然而,我们这样解释是不是完全没问题?其实在这方面,首先是占星的牧羊人用眼睛追寻星星的运动，而他们并不知道天文规律。那么他们会不会在梦中说星星就是随意运动的！那么对于一个现代的物理学家来说，他研究一个新现象时，星期二得出规律，星期一是不是会说这一现象是偶然的？此外，我们是不是要说伯兰特所认为的概念论来预知一个现象？比如，在气体运动理论中，我们得出了马里奥特的理论、卢萨克的理论，这些我们都是根据一个假设得出的，气体分子的运动速度是不规则的变化，其实就是没有规律可循的。但是这速度是由任何一个基本法则来主导，或者由一些什么法则，我们所有的观察到的现象就不会是看上去那么简单，这已经是物理学家达成的共识。这样说来是因为我们的无知，才得出这样的结论。那么，如果我们的无知和概率是一个意思，那意味着什么？我们是不是必须这样？

“你要我来预测将要发生的现象。如果不行的话，我只有通过一些精确的计算，而且不再直接回答你，我才能预知这些现象的规律。但我要是有幸不去知道的话，我就马上跟你说不知道。而让我不可思议的是，两种答案都是对的。”

所以对于概率，除了名称以外，就是我们无知的反映。在那些我们不知道其原因的现象中，我们要分清概率事件以及那些非概率事件的区别，在非概率事件中，我们是通过计算其发生概率来认知它，而且会不断修改，因为我们不知道其中的规律。而对于概率事件而言，我们通过其发生概率的计算，认为它是正确的，直到我们真正认识它为止。

保险公司虽然不知道买保险的客户什么时候去世，但是可以通过计算概率以及大数据来了解情况，因此保险公司是不会上当的，因为它的股权是分给很多股东并盈利。只要没有医生在政策颁布后，必须公布这个受保人的生命时间，公司就照样能够运行下去。那么医生其实就是我们认知的一个进步，但是他对于股东是没有影响的，这显然不是无知的表现。

Ⅱ

为了找到一个关于概率的更好的定义，我们必须要观察一些事，都是我们归结为概率的事件，这里面要运用到概率的计算，之后就要认识到它们有什么共同特点。

我们首先要选择的例子就是不稳定的平衡。我们知道在一个锥体里，如果锥体在顶点的上面，那么这个锥体肯定会倾倒，但是我们无法知道它是倒向哪个方向，而这就要借助概率论。如果锥体是完全对称的，其轴心也垂直于地面，只有重力在影响它，那么它就不会倾倒。但如果在这变形中有变形，就会使得它往其他的一个方向倾斜，不管程度如何。不过不论对称多么完美，一个小小的颤抖，一次轻轻的吹动，就会让其发生倾斜，但我们通过这些就足以确定它的倾倒或者倾倒的预感，就像那种倾斜的感觉。

我们其实不知道的一个很不明显的起因，对于这些有着举足轻重的影响，而我们根本看不到，我们于是就说这是概率的原因，如果不是很准确地了解自然规律和宇宙最初的状态，我们就能精确地预知相同宇宙下一秒的状态。即使揭开了所有自然规律，我们也无法完全准确地了解这点最初的情况。如果这样的话，我们可以预测到相同精确度的未知现象，我们能够预知，而这就是我们想要的，就认为这是规律在主导。但是其他情况，比如在最初情况里一个很细微的变化，在最后的情况就会产生完全不同的效果，而最初的一点小错误，以后会发展成为一个大错误。这样的话，我们的预测根本就不可能，现象就是有概率的。

另外，我们在气象学中还可以举出第二个例子，跟第一个很相似。这就是为什么气象学家做一个很精确的天气预报非常难！为什么暴风雨都是突然到来，很多人都习惯于为此祷告，但同时我们又认为日食祷告很不可思议？我们一般都会在不稳定的大体平衡的状态里面看到很多干扰。而气象学家知道这平衡其实是不稳定的，也知道臭氧层空洞在一些地区增加，但是具体是哪儿，他们也不知道，对于臭氧层空洞，他们只能说大约10%在这里，然后危害会扩散到哪些国家。而这些就可以让我们知道预测的准确性是不是10%，但通过观察我们无法精确地预测，所以我们归结为概率。

在这里，我们可以发现一个很明显的区别，是关于我们观察者忽略掉的小的干扰以及非常明显的效果，有时就是很恐怖的灾难。

之后，我们再来看另一个例子，那就是小行星在黄带的分布情况。它们最初在任何一个经度，但是它们的运动状态都不一样，它们运行了很长时间，我们就会说它们被随意分布在黄道上。它们距离太阳位置不同，或者对于它们的运动状态相同，会导致它们处在现今不同的经度上。现在一天千分之一的差别就会引起一万年后3年的差异，而这又是在300万年、400万年的周期里面，那么这对于小行星离开拉普拉斯星云的时候到现在有什么意义？然后，我们再次看到小的变化造成很明显的区别或者更准确的，起因的一点小差异导致很大的差别。

这跟红与黑的轮盘赌差不多。我们假设一个转盘有100个区域，里面红黑交替出现，而且面积都是平分，转盘中间有个轴心，指针就在轴心上。如果指针转动之后，停在了红色区域就是我赢，停在了黑色区域就是你赢。然而这很明显是看指针最初的那一刻指向哪里。如果这个指针会转10次或20次，但早晚会停，就看我推它的力多大。不过最后取决于指针停在红色区域或黑色区域的力道差别就是千分之一或者两千分之一。但是我们的肌肉也可能无法感知到一些细微的差别，甚至最精密仪器都分辨不出。所以我很难预测这指针最后会指向哪里，这就是为什么我会忐忑不安，期望好运气的到来。我们无法预测起因的差别，而最后的效果是至关重要的，因为是我研究的所有重心。

Ⅲ

之后，再看一下跟我们之前没有什么直接关系的话题。有一位哲学家说过，未来取决于过去，而非过去取决于未来，换句话说，我们通过现在的认知预知未来，而不是过去，因为一个起因只会导致一个后果，虽然几个起因会导致相同的后果。但没有任何一个科学家会接受。那么自然法则就会说过去的事物都是有起因的，是因果关系。但之后我们发现其中还是有争议的。因为我们从卡诺的法则中发现物理现象不可能倒退，世界都是一个大同趋势在前进，当两个物体在一起时，如果温度不同，高温物体就会把热量传递给低温物体，我们可以预知物体之间温度会达到平衡。一旦温度平衡了，如果要以此了解之前的状态，谁又知道？我们除了说一个是高温另一个是低温，就不能说出具体哪一个是这样。

但实际上没有哪一次物体之间温度会真正平衡，差别只会无限地接近于零。

但是，假如我们将温度计的感应灵敏度提高至现有的1000倍甚至100000倍，在此条件下我们就能辨别出细微的温度差的存在，某一物体依旧比另外的一个物体要稍稍热一些，我们就可以确定，这一物体是比原先的物体温度高得多的物体。

因此，和我们在前文的事例中出现的情况不同，这里更多体现的是原因的千差万别和结果的大同小异。弗拉马里翁曾经设想过存在一个能以远远超过光速的速度离开地球的观测者，在他的设想中，时间是可以改变很多已有的印记的。历史也是可以改变的，滑铁卢会出现在奥斯德立兹的前面。在这位观测者看来，原因和结果是相互颠倒的；不稳定性不再只是意料之外的存在。由于普适是可以逆转的，世间的一切在他眼中似乎都是来源于不稳定性中的某一类混沌。而整个自然界在他眼中也只是来源于一种偶然性。

Ⅳ

目前，就这些事例来说，在某种程度上我们可以从中发现各种不同的特点和性质。首先就以气体运动的理论为例。那我们又应该如何来形容装满气体的各种容器呢？无数高速运动的分子都是通过这种容器来向各处扩散的。无论何时何地，这些分子都在相互撞击或在撞击着容器，这些碰撞都是在各种迥然不同的前提条件下发生的。而我们铭记于心的并不是原因的细致入微，而是它们的复杂程度，原先的要素也还能在这里找到，并且会起到无与伦比的重要作用。如果分子从它的运行轨道稍稍向左或向右偏离一个小小的数量——这个数量是可以和气体分子作用范围的半径比较的。显然它就能避开原先会遭遇的碰撞或者在其他不同条件下的持续碰撞，与此同时，在碰撞后，分子的运行速度也会发生改变，这个改变可能是90°或者是180°。

然而这些并不是全部，我们在刚才也看到，为了能使分子在发生碰撞后偏离一个有限且可控的数量，必须让它在碰撞发生前只倾斜一个无穷小的量。如此一来，一旦分子在经历了两个连续的碰撞后，它在第一次碰撞之前就可以倾斜一个二阶无穷小量，这是因为它在第一次冲击发生后偏离了一阶无穷小量，所以发生第二次碰撞后，它可以倾斜偏离一个有限且可控的数量。

Ⅴ

我们现在来看第三种观点，没有之前两种那么重要，我就没必要那么强调了。我们在预知一些现象时，会尽力寻找一些之前发生的事情。不过宇宙这么大，我们也不可能这样做，但是我们如果可以从事件中发现哪些东西从这里经过，或者它们之间有什么关系，也会感到很满足了。检验肯定不会那么完美，问题在于我们如何去选择。我们还会遇到一种情况,那就是开始的条件和预知的事物完全不一样,我们无法想象它们之间到底是什么联系,这跟我们之前预想的会不一样,但影响很大。

这就好比一个人走在街上,然后来到他自己的商铺里,如果有人知道他在这里开了家商铺的话,就知道为什么他要走这条路,为什么选择这个时段。在这条街上,时间在慢慢流逝。一名砖瓦匠正在屋顶上工作,而承包商之所以雇佣他,是因为在一定程度上预见了他所能做的事情和创造的价值。但是在路人看来,瓦工并不是他所认为的瓦工,他们似乎属于两个完全陌生的世界。然而,当瓦工不小心掉落了一块瓦片而杀死一个人时,我们会毫不犹豫地认为这就是一种偶然。

我们都有自己的不足之处,这会妨碍我们思考整个宇宙,也会促使我们把它分成若干个部分。当我们试图在做某项工作时会尽可能地让认为的成分减少。但是,这些部分里某两个部分相互作用的情况会时常出现。因而,在我们看来,这种相互作用的结果似乎是出于一种偶然性。

这是设想偶然性的第三种方式吗?但是并非总是如此。事实上,我们最为频繁想起的是前两种情况。无论何时,当这样两个通常彼此毫无联系的世界发生相互作用时,这种作用的定律一定相当复杂。与此同时,这两个世界在前提条件上的一丁点儿改变都不会让它们产生任何反作用。就拿前面的例子来说,只要路人迟点儿通过那儿或者砖瓦匠早点儿掉下瓦片,悲剧都不会发生,因而,只需一些细微的改变就好了。

Ⅵ

直到现在我们在文中所说的一切都还没有表明偶然性为什么会服从于规律。无论原因是微不足道还是相当复杂,就算我们无法准确预见他们在每一个案例中的结果,但我们至少可以较为均匀地预见它们的结果,这个事实真的会发生吗?而为了更好地回答这个问题,我们再一次地详细比较和研究了之前所提到的种种事例。

我将从轮盘赌的事例开始重新说明。我曾在前文提过，指针将要停下来的区域与我们给予它的初始推力紧密相关。而具有某一值的这个推力的概率是多少？对此我毫不知情，但不难假定，这个事件的概率是可以用连续的函数来表示。因而，可以推断推力在 a 和 a+£之间的概率和推力在 a 和 a+2£之间的概率相等，如果£接近无穷小的话。这几乎是所有解析函数的共有特征，也就是说，函数的细微改变是和变量的细微改变息息相关的。

但是，我们已经假设就算极轻的压力变化都会使其满足导致最后停止的指针的颜色变化。从 α 到 α+£，它是红色的，然而从 α+£到 α+2£，它又是黑色的，所以那个区域变成红色和其变成黑色的可能性是一样的，因此黑色与红色的总体发生的可能性是相同的。

这个问题的研究数据就是功能性的分析并且给出每一个特定具体压力的可能性，但是无论数据如何显示，这个理论是正确的，因为它是依靠一个公共认识的分析功能支撑起来的。从这方面来说，我们不再需要那些数据了。

鉴于我们刚才已经提到的关于那个轮盘所显示的同样能够作为小飞机的例子来说。也许别人会认为黄道带是一个浩大的轮盘，在上面我们已经根据一些法则用许多不同大小的力投了很多次小球。它们至今表达出来的分布位置可以说是不符合这些规律的，这个原因应该是和现在正在进行的实验是一样的。因此我们可以看到，为什么现象符合概率定理，满足条件小小的不同会导致巨大的影响效果。这些极其轻微的不同很大程度会被认为是与其不同有关系的，因为这些不同是片刻的，然而这些来自于持续的功能引起极小的增量与那些变化是息息相关的。

举一个完全不同却对这个起因的复杂性有着特别具体影响的例子，假设一个玩家正在洗一副牌，每次他洗牌的时候都会有各种各样不同方法来改变牌的顺序。简单来说吧，假设我们有三张牌，在我们没有洗牌之前这三张牌的顺序是 123，在洗牌以后有可能就变成了 123、231、312、321、132、213，这六种假设每个都是同等可能的，假设为 P_1、P_2、P_3、P_4、P_5、P_6，所有这些概率的总和是 1，但是这就是我们所有知道的了，这些概率的可能性只能看这个玩家如何洗牌以及他洗牌的习惯了。

第二次和接下来的洗牌这些概率只会遵循同样的条件，我的意思是 P_4 永远代表着第 n 次洗牌之后与第 $n+1$ 次洗牌之前如何摆放 123 的概率，和第 $n+1$ 次洗牌之后如何摆放 321 的概率。在玩家洗牌的方式保持不变的情况下，不管你的 n 取何值，这个事实永远是对的。

但是如果洗牌的次数特别多，在第一次洗牌之前的 123 顺序在最后一次洗牌之后包括 123、231、312、321、132、213，而且这六个假设的可能性出现的概率都相同且都等于六分之一，这会一直保持不变，无论这个我们不知道的数字如何变化，然而这个洗牌的次数所导致的一致性刚好说明了这个结果的复杂性。

如果有超过三张以上的牌，这个理论会一直保持正确不变，但是，即使只有三张牌，这个问题的说明是相当复杂的。那么，我们不如假设只有两张牌，那就只有 12、21 两种可能，即 P_1 和 $P_2=1.P_1$。

假如 n 次洗牌后顺序是 12 代表我赢，21 代表我输，那么，我的数学期望就是$(P_1.P_2)\tilde{n}$。

由于 $P_1.P_2$ 小于 1，那么当 n 无限大，我的期望就会是 0，我们就不必从 P_1 和 P_2 角度来说使得游戏公平。

总会有情况是 P_1 和 P_2 中有一个等于 1，另外一个等于 0，那个特殊情况不算，因为毕竟我们的假设太过于简单。

刚才我们讲到的不仅符合混合扑克牌的规律，一些粉末液体甚至气体分子的混合规律也是适用的。

再说回到这个理论，假如在一定时间，气体分子不能完全地碰撞，但是在一定空间的气体分子的实验还是可以实现的。

我们再回到这个理论，假设气体分子不能相互碰撞，但是可以在气瓶里面，因为撞击也会发生偏移。如果这个气瓶结构足够复杂，那么分子的分布还有速度的均匀程度就不会那么统一。如果气瓶是球形的或者什么立体形状，那就不是这样的了。为什么？因为首先，从中间到任何地方的抛截面的距离都会保持相同。其次，每个截面都有一个关于其角度的绝对值。

那么我们通过这么简单的条件可以明白什么呢？它们其实也是涵盖一些东西的，会一直保持一个常量。那么是不是因为问题的微分方程太简单了，我们没必要运用概率法则？首先这问题看上去就不是那么的准确，而现在我们也懂了它的意思，如果它们涵盖一些东西，也承认都是相同或联系的，这也太简单了。如果初始现象不变，那么最后的现象肯定会跟这些最初现象有关系。

最后我们再来看误差原理。其实对于精确部分，我们什么也不知道，我们只知道我们遵守的是高斯定理。这就是矛盾所在。这解释和之前的没有多大区别。不过我们实际上只需要知道一件事，那就是误差是非常多的，但不会很大，有正误差也有负的，至于用什么曲线将它们连接起来，我们不知道，只是假设它们对称。之后，我们证明出这里面的误差也遵守高斯定理。那这个规律和我们那些不值得的规律没关系。所以这里我想说，结果的简单都是在复杂的数据分析中总结提炼出来的。

Ⅶ

不过这里我们并不觉得是有矛盾的。我提过弗拉马里翁的假想，里面就有过一个人的运动速度高于光速，然后时间在他的眼中就完全不一样了，在他的眼中，一切都是偶然性在支配其运行。这有正确性，但一切现象在一个时间里都不会遵守概率法则，因为这种现象的分布跟我们的不一样，而我们看到的是有规律的，就不会认为它们是在偶然性的支配下，也没有经历过最初的混沌状态。

这是什么意思？卢门认为，弗拉马里翁的观点都是一个小小的起因会产生影响很大的结果。那为什么在这些很小的起因中，我们看到了很大影响的结果，事情和我们所想的就不一样了。在这种情况下，他的分析方法就没有用吗？

我们再回到这个论点上。当我们看到一个小小的起因造成很大影响的结果，为什么这些结果是根据概率原则来进行？我们就来假设一个尺度小于一毫米区别造成了一千米尺度的不同结果。如果这结果含有一个偶数。有着千米的尺度，我获胜的机会就是1/2。为什么？因为要达到这样的一个效果，我们就必须要使毫米和一个偶数有关系。现在从我们观察到的这些现象来看，这事件的概率在这些极限中来回不停，其实都和这些极限的差别有关系，而我们认为这差别是很小的。如果这种假说得不到承认，那我们就无法用连续函数来代表一个事件的可能性。

那么我们再反过来，如果一个影响很大的起因造成一个非常小的后果，情况会是怎么样的？这种情况我们一般都不会认为是概率现象，只有卢门认为是。千米尺度的起因不同会引起毫米尺度结果的不同，那么尺度为几千米的两个不同的极限下，两个起因会不会是和之前相同的比例？我们没理由假设这样，因为这种不同的尺度太大了。但是这两个差距的最终效果还是一样的，所以就没有那种比例关系，即使这差别，几千米的尺度很小。所以我们就无法用曲线来衡量一个概率定理。而这种曲线是我们在分析中人为设定的。但实际上，这种坐标横轴的一点点细微的变化就会引起日常的小变化。但是我们一般不会认为其是连续性的，因为我们日常生活一般的细微不同点在横轴上根本注意不到。所以我们用铅笔来画出这样的一条曲线根本不可能。

那么我们可以推导出什么？卢门不可以说这种起因的可能性是必须要用连续函数来表示。但是我们就可以吗？实际上这是因为不稳定的平衡状态，也就是我们说的初始状态，只是很长的历史时期的最终现象的反映结果而已。而在这个历史长河中，复杂的起因有着很重要的作用，它们造就了混合的元素，它们也造就了在很小的区域内，使得里面的物质都趋于融合。它们就像填平凹凸，磨平了山尖，也将峡谷填上。但是我们还是会通过不规则的直觉来给它一条曲线，而它们已经很尽力使得这些很有规律，最终给我们呈现出一条连续曲线。这就是我们为什么大胆假设它的连续性。

而卢门对此的想法就有所不同。在他看来这些复杂的起因不是平衡和规律的反映，相反这些只会产生不平衡和差别。所以他看到的世界就从一个越来越多样化的，变成了一个初始的大混沌。而他这样观察到的对他本人来说又无法预测。所以这就很有感觉的成分在里面。但是，这感觉又与我们的概率有所不同，因为这感觉和我们认识到的规律是相违背的，而我们的每一个概率的推算都有其规律。而这些都需要很长的一段解释来说明，这也可以更好地说明宇宙的不可逆转性。

Ⅷ

我们在寻找定义概率时，就需要问个问题。就我们所知的而言，概率能不能被定义？

这又值得怀疑。而我说过很简单的和很复杂的事物起因。但对这事物没什么的，对其他的就很有影响，那么对这很复杂的，对其他的就很简单。这样我就已经说过我的答案，那就是准确说出哪种情况下概率定理是适用的。但这种情况需要更进一步研究，因为我们需要另一个角度。

明白这些，我们就要回到之前我们说的。区别只是一点点，中间的不同之处也不大，一般都是在这种中间变化范围内，可能性是维持在一个固定的稳定水平的。那么我们为什么要认为这种可能性在这种小的变化范围内是常量？假设的概率定理是由一条曲线来表示的，不仅是我们分析时的，而且有实际意义的，我们已经解释过了。这就意味着不仅没有绝对的缝隙，也没有凹角和凸角，那种我们很明显可以察觉出来的。

那么我们是如何猜想的？我们说过这是因为在宇宙一开始，就有着复杂的起因并且运作方式跟现在的是一样的，使得时间趋于大同，但不会逆转。而这些起因渐渐地把这些棱角磨平。这也是为什么我们的可能性曲线表明一点点不必要的地方。而在亿万年前，另一步已经使得世界趋于大同，而且这不必要的地方都超过十倍了，那么我们曲线的平均半径就会是现在的十倍。在我们今日看来这种长度还是很长的，因为我们不能认为曲线的弧长是直线，相反这个弧长看起来在那个点上应该忽略不计，因为我们的曲率会是现在的十分之一，不过我们硬是要给它一个长度的话，我们还是能用我们的意识看出。

而“程度小”这个词是一个相对概念，但是不会相对于一个人，是相对于这个世界的实际情况的。世界在趋于大同时，其意义没有改变，这时所有的事物就会融合起来。但是我们肯定认为那时的人们不再存在，也会让位于其他生物，那么我是把事情说得更小还是更大？所以我们的感官对于人类是正确的，以保持其客观认知。

另外，“很复杂”又是什么意思？我有个解释，但还有很多答案，复杂的起因一般会融合更多更相近的情况。但是很长一段时间之后，我们还满足这个所谓的混合的情况吗？而它什么时候才能看起来足够的复杂？我们什么时候应该重新洗牌？我们知道如果要将两种颜色的粉末混合，一个是白的，另一个是蓝色的，这样的话，有可能我们的感官系统不足以分辨这种混合，我们看起来就是差不多的，老人和近视者，从远处看就无法区别和分辨。如果所有人认为是一致的，我们就需要借助仪器来分辨。如果动能理论是正确的，那我们就没有机会来分辨在看起来相同的气体里面的很多区别。但是我们如果接受了古伊对于布朗运动的观点，那我们从显微镜中看到的是不是就是相似的东西了？

所以这里就会出现一个新的标准，和第一个有关系，如果它是一个客观的，那是因为我们每个人的感官都差不多，而感知能力都是在有限的时间，而且只在特殊情况下才使用。

Ⅸ

对于道德科学和历史，这也是一样的，历史学家也需要在一大堆研究的事实中做出选择，他只需要找出那些最重要的事件。所以对于16世纪，他只需要找出里面几件最重要的事件就可以代表这个世纪了，对于17世纪也是一样的。如果16世纪的事件的规律可以解释17世纪的事件，那么我们就说这规律就是一条历史的规律。但如果产生于17世纪的结果是因为16世纪的一件小事引起的，而且没有历史记载，我们都忽略了，就可以认为这事件纯属偶然。这其实与物理科学比较相似，即微小的起因会产生很大的结果。

其实最大的机遇就是一个伟人的出现，这就要看两个细胞是如何机遇性地结合。此外还有两性的结合，会导致两个很不为人知的要素相互反应然后产生一个天才。首先这些要素很难预见，更别说结合了。而且改变一个精子的路径也要不了多大的能量，但这足以改变精子的十分之一毫米的行进路径，否则的话拿破仑就不会诞生，整个欧洲大陆的命运就会改变。这就是我们了解概率变化的最好例子。

此外，对于概率计算的运用在道德科学里面也有些矛盾的地方。因为我们知道下议院里，难免会有不同的意见争执，而且会认为一件事几乎不可能，我们毫不畏惧地想到相反的情况，然后打赌。

孔多塞就证明出，要用多少的陪审团来证明一个法官的意见是错误的。我们要是用这种结果，就会在概率计算中遇到跟打赌一样的困境，那就难以驳倒反对声。

然而，概率理论并不是讨论这些问题的。如果司法不是站在理智的这一方，那就更不会和我们想的 Bridoye 的方法一样了。我们最好不要这样，不然我们会后悔的，因为孔多塞的体系其实就是让我们避免司法上的错误的。

这又意味着什么？由于它们不是那么明显，我们就认为这些起因都是有一定概率的，然而这不是真正的概率。这些起因我们是不知道的，它们很复杂，目前还不足以说明，因为它是一直持续这样的。而我们看到分辨这些原因的方法太简单了。就好比一群人在一起，他们不会随意做决定，每个人都毫无关系，但是他们相互影响。所以多种原因会导致一个结果。这样我们就无法确定一个事实，于是左右摇摆，但是有一件事他们无法反驳，那就是哺乳期的群羊习惯。这是不变的。

X

在精确的科学中，我们发现困难就在于运用概率计算上。小声敲打桌子声音的分贝有多少是根据概率原则进行分布的。我在其他地方也研究了这样的问题，只要是跟这样的加法有关，这其实也不难。我们知道微小的差就会导致加法结果的不同，但是在小数点第六位就会出现很大的不同了。我们就找到了相同的标准。

至于 π，这里面的问题更多，这里我也没有什么值得说的。

如果我希望在解决之前就反驳这些问题，这也是我特定给自己的，这里还是会有很多问题值得解决。我们在得出一个很简单的结果时，比如我们找到一个概数，我们就说这结果不会是因为概率原因，我们就会在非概率因素中找解释，实际上，在 1 万个数中，得出一个概数的概率非常的小，也许就是 1 万。但在这 1 万个数中，就只有一个数符合。而且对于其他的数，概率还是一样，我们其实对该结果并不感到吃惊，然而我们将其归为概率也不难，因为我们不觉得这很奇怪。

那么这是不是我们自己想出来的，有没有一些情况下我们的这种方法是正确的。我们必须要这么想，有这么一个情况，我们无法产生科学。检验一个假想时，我们要做什么？我们不能验证所有的结果，因为结果有无数个，而我们能检验几个特定的，就感到很满足了，而且我们成功的话，我们就会说这猜想已被证实。因为我们得出这么多正确结论，这绝非偶然。这就是在论证的底线了。

但是，在这里我还是无法完整地说出其道理，因为这不是几句话能讲清楚，至少，我会说我们有两种对立的猜想，要么我们说是简单的起因，或者复杂现象的总和，我们叫作概率。我们假设第一个会产生一个很简单的结果，比如概数，这我们觉得很自然。然后，我们可能会将其归为一个很简单的起因，比起概率，概率只能在 1 万个数中给出 1 个。不过我们如果不是得出简单结果，概率就会在 1 万个数中给出超过 1 个数。但简单起因是不可能产生这些的。

第二部分 数学逻辑方法

第一章 空间相互性

I

我们不可能想出纯空间，也就是什么都没有的空间，里面没有物质，只有用各种色彩粗糙的线条来代替有颜色的表面。而且我们无法真正到达它的终点，只要还有物质还没有消失，然后全部为虚无状态。

但是那些提到绝对空间的人们常用一些词来形容，这些词看起来都没有任何意义。这我们达成共识已久，都是思考过有关物质的问题，但我们经常又忘记了这些。

举一个例子，在巴黎的万神庙，我说："明天我就回来。"如果别人问道："是不是明天到达同一个点？"我就会这样说："是的。"其实这是错误的，因为明天地球的绝对位置肯定变了，所以万神庙的位置也变了，而且变化尺度在两百多万千米。如果我要说得更精确的话，我可能就什么也不知道了，因为地球相对于太阳，会走将近两百万千米的距离，而太阳同时相对于银河也位移，但是银河肯定在运动，但我们不可能观察到它的速度。另外，对于万神庙一天位移了多少，我们肯定是无法感知的，而且一直会这样。

不过总的来说,我会说明天我又会看到万神庙的屋顶及门口。如果没有万神庙的存在,我的这些话都失去了其意义,而且空间就会消失。

这是空间相对性的常规理论的原则之一,不过另外一个德尔堡夫也坚持过他的观点。他假设在一个夜晚,所有宇宙的维度都增加了1000倍,这样的世界和我们的也差不多,就像欧几里得几何里面的相似。除了里面的一米要变成我们日常的一千米,一毫米变成一米,我们睡觉的床也会随这个比例变化。

第二天早上醒来,我会诧异道:这么不可思议的变化。不过我其实应该感觉不到什么。由于我们的测量仪器也随之而改变,使用最精确的测量也无法告诉我们这些变化有多大。其实这种复杂的空间对于那些认为绝对空间存在的人们来说是存在的。如果我这样想的话,那最好是认为这种想法经过推导得出矛盾。不过在相对空间里,我们最好是说空间里什么都没发生,这就是我们理解成什么事都没有。

能不能说我们可以得知两个点之间的距离?不能,因为这两个点的距离会不断变化,而我们无法感知,同理,其他距离也是会这样变化的。我们会说:明天我会回来,这并不意味着,我明天会在宇宙相同的一个点,就和我们刚才所说的万神庙一样。然而我们如今看到的这些已经不足以说明这些问题,而应该说今天和明天我们离万神庙的距离和我们的身高比是一样的。

但是还要考虑空间维度的假设也会变化,这个世界看起来跟我们的还是一样。这就要想得更深,于是我们就借助现代物理。

另外根据洛伦兹还有菲兹杰拉德,这些随地球运动而出现的天体都会有一变形情况。

其实这变形不会那么明显,因为所有与这运动有关的维度都随着运动减小到百分之一,而垂直于这运动的维度没有减小。但是这并不重要,因为这些我们难以察觉,但是可以根据存在的这些情况得出我的结论。此外这运动很难察觉，而我根本对此一无所知。而我也被误导坚信这个幻象，然后我们就相信有绝对空间的存在。我也想过地球绕太阳的椭圆轨道运动，我想的速度是 30 千米每秒。但是，它的实际速度（此时的速度，不是绝对速度，这里说绝对速度没有任何意义，相对速度是有意义的）我也不知道，也没有什么机会得知。也许是现在的 1 万倍，而变形之后就是 100 倍甚至 1 万倍。

那我们能不能展示出这种变形？很明显不可能。我看到一个立方体，其边有一米长。由于地球的运动，其中一边有所变形，与运动是平行的，这一边会变小，而其他的不会发生变化。要是借助测量仪器，我首先就要测量与运动垂直的边，然后发现我定义的一米与这个边是完全符合的，但是其实另外这两个长都没变化，都与运动垂直。我希望可以测出其他的与运动垂直的边，这样的话就需要改变我现在定义的一米长度，然后与之匹配。但是这个一米由于方向发生变化，然后与运动平行，反过来又经历了一次变形，和边一样。所以这边就不再是一米了，因为我的一米和这运动是匹配的，而这里我们就什么都找不到了。

之后，你也许会问洛伦兹的猜想以及菲兹杰拉德的猜想有什么用，当然只要我们没能看出实验能验证刚才的说法。而我的展示显得不完整，因为我只说出来测量单位只能用米来衡量，但是我们还能用光通过所用的时间来测量，只要我们假设光的速度不变并与方向无关。但洛伦兹可以通过假设地球运动的方向中，光的速度要比垂直于它的要大来解释这些。其实他更愿意假设这些不同的方向里光速都是一样的，但是物体看起来有些角度会小些。如果光波表面和物体一样有这种类似的变形，我们就不可能理解到洛伦兹·菲兹杰拉德变形的理论。

但是不管是哪一种情况，这都不是完全测量单位的问题，而是仪器不同造成的问题。我们可以用米来测量，也可以用光通过它所用的时间间接测出速度。其实就是这些单位与我们测量所用仪器的关系，如果改变了这些关系，我们就不可能知道这些单位或者仪器有没有变化。

但我希望能得出在这种变形中，我们看到的和之前就不一样了，正方形变成了四边形还有椭圆和椭圆球状。而且我们无从得知这些变形是不是真实存在。

不过，我们无法进行更深层次的研究，洛伦兹·菲兹杰拉德变形的规律特别简单，但我们还是无法想象出变形变成什么样。其实物体变形可以根据任何的相关规律，而且我们可以想多么复杂就多么复杂。但是如果所有的物体都无一例外地受统一规律变形，我们也不会察觉到。所以说，所有物体，包括我，还有那些朝各个放射地辐射的物体都是如此。

而如果我们这样看世界的话，透过一面形状非常复杂的镜子，把物体扭曲得奇形怪状，我们看到的世界物体之间不同的关系就不可能还原了。那么，如果两个物体有接触，我们看到这两个物体的图像也会结合到一起。当然，我们通过这样的一个镜子来看的话，我们其实是可以看到这个变形的，这是因为我们真实的世界不在这个变形之内。不过如果真实的世界隐藏于我们之中，我们还是可以发现其中的东西，那就是我们自己，而我们会一直看到，至少也会感觉到，我们的身体不会有任何变形，我们用这些可以继续感知世界。

如果我们将身体也看作变形的一部分，就和镜子里面看到的一模一样，这些测量方法反过来就会蒙骗我们的眼睛，我们就无法再确定这些变形了。

之后，我们再来想象这两个世界的图像，A 世界的物体 P 就和 B 世界的 P'有关，而 P'点的坐标系就是 P 物体坐标系的函数关系，而且这种函数在这里关系太多了，我就说这一种吧。在 P 和 P'之间，有一个永远不变的关系，而这到底是什么关系并不重要，我们只需要知道这关系不会变化。

这两个世界我们无法区分其中一种。对于两个世界的居民来说也是这样。假设我们居住到A世界,我们有自己的科学体系,还有我们认知的几何。而此时,B世界的居民也会和我们一样有自己的科学和几何体系,而且和我们的差不多。但是,如果我们有一天看到这个B世界感到非常不可思议,感叹道:原来没什么很特别嘛!他们所谓的几何体系,就和我们的差不多,除了他们的直线我们看的是曲线,我们也看不到他们的圆了,他们的球形就是我们所说的不等式。而且我们也不可能怀疑到这些他们说的相同的情况,也不知道谁是正确的。

我们从一个很广的视角看到要如何去理解空间的相对性,而这空间一般是没有形状的,而这些独立于空间的物体我们才给予名称。而我们的直觉如何思考这些距离?我们对这种距离的直觉是很不准确的。我们也说过,距离会放大一千倍,而我们完全不知道,只要其他的物体也同样放大一千倍。我们甚至会用B世界取代A世界,但我们完全不知道。也许直线不再是直线,我们也没有注意到!

空间的一部分不是这样的,而且我们如果绝对地去理解,就不会与空间另一部分等同。因为这样的话,对我们来说是这样,但对于B世界的生物就不是这样的了。在我们说它们不一样时,它们也可以拒绝我们的观点。

那么我们根据非欧几里得几何和其他相似几何角度的观点来看,我也说过这些例子会导致什么样的一个结果,而且我也不希望回到这些观点,今天我要换一个全新的角度来看这个问题。

Ⅱ

如果我们没有对距离、方向还有直线及空间感知的直觉,我们对这些的想法是怎么来的?如果这仅仅是一个幻象的话,那我们为什么会如此坚信这个幻象的存在?我们其实也可以去检验它的存在。事实上,我们没有对空间大小的一个直觉感知,都是通过仪器上的度量衡来感知的。如果没有仪器的读数，我们也不可能感知空间。其实所谓的仪器，就是我们的身体本身，以此作为参照物。我们用身体和外界空间的关系来表达空间，一般都是空间关系来作为我们的参考。所以我们的身体就是参考时的坐标系。

比如，我们在 a 时间点看到物体 A 的存在，在 b 时间点看到物体 B 的存在，但 B 是我们以另一种感官来感知到的，比如听觉和触觉。而我就会判断出 B 的位置会和 A 一样。这意味着什么？首先，这并不表明这两个物体在两个不同的时间会占据同一个位置。即绝对空间里的相同的点，如果这真的存在，我们也不可能知道，因为在 a 和 b 两个时间点之间，太阳系是移动的，而我们不知道它在位移。所以，这两个物体其实占据的是两个相同的相对位置，都是以我们身体为参照物的。

但就是这样，又能说明什么问题？我们根据这些得到的认识，走向了一个完全不一样的认知轨迹，我们通过视觉神经感知 A 物体，通过听觉神经感知 B 物体，在质的观点上，它们两者没有什么不同，这两个物体其实完全不一样，没有任何交集。而我就只知道要达到物体 A，我就要将手臂怎么样伸长。就算我不能这样去做，我也会通过肌肉去感知，或者其他相似的感知，总之能感知到这伸长，而这些印象，我们就会归结为和物体 A 相关。

我们用同样的方法来感知物体 B，也会通过肌肉来感知。如果我说这两个物体占据同一个位置，也就没有其他意义了。

此外，我还知道我的左手的一种运动还能达到物体 A，而这种肌肉感知和运动是同步的。然后，这个左手的运动与肌肉感觉是同步进行的，我就可以感知到触摸到物体 B，而且实际上也触摸到了。

由于我们无法抵挡来自物体 A 或者 B 的潜在危险，这就会变得很重要。我们可能被任何一个危险打倒，所以我们也会被激起一种本能反应的躲避。举一个例子，一次躲避可能与多次打击有关，那么右手的相同运动可能会让我们在时间点 a 防御 A 物体，或者在时间点 b 防御 B 物体。其实一次打击可能会用几种不同的方法来抵挡，比如我们的左右手的一些运动都可以达到物体 A，而且之间没有任何关系，除了能挡住一次同样的危险。

一般这样的情况都是发生于这些运动，都在空间里相同的一个地方结束。而这些物体占据空间里相同的一个地方，其实是没有任何共同点，除了有一次躲闪它们的打击。

或者，你要是想象无数的电线，一些是向心的，另一些是离心的，向心的会警告我们一些没有这些会发生的危险，而离心的则会纠正一些错误。而我们就这样建立了一些联系，向心的那部分通了电流，然后就会像接力赛一样左右物体，一切都会井然有序，几个向心部分会影响同一个离心部分，只要适合，而离心电线也会影响向心部分，不管是同一时间还是因为另一个受了影响。只要一种情况有几个办法可以符合。

其实我们的几何，我们有意义的几何，就是建立在这种复杂的体系上，或者这种分布上面。所以，我们对于直线、距离的直觉感知就是这些联系及潜在的特征的感知。

而我们又很容易得知这种潜在的特征是之后才知道的。这种联系给我们展现的就是不可消亡，根源更久远。但对于大多这种联系来说，都不是属于个人的，因为我们能从新生儿来感知到这些，这也许是种族的特点，这些其实都是因为自然选择，都把必要的显示出来。

这样的话，我们最早说的，如果没有这些我们无法为生物体的存在做任何辩解。在那个时代，细胞体都没有得到证实，只是说有相互支持的特点，所以我们就需要一个我们今日所熟悉的有机体来认知，这样的话我们才能成功借助一些方法，但是我们还是看到了未来的风险。

当一只青蛙被砍头时，皮肤上会有酸涌现出来，然后离酸最近的一只脚就会来擦，如果这只脚也被砍掉了，那它就会用另外一边的脚来擦，这就是我们说过的双重打击，相当于疾病二次治疗。事实上，这就是我们方法的补充以及坐标系，也就是空间。

由于这些只涉及最浅层的神经系统，我们怎样才能深入潜意识的深层来寻找这些空间联系的根源？为什么我们会因反对尝试撇开那些本身有联系的事物而感到不可思议？然而就是这样的反对，其证据就成了几何图的真实情况，这证据除了表明我们反对打破那些不会错的老规矩，就什么其他的意义都没有了。

Ⅲ

不过世纪的空间不是我们伸长手臂就能触摸到底的。而我们的记忆能打破这个空间限制。我们的手不管能伸多长，都会有一个极限。在一个九头蛇的世界里，它们都是靠触角来感知这个世界的。这些点都不会在空间以内，因为我们能够感到的身体运动，都和我们不可能运动达到那些的想法有关系，也没有那些刚才的躲避。这些感觉不会给我们任何关于空间的特征，我们也不可能去给它们一个位置。

但是我们不可能到低等生物的世界里去，其实敌人离我们太远，我们可以先向它们前进，然后把手伸得足够近。这里还是会有一个躲闪，只是距离非常远。另外，过程也会很复杂，这个感觉就是我们由腿部肌肉以及手臂和或者半圆消化道等感知得来。此外，我们必须给自己不太复杂的感知，但是后续的感知不能太简单，前后就有一种不变的规律来结合。这里就可以体现我刚才说的记忆是有多么重要了。另外，我们还注意到，为了达到同一个点，就会在目标很接近的地方画一个标注，然后手伸到那里，离真实目标会伸得近一点儿。其实这就不是一次躲避，而是对于一个危险的上千次躲避。而这些躲避没有任何共同点，而我们将它们认为是空间的相同点，因为它们抵挡的是同一种危险。这就是潜在的躲避同一种风险的这些方法组合，也使得这些危险看起来都有不同，有一个统一的说法。这就是双向的组合，使个体在空间中占据一个点，是我们意识到的那种点。

而之前的空间就是一个有限制的空间，一般是有坐标系的，这些坐标系都是静止的，只要我的身体不动，只是物体在动。那么，哪些坐标系的区域被我们说成延伸空间。也就是新的空间，起始于身体的某一个点。所以，这个坐标系就从我们身体这个最初位置开始。

但是这个最初位置都是我们随意选择出来的，都是在我们身体上各个被占据的点中选出来的。如果我们的记忆多少有点儿这种无意识的认知，对这种空间的认知很有必要，那我们的记忆可能就要追溯到很远的过去。根据定义，这些空间都是不确定的，而正因为这种不确定性，我们才有了相对空间。

其实是不存在绝对空间的，只有相对于我们身体最初位置的空间。对于低等生命的认识，只认识到这种有限制的空间，这种空间也是相对的，因为这种空间里面的坐标系是不变的！那么这生命被限制其活动的石头也不会是静止的，因为地球运动也会使其运动；但对我们来说，这些石头会随时间变化而位移，但它们认为是不会改变位置的。那么现在我们就有了一个体系专门来参考我们身体上的位置 A，作为最初位置，然后还有位置 B，轮到它时，我们也会认为是。所以在每个时间，我们都是在无意识的坐标系转型，但是这些在我们想象的生物中是缺少的。它们由于没有到处走过，也就认为空间是绝对的。而他的坐标系时刻都在他身上，以自己为参考。然而实际上，这个坐标系会有很大的改变。但是他认为是差不多的，因为这是他唯一的参考。不然的话，我们如果追溯到过去的记忆，会不会有一样的想法，有很多的参考体系供我们选择。

其实不然，因为限制的空间不会是同类的，空间里不同的点不会是等同的，尽管有一些可以用最大的努力来达到，一些可以很容易达到。相反，我们的延伸空间是同类的，我们就说里面每一个点都是等同的。

这又意味着什么？

如果我们从 A 点出发，我们从这里做一些运动，叫 M，是由一些很复杂的肌肉运动的特征组成的。但是我们从 B 点出发，有一样的运动，我们称作 M'。我们再让 a 成为身体里面的一点，比如右手无名指的顶端到最初位置 A，从 A 出发，然后 b 也在无名指上，我们就有了运动 M。之后，a'在这个位置 B 的无名指上，b'也是，然后从 B 点出发，就有了 M'的运动。

所以我愿意说 a 和 b 上的点就和 a'和 b'上的点一样相互关联，但这就仅仅意味着两个系列的运动 M 和 M'是由一个肌肉运动伴随的。而且由于我知道，我的身体在从 A 点移动到 B 点时，会感到一种相同的运动，我就会知道空间里面有一点和 a'有关系，就像 b 的任何一点和 a 有关系，所以 a 和 a'都是等同的。这就是我说的空间的同类。同时，这也是为什么空间是相对的，因为有关坐标轴 A 或者 B 的特点都会是一样的。所以空间的相对性及同类的性质是仅有的也是一样的事。

现在，你愿意站在一个很大的空间视角来看问题的话，不再局限于你我，但是我说的整个宇宙，我还会用到想象。我会想象一个巨人走几步路就可以到达一个行星，而我更像一个缩小版的人在一个世界里，里面的生物在那些巨人看来都是一些小球，而这些小球运动起来就是一个小人国在运动，这也就是我们。但是如果我们没有建立那种有限空间的体系及我自己需要的所谓延伸空间，是不可能有这种想象的。

Ⅳ

那么我们为什么说这些空间都是三维的？回到我们的"桌子上的分配"上面去，我有说过这个问题。我列出不会同时可能发生的风险，分别为 A_1、A_2 等，同理还有 B_1、B_2 等。然后我们就有了之间的联系，比如 A_3 的危险就会触动 B_4 的躲闪。

而且我还说过向心和离心的电线，我也感到害怕，除非有人在其中看到，这不是简单的比较，而是一个复杂的神经系统的比较。但是我并不这样想，以下是我的几个原因。首先，我不应该在我不熟悉的神经领域上发表我的看法，因为那些研究过的也是很谨慎地在回答这些问题。这里尽管是我不完整的认知，我也很清楚这个计划太过于简单了，最后因为那些躲闪的情况，一些就会看起来很复杂，出现在我们的延伸空间里，由一条手臂一系列运动组成。而这并不是两个真实导体的物理关系，而是两次感知的关系，属于心理学范畴。

如果 A_1 和 A_2 都和 B_1 有关系，如果 A_1 和 B_2 有关系，A_2 和 B_2 一般就有联系。如果基础规律一般都是错误的，我们就会在很大程度上被迷惑，我们就不会得到空间和几何的任何有关认知。那么我们又是如何定义一个点呢？一般有两种方法，一是我们将 A 反应的与 B 的联系总和起来；二是反过来。如果我们规律不正确，由于它们两个都是和 B_1 有关系，我们就应该认为 A_1 和 A_2 都和一个相同的点有关系。但是我们说的是相反的情况，因为 A_1 和 B_2 有关系，但 A_2 不是这样的。这就是矛盾所在。

但我们从另一个角度看问题的话，如果规律都是很确定的也是正确的，我们的分类就会很清楚，在此之间，一方面我们可以分出 A，另一方面也能分出 B。但是这些种类太多了，而且都没有任何联系在其中。空间其实由无数个点构成，它们没有任何关联，没有连续性。所以我们无法将这些点分成一类，而不是另一类，也不是因此我们将自己的空间归结为三维空间。

但是情况并不是这样的，我用几何语言来说一次，而这种情况又很适合，因为，这种语言对我们讲解的人来说最容易理解。

如我在希望躲开打击时，我就会找到一个足以让我靠近的点。然后 B_1 就会和 A_1 或者 A_2 有关系，只要和 B_1 有关的点和 A_1 足够接近。但是，也会有这样的情况，就是与 B_2 有关的点只和 A_1 接近，不和 A_2 接近。所以 B_2 响应 A_1，但不响应 A_2。对于那些不懂几何的人来说，那就以上面的规律来论述。所以事情就是这样的：

B_1 和 B_2 两个反应与同一个预警 A_1 有关系，其中这个 A_1 有大量的预警都可以归结为此，然后在空间里占据一个点。但我们也会发现 A_2 预警与 B_2 有关，但与 B_1 无关，其实间接补偿的话还与 B_3 有关，而 B_3 和 A_1 有关，所以我们就得出：

$B_1, A_1, B_2, A_2, B_3, A_3, B_4, A_4$

每一个都和前一个以及后一个有关，但是和相隔的几个无关。此外，我们不需要再补充说明这些都不是相互独立的了。但是可以组成其他预警的一个类别，包含着很多个体。很多反应和这些相关的，都在空间的同一个点上。

那么这个基础规律就一直会正确下去，虽然会有例外。然而只有在这些例外的条件下，这些分类在全部完全独立于其他分类的情况下，才能与周围的分类部分有效结合，然后一定程度上相互贯穿，这样宇宙空间就有了连续性。

但是，这些分类的顺序就不会再是我们随意分的了，这些都和空间里面的点有关系，通过实验得出这种顺序给我们展现的就是三个维度就可以到达，这也是为什么我们说是三维空间。

V

所以空间三维的特征，就是我们“桌面分布”的仅有特征，也是我们人类独有的智慧。这就足以推翻有关的联系了，也就是关于这个分布的联系，而那就足够使空间有了第四维。

所以人们会对这个结果感到不可思议。他们认为外界的世界与什么东西有关联。如果空间的维数和我们的是一样的方法，那么我们的世界就会有其他的高智慧生物,它们则相信这世界不止三维。如果没有德凯恩说的日本鼠只有两副半圆形消化道,并认为空间只有二维,那么这个高智慧生物就会建立一个物理体系,那就不会是一个二维或者四维的了,因为它们描述的是同一个世界,只是语言不一样!

其实不可能将我们的物理翻译成四维几何的语言,如果要这样,那要花费很大的努力,但收效不会很大。所以这里我将自己仅限于赫兹的力学运动,我们可以得到相似之处。但是这翻译也不会简单到哪里去,而且语言间总会有差异,因为三维的语言最适合我们的世界,虽然也可以用一种语言来描述。此外我们的桌面分布并不是随意创造的。这其实说出了预警的 A_1 和反应的 B_1,属于我们自己的智慧,那么这个联系又是怎么来的。这是因为 B_1 负责反应 A_1 的危险,本身不属于我们,属于外界。其实我们的桌面发布就是对外界情况的一个意识表达。如果是三维的,那就是因为具有其特征。而这些特征就是有一个存在的固体,其位移符合我们说的物体位移的规律。如果三维空间的语言不足以表达我们预见的现象,我们也不要感到不可思议。因为这语言其实是从桌面发布上面借鉴而来,为了能解释我们的世界。

我其实也说过,我们可以理解高等生物的四维的桌面发布,然后我们也能得到一个高维空间的认知。而这不是因为那些生物不能居住在那里,虽然说自己在那里出生,然后抵御那里的上千种风险。

Ⅵ

最后,我再说几句结束语。对于桌面分布,这个粗略几何不准确的地方以及几何学家的精确几何,两者有着惊人的反差。虽然几何学家的精确几何是由粗略几何发展而来,但不仅仅是因为粗略几何而来。其实里面也有数学体系的功劳,比如分组。所以我们就需要在纯概念中去找哪一种跟这种粗略的几何最符合,然后我可以很容易找到解释,对我们或者更高等的动物来说。

我说过这种几何公理的证据只是我们反对传统认知的表现。但是这些公理都非常准确，而这些传统的认知也有很大的可塑性。我们如果愿意思考，就需要使公理变得精确，因为只有这样才能避免矛盾。但是在所有的公理系统中，有一些是我们不喜欢的，因为它们与我们传统认知不符，不管弹性有多大，都是有限度的。

我们也看到几何如果不是一门实验科学，是公理产生的科学，那就是我们自己产生的一门科学，与我们的世界相适应。我们其实选择的是最容易解释我们世界的，但是也有经验的指导，而这种指导是无意识的，但是我们认为是有意识的，有些人认为经验强加于我们，有些人则认为我们就是为这个世界而生，世界客观存在。我们也从之前的想法里看到，这两种说法都有正确的地方，但也都有错误的地方。

那么在这样的一个进步里，我们空间理论的体系构成是为了什么，我们也很难认定个体究竟有什么作用，就好比人类中的一个种族有什么意义。我们如果从出生就被运送到另一个世界，那里的物体运动都遵守非欧几里得几何的法则，那我们要花多久才能放弃我们现有世界的法则去建立一个全新的体系？

其实种族也是很重要的一部分。但是我们要说到整个空间，也就是我们的软空间，即更高等生物的空间，这和我们的个体的无意识对几何的精确空间认知有没有关系？这个问题难以回答。但是事实表明我们祖先的世界认知体系还是有很强的可塑性的。猎人在水下捕鱼，都是通过折射的光看到水下的鱼。此外他们也认知到了这一点。也会当作经验传授，所以他们也会因此调整自己的方向，这其实又可以用我们的 A_1 还有 B_1 来表示，因为我们的经验告诉我们第一种方法没用。

第二章　数学定论与其教学方法

这里我先要说下数学的总的定义，至少这定义要成一个标题，但是我也不能仅限于这里，就像所有作用的总结一样要求那样高。而我也不可能不涉及其他领域只说这一个主题。

那么什么是好的定义？对于哲学家和科学家来说，好的定义就是可以用于所有与之相关的事物中，而且没有任何偏差。这就是满足我们的逻辑原则。但是在教学中，我们没有这样说。一般都是学者来理解这样一个好的定义。

那为什么会有很多人不再理解数学了？这是不是互相矛盾？一般科学都涉及我们的逻辑基本原则和矛盾原则，这就是我们思想的构架，我们如果要偏离这些，就要花很多精力去思考，然而有人发现这些都不是那么明显！而且这些人是大多数！他们也许不能有什么创造性的想法，就连展现在他们面前的东西都无法理解，对于我们给他们展现的一道光的闪现，在他们看来跟黑暗没什么区别，而且大多如此。

然而我们也不需要很多经验来证实这些盲人不是特殊生物。这个问题不好解决，对于那些致力教学的学者来说，需要投入所有的精力来教这些知识。

那我们要明白什么？这话对于全世界是不是一个意思？我们通过检验组成它的各个部分来验证这定理是否正确，我们这样确认它的正确及遵不遵守规律？同理，为了理解一个定义，是不是仅仅认识到我们已经理解的理论，就可以确定没有任何矛盾的地方？

有人认为：是这样。他们这么做时就会说，我明白这些。

但大多人都会说:不是。他们希望不仅知道这些部分是否正确,而且还有为什么他们将这些归为这种规律,不是那种?但我们现在看来很大程度上是随意的,而不是我们的意识。而我们的这种意识可以预知最后的情况,但他们也怀疑自己是否明白了。

他们其实没有意识到这些他们自己一直渴求的,他们没有让这些理论成为一个体系。但是他们大概会感到缺一样东西,如果觉得对这些不是很满意的话。那这又是什么情况?一开始他们尝试理解出现在他们眼前的证据,但是这些和我们之前或之后得出的都没有多大联系,所以我们也不会对他们有很多印象。我们很快就忘记这些了,就像一束光很快就消失在无尽的黑夜里。之后,他们就连这一时的光也看不到了,因为这些理论都是相互联系的,然后他们需要用的又被遗忘了。所以,他们也就无法理解数学。

不过我们不能总是怪罪他们的老师。一般他们对于找到一些有指导性的线索都不是那么积极。而我们为了帮助他们,就要找出那些阻碍他们研究的地方。

然而,有人会问这有什么用,我们如果无法找到,这一问题就无法回答,不管是站在实际应用的角度还是自然的角度,作为这样一个数学概念的依据。而在这里他们期望有一个能明白的意识,而概念又能激起这种意识,所以他们在每一个阶段的展示都可以看到这意识在发展也在转型。而他们也只能保留并且理解这些。不过在这方面,他们也被欺骗了,他们不去找论证逻辑,而是去寻找这种直觉意识。他们感觉自己好像懂了。

这里一共有多少种不同想法?我们是不是要一一反驳?我们是不是要用它们?如果我们要反驳的话,我们要反驳哪一个?我们是不是要认为自己已经对纯逻辑满意了,虽然这只是事物的一部分。或者我们不是很情愿地满意于他们认为没有必要的说法。

换句话说，我们是不是要年轻人接受我们对于自然的看法？这样的话，其实是没有一点意义的。我们不可能像哲学家那样，能够将一种金属转换成另一种展现出来。我们能做的就是和年轻人一起努力，使我们适应他们的想法。

虽然很多孩子不能成为数学家，但是他们有必要学习数学，而且每个数学家的思想都不一样。我们在读他们的著作时，就会看出有两个完全不同的体系，一个是魏尔斯特拉斯逻辑家的，另一个是直觉主义者黎曼的。这在我们的学生中也是相同的情况：有的喜欢用分析法，有的喜欢用几何法。

对于这些，让他们改变思考方式是没有用的，而且我们也不愿意这样！因为既有逻辑思考家又有直接主义者，会显得更好。我们必须要接受这种思想的多样性，既有喜欢魏尔斯特拉斯的思维方式的，又有喜欢黎曼的思维方式的，如果更好的话，我们也乐意这样。

由于语言词汇可以拥有多层意思，所以有些人理解定义会显得比别人要好，别人感觉这表达不大适合他们。有些人在图像中寻找答案，有些人则将抽象视为一切，他们仅限于一些看起来空洞的形式，纯粹的抽象思维看起来也是很完美的。

我不知道需不需要再来举一些例子。不过，我要说一下。首先，分数的概念可以让我们了解一些极端情况。在小学，我们都是用切饼或者切苹果来定义分数。不过这里的切，都是我们在心里想的，而不是现场演示，因为学校的经费能否负担现场演示我就不大清楚了。另外，在师范学校或者大学，我们说分数是一个水平线分开的两个整数结合在一起。我们都是根据这些符号作用进行的定义，也就成了我们对它的常规认知。这运算规则和整数其实都是一样的，我们也证实过，另外对于分数的相乘，根据这些规律就是由分母产生分子。这些我们在教那些年轻的学生时，效果都很不错，我们通过切苹果或者什么的，然后在这种数学体系的影响下，逐渐形成了抽象的数学思维，一步步又升华成了纯逻辑的定义、概念之类的。但是对于那些贵族青年们，我们教他们的时候，会感到非常不可思议！

在希尔伯特的几何基础的著作中，有这些定义，被人高度赞扬，也得到很多人的认同。他认为：我们对于事物有三个体系，点、线，还有面。那么这些事物又是指哪些？

我们其实并不清楚，也没必要清楚。我们只需要清楚其假设，两点决定一条直线，在这个过程中，两点在直线上或者经过这条直线，也可以连接这直线。

一般我们也就仅仅将“在直线上”定义为“决定一条直线”。有一本书我认为还是不错的，但不适合小学生。但是也可以让他们去读，虽然他们大多数都看不懂。这当然都是我举的极端例子，没有哪个老师会那样做。但如果没有这样的例子，他自己会不会也有同样的风险？

假设在一个班，教授说道：圆是一个点的集合，所有点到中心的距离都是相等的。一个好的学生就会将其记下，不好的则会很迷惑，他们并没有明白。然后教授就在黑板上用粉笔画了一个圆。学生们就会这样想，那他为什么不说圆就像个指环一样，这样我们不就能懂了。其实教授的想法是对的。那些学生的想法都是没什么研究价值的，因为我们无法将其展示出来。而且对于分析不会提供任何参考方法和习惯。但我们应该知道自己知道的都不能明白其中，而且要引导他们认识到自己的原始概念是有多么模糊，且有待修改和精确化。

现在，我再回到这些例子。我只希望给你们两个相反的例子，有很激烈的冲突。这在科学史里有过。如果我们读50年前的科学著作，我们就会发现里面好多都缺少证据。里面假设的一个连续函数只会通过消失来改变自己，而今天，这已得到证明。还有计算的常规法则对于不可通约数是可以应用的，今天我们也将其证明出来了。当然，也有我们今天认为是错误的假设。

虽然我们相信自己的直觉，但是光靠直觉我们不能完全肯定这些现象，除了我们看到的越来越多。比如我们通过直觉认为每一条曲线都有个切线，也就是每一个连续函数都有一个对应的值，这是错误的。而我们在寻找确定性的时候，就会越来越少地依赖直觉！

这种进步因什么得以发生？而我们很快也认识到仅仅通过论证是无法理解我们肯定的事物的，只要不是首先在定义里的。

而这些数学家研究的物体我们至今都没能给出一个满意的定义来，我们虽然认为自己是用想象或者感官感知到的，但我们得到的都是粗略的图像意识，不是我们研究应该用的那种可以论证的精确化的。所以这里我们就要借助逻辑学家了。

对于不可通约数也是一样的，我们对其也只是有个模糊的连续性，我们一般都认为是直觉，我们却将其带入复杂的不等式系统，里面涉及整数。所以，我们自认为解决了我们在思考小数计算以前遇到的问题。今天我们只需要分析整数或者有限或无限整数体系，都是由一些等式、不等式构成，数学家就说这是代数化了。

但是，你真的认为，绝对严谨的数学本身不存在任何牺牲吗？其实并非如此，数学在保持了其严谨的同时却丢失了其客观性。数学从现实中独立出来，保持了其单纯的严谨性。纵观整个数学领域其发展过程中存在很多障碍，但是这些障碍并不会凭空消失。它们仅仅只是被转移到了另一个领域，如果我们打破这一领域的界线，并将数学思想与实践相结合就有可能再次克服这些障碍并取得成功。

对于数学，我们已经有了一个模糊的概念，某些不一致的因素也由此产生，其中一些来自自身先前的经验，也有一部分是从他人的间接经验中得来。出于直觉，我们觉得自己足够了解数学的基本性质。但是在今天，我们反对经验主义，仅保留演绎推理能力。作为定义的特征之一，其他特征都是从演绎中推理而来。这一原理普遍适用,这一特征也已经成为数学的性质及附属物之一,我们对此了然于心,并且有了一个模糊的原始概念。为了证明这一点,我们必须进行一些实验,或者是在我们原始观念的基础上做一些改变。如果我们不能证明上述概念,那么,即使我们的理论万分严谨也是毫无用处的。

有时,逻辑也会有所偏差。半个世纪以来,我们见证了一些畸形的、奇怪的事情,看起来这些事情似乎代表着某些行为,这些行为都有其特定目的。这些事情或持续下去,或就此终止,但是再也没有其他衍生物。不但如此,从逻辑学的角度来讲,人们普遍接受的就是这些陌生的行为和功能。除非是作为一个特殊案例,否则那些不经探索就得出结论的状况将不再出现,留给它们的也是一个被遗弃的"角落"。

在此之前,每当一个新的功能被发明出来,目的都是为了应用于实践。但是在今天,人们用那些发明来指正我们祖先的错误,而人们能够得到的,也就永远局限于此。

如果,逻辑是教师们工作的唯一信条,那么以最常见的方式开始,这一点将会变得很有必要。最先开始的人有可能会陷入与畸形事物的争斗。如果你不这样做,逻辑学家便会说:"你想要变得严谨,那么就要一步步地来。"

是的,也许会有上述情况。但是,我们不能让现实变得如此不堪,我说是的不仅仅只是要让感知世界有其自身的价值。十分之九的学生也许会这样质疑,现实如此微妙,它赋予了数学家们不同的逻辑生活。

人体是由细胞组成的,而细胞又是由无数原子构成的。这些细胞和原子存在于人体这一现实机体中,无数细胞的排列组合方式形成了一个完整的个体,这难道不是另外一个乐趣无穷的现实吗?

一位从未在除了显微镜以外的任何地方研究过大象的博物学家,我们能说他彻底了解了动物吗?在数学研究中也是如此,即使某一位逻辑学家在某一研究或操作领域具有很高的建树，也不能说他掌握了整个现实。据我所知，没有事情可以逃过这一规律。

在建造高楼大厦的过程中，如果我们不了解设计师的规划蓝图，就很可能陷入对匠人工艺的盲目崇拜。现在，由纯粹的逻辑产生的影响已经不能使我们有所触动了，所以我们要靠自身的直觉。

就上述的说法而言，最开始人们脑中形成的是一个感性的印象，如同用粉笔写在黑板上的记号。这些记号一点一点地累积，我们也利用这些记号建立了一个复杂的、不等的系统，在这个系统中，所有的原始印象都将重新显现出来。当所有事情准备就绪，在拱形形成之后，就会去掉中心辅助物。在逻辑学家看来，这种粗糙的展示只能提供支撑作用的东西，在大厦建成之后就一定要被移除。然而，如果某位专家并未想起最初浮现在脑中的图像，如果他在大厦建成后没有移除中心辅助物，那么学生们的奇思妙想怎样才能得以运用呢？也许这一说法从逻辑学看来完全正确，却并不符合现实情况。

如果这样就要回到以前。虽然对于一个大师级的学者来说，教授一些他不感兴趣的内容，他肯定不是很愿意，但他们的工作又不仅仅是教学。所以，我们首先要关注小学生们的想法，还有我们希望他们如何。

动物学家们坚持认为动物的胚胎时期是可以大致回顾自己祖先经历的地质历史。而且对于大脑思维，这也是差不多的。所以老师们就需要小孩子重走他们父亲走过的路，而且经常这样，中途不能停止。就是因为这个，科学史就是我们的第一参考。

虽然我们祖先认为自己明白分数、连续性和曲面，而我们今天认为他们根本就不懂。我们今天的学者之后看到他们在认真地研究数学的时候，才认为他们知道了这些。如果不加提醒，我就可以这样跟他们说：你们就不知道这些，你们自认为明白，其实根本就不是这样的。我现在就必须要将这些展现在你眼前。如果我在展示中用那些公理来支持自己,那些公理没有结论那么明显,他们则认为数学科学只是一些人为的、随意摆弄的东西。或者他们根本就反感这些,要么他们认为这就是一个游戏,可以锻炼你的思维,达到古希腊思想家一样的水平。

相反的情况是学者在熟悉了数学论证之后,就慢慢将此方法发展成一个成熟的系统,这样他们就会产生怀疑,然后你就可以展示这些了,而新的怀疑争论一直会存在,孩子们会不停地发问,就像他们对成人的那样,除非他们完全可以用自己的认知来肯定这事物。我们不光是要怀疑事物,还要知道为什么怀疑。

教数学的主要目的就是在大脑思维中形成一个体系,在此之间,我们最不看重直觉。数学世界和我们的真实世界就是这样衔接起来,如果纯数学无法做到这一点,那我们就有必要来填补这个空白,就是符号与实际生活的联系。这其实对于那些实用主义者来说,就很需要。

工程师一般需要接受完整的数学训练,那么这些训练对他有什么用?

为了能够从不同角度看问题,而且要很快就看清它的本质,他是没有时间来耽误的。所以他就需要在一个复杂的物理物体出现时,马上认识到他可以用哪种数学方面作为认识的工具。还有如果我们是在仪器和逻辑学家的空白认知中间需要一个答案,那他又该怎么办?

此外工程师还有其他学者,只是数量少一些,就来当回老师了。他们要研究问题的最本质,那是所有知识的来源,这就显得尤为重要。但是这不意味就不需要直觉了。反而他们要是不从单方面看问题,还不能真正认知到科学,也不能培养学生有种他们自己没用的特质。

对于纯几何学者,这种教学方法就很有必要。一般就是根据逻辑来展示,但一般提出这想法就得依赖直觉。我们知道如何评判是不错的,但最好要知道创造。我们要明白这样的结合是不是正确的。就算无法在多样事物中进行选择,逻辑会告诉我们用这样或那样的一些方法,我们就不用走弯路，当然这并不是说哪一种可以走向结果。不过这样的话我们就需要看到底，而我们只能在离它很远的时候才能，一般别人都是教我们通过直觉观察。几何学家如果没有直觉，就像作家没有思想只有语法。那么我们现在就假设这种方法有效，只要我们还在追求这些方法，然后用语言来描述，只要我们在认同它之前不去否认。

这里我要重视这些书面的练习，虽然在一些考试中，书面练习一般不会做很多强调，特别是在高科技设备的学校里面。但是对于那些很精通的学者，这对于他们很显然是不利的，而他们对理论的理解都是很全面的，不过应用能力很差。我之前说过一个词有几层含义，一些学生只知道第一层含义，而我们看到这些不足以使得他们称为工程师或者几何学家。那么既然我们要作出选择，我更愿意选那些完全明白这些的人。

然而逻辑论证的艺术不是很有价值吗？数学教授在接触其他相关知识时还必须学习这些。所以我就尽量记住这些，而且还要把我们所有精力投入其中，一开始就要这样。而且我看到几何变成了我所不知道的低等的测距方法，而我绝对不会认同德国奥伯勒尔的极端教条。但是也有一些情况使得学者要去检验正确的论证方法，一般都是在部分数学领域里，里面对他们来说没有什么很为难的地方。这些都是一长串的理论，里面的纯逻辑从一开始就起主导作用，而且都是很自然地进行，这些都是第一个几何学家得出的叫我们去模仿，然后对此感到非常敬佩。

而我们就有必要在这个第一原则里面避免一些很微妙的东西。这看起来是最让我们没信心继续下去的，而且说深点儿，也没有什么用。我们不可能证明出一切，也不可能定义一切。而我们总是要借助直觉。有些事物早出和晚出结果又有什么差异呢？我们都有基础公理，所以我们认为是能学会证明的。

那么，我们能否实现这些相反的条件？如果是下定义，这还有没有可能实现？如何在具体的论述里找出一个马上能使原来的逻辑规则完全符合的地方？而我们都可以用图像来思考，或者我们想在科学的新体系里面发现其有用的一部分。一般我们不可能实现这些，所以我们不足以下定义。所以，我们先要做好准备然后再来验证。

这意味着什么？你也知道我们经常说：每个定义都有一个假设在里面，因为它是针对一个有定义的物体的。我们却没有验证这个定义。

从纯粹的逻辑学来讲，直到有一个人可以证明，没有任何矛盾或对立存在于这些条款或那些先前的规则中。

但是这些远远不够：定义呈现给我们的仅仅是一些规则性的东西，当我们想要把一些专制性的规则凌驾于一些人之上时，他们就会产生一种反叛思想。只有当你回答他们提出的足够多的问题时，他们才会感到满意。

通常情况下，数学的定义就如同里尔德先生说的那样，它是构成不同结构的简单概念。但是为什么在有千种可能的情况下，我们要选择用这种方式来呈现这些概念呢？

这些都是反复无常、捉摸不透的。如果不是这样，那么为什么这一规律比其他规律更加正确且存在更久呢？它需要什么样的反应？人们是怎样预见这一规律可以立足科学界并扮演重要角色的呢？答案是：这一规律可以减少我们推理和计算的步骤。那么在自然界中是否存在类似物体，有着我们所谓的粗糙且模糊的印象呢？

这也并不是全部，如果你以一种格外满意的方式回答这些问题，我们会觉得接受考验和洗礼是新生事物的必经之路。但是，它不是随意的起个名字，取名需要经过一系列的分析，分析是否和其他事物重名了。如果重名了，至少要保证它们中包含不同的物质，或者是在外在形态上有所差异。所以，当分析完它们的组成部分之后，才能说它们是平行物。

在这一点上，我们尽量满足不同的喜好和倾向，如果这些陈述绝对正确，并且能使逻辑学家感到满意，那么评判结果将会使我们感到高兴。但是，我们有一个更好的选择，正当理由应该出现在陈述之前，并且为更好的陈述做准备。人们通过学习一些特定的案例,应该对一般的陈述有所了解。

另外一点是,定义陈述中的每一部分,都是以区分同类事物中的某一不同类别为目的。当你不仅仅展示某一特定物体的定义,而且展示了相近物体的相似定义时,当你抓住了事物间的不同点,并明确的说“这就是我下这个定义的原因”时,这一特殊定义才能被人们所理解。

现在是将我所解释的抽象原则应用到算术、几何和力学研究中的时候了。

算 术

具体数目还不清楚,一个关于整个数据操作的定义,我相信学者们都用心学习了这些定义。我这么说有两个理由:第一,当他们还没有学习定义的必要时,就开始接触这些定义了。但是在逻辑学家看来,这些观点并不令人满意。第二,一个好的定义并不是阻止我们去定义其他的东西。所有我们能做的,就是从一些具体例子开始着手研究,并说“我们所演示的操作只是附属部分”。

开始乘法运算部分,举一个特殊的例子,通过一些相同的数字相乘来解决这一问题。由此得出结论,我们用乘法可以更快得出结果,很多学者都了解这种方法并且对流程了然于心。

除法,其定义与乘法截然相反。但是,除法起源于一个案例,这个例子中,乘法运算催生了被除数。

在分数运算中,依旧可以体现这一规律。乘法运算是唯一的难点,也是最适宜于解释区分的理论,从中我们可以得出一些逻辑结论。但是,要想这些理论被人们所接受,我们必须要研究一些理论和案例。

我们既不应该害怕让这些学者熟悉几何图形的比例,不管是用那些他们已经了解过的,还是借助直觉,这些都可以帮助他们学习几何。最后，我再补充一句，我们学习完乘法的定义之后，就需要学习结合律和分配律，而这些就是我们验证乘法理论的依据。

有人会发现几何在这其中是什么作用，而且科学史和哲学家都证实过。如果算术完全脱离于几何，那么就只会有整数在里面，而且会使整数也适应几何，然后就会产生其他东西。

几　何

在几何里，我们早已熟悉了直线。那我们如何定义直线呢？有一个著名的定义，就是两点之间线段最短，不过我觉得没有那么满意。我一开始就会给那些学者一把直尺，然后通过转动直尺来验证它。这个验证其实就是直线的真正定义。直线就是这个旋转的轴。之后，他就会滑动直尺来进行验证，这就会得出直线最重要的特点之一。

相对于两点之间线段最短这个特点，以上就是一个理论，而且要展现地没有任何争议。但是有一些很细节的地方，我们在中学教育里也不好教。其实我们展示出验证过的直尺很适合于一个伸长的线上。我们不需要列出太多的假设，用一些粗略的实验就可以验证它们。

所以我们还需要感谢这些假设，而且如果你要是认可超出必要的这些假设的数量，弊端就不会那么明显。关键是要学会在我们认可的假设上理性的严密论证它们。萨斯大叔就非常喜欢重复的论证，他经常说人们一般喜欢接受被人告诉他们的想法，但是之后我们揭开这些想法的真面目时，就会毫不犹豫地依赖逻辑。其实这在数学里面也是一样的。

对于圆来说，我们就要从指南针开始。首先，学者们会认为看过去是一条曲线，然后他们观察到仪器上所测的两个距离一直都没变，其中一个点是不动的，而另一个点处于运动状态。因此，我们自然又会转到逻辑思考上面去。

平面设计定义暗示了一条公理在里面，这早已不是什么秘密。拿一块画板来展现移动的直尺一直会与平面完全有联系，然后有三种程度的自由。与直线有关的平面就只有两种程度，与柱形还有锥形相比。然后，我们再拿三块画板。首先我们要展示出它们在相互联系时就会闪光，这对于三种程度的自由也是一样的。最后，为了将这个平面和球形区分开来，我们要展示出两个符合第三个的画板的情况也相互符合。

也许你会对这些运动的东西感到很不可思议，但这不是我们日常使用的那种粗糙的板子，而是比我们开始想象的更具有哲学意义。那么哲学家的几何是什么样的？这就是一个关于一个组的研究了。那又是什么样的一个组？运动的物体组？那关于静止的物体又怎么去定义这个组？

我们应不应该用平行线的经典理论，我们说平行线就是同一平面的两条不会相交的直线，而且要在无限延长的情况下？这当然不可以，我们不大认同这个说法，因为我们的实验验证不了，所以就不可能是我们直觉的一部分。然而，以上的都是这样，因为我说过，我们所说的组还有固体运动的想法是几何的来源。那我们一开始就将固定的形状想象成一个四方形是不是更好，这样所有点的运动都是方形轨迹。而通过直尺上的一个方形的光亮，我们就可以展示这些了。

从这个实验的确定结果，一开始是假设，我们就很容易得出平行线的定义及欧几里得几何公理本身。

力 学

现在我就不需要再强调速度及加速度的定义，还有其他动力理论，而如果这些是通过一些东西得出来的，会更好。

另外，我还要坚持自己的观点，对于力与质量的动力理论。

但我现在被一件事困扰，就是那些完成高中教育的年轻人离运用他们所学的力学理论还差多远。而这不仅仅是他们能力的问题，他们甚至根本就不需要想这些。对他们来说，科学与现实就像一面无法穿过的墙。

我们要是尝试研究那些学者的大脑，我们就会感到没有那么不可思议，我们会看到那些学者们对于力的真实定义，不是他们说的，而是他们大脑中形成的一种想法，并由大脑支配的。他们这样说：力就是一些箭头，可以组成一个平行四边形。而这些箭头都是我们头脑中想象出来的，与现实世界没有任何联系。如果在现实生活中在这些箭头之前就展现给他们力，就不会有这些情况。

那么，我们应该如何定义力？

我认为没有一个很好的逻辑上的定义。这些都是我们人为的定义，根据肌肉感知然后得出我们的感受。这看起来都是粗略的，而且我们不能得出什么有用的东西来。

所以我们首先就要了解力的种类，对于这种不同的种类，我们要一个个展现。而这些种类繁多，又大有不同。就好比在花瓶里，里面的流体有压力，这就可以作为一个种类，包括线的张力及弹性，包括身体所有分子的重力、摩擦力，以及作用与反作用的相互作用影响两个物体的关系。

而这都仅仅是关于质的定义。我们因此很有必要测出力的大小。一开始，我们要了解到一个力会被另一个力取代，而且不会打破力的平衡，这在我们的第一个例子中就有体现，还有波达的双重重量。

然后我们就要知道重量也是会被取代的，不仅仅会被另一个重量取代，而且还会有不同性质的力来取代。比如，普罗尼的摩擦测力计其实是通过摩擦力来取代其他的重量。

这都是关于二力平衡的例子。

所以，我们需要定义力的方向。如果一个力 F 和一个伸长的弦的物体上的力 F' 相等，那么 F 就可以被 F' 取代，二力平衡状态还会保持，而这根弦的连接点就根据定义 F'作用地方，也与 F 相等。所以，弦的方向也就是 F'的方向，对于相等的力 F 也是一个方向。

这样的话，我们先不看力的大小级别。如果一个力可以由两个方向相同的力取代，这两个力与之相等，它们大小是相等的。比如一个 20g 的物体重力可以被两个 10g 的物体取代。

这我们是不是就满足了？不是。我们还要知道如何去比较两个相同方向的力的大小，它们的作用点也一样。而且方向和作用点不同的时候，我们也要会测量它们。这样的话，我们就要想象一条弦有其重量，经过一个轮滑组。假设这根弦的两端绷紧程度是一样的，不管轮滑组数量还有分布情况如何。而且这还要是轮滑组在没有摩擦的情况下，才能实现。

而一旦掌握了这些定义，我们就可以通过力的作用点、方向及大小来定义一个力。两个力如果拥有这三条相同的特质就会一直是相等的，而且相互都能取代，不管是根据力的平衡原则还是在力的运动情况里面，也不管其他的力如何作用。

这样的话，我们就必须展现出两个同时产生的力一直被独一无二的作用力取代，不管物体是移动还是静止的，不管其他的力如何作用，这个作用力一直相同。

但是，我们要说明这些定义的力会满足作用与反作用相等的原则。

这些我们都是通过实验得知，也只通过实验就可以了解其中所有部分。而这就可以让一些很普遍的实验有用武之地，而学者们一般对此很肯定，不会产生怀疑。他们在这些实现之前，也足以进行一些精心准备的实验来做铺垫。

通常我们在走完这些曲折的道路之后，就开始步入正轨，我们用箭头来表示力，而且我还希望论证的过程是从符号到事实。比如，我们用一个由三条线组成的仪器来展示一个四边形的力，经过滑轮组，并且有重要支撑，然后在相同的点上形成力的平衡。

我们知道了力，就不难定义质量，而这次我们就要借鉴动力学的知识了。由于最后我们要给出重量与质量的区别，我们就别无选择。我们的定义要从实验中得出。而这里就好像有一种机器可以很清楚地告知我们什么是质量，什么是艾特乌兹机器，而这也说明了物体落体的状态，即重物体下落的加速度和轻物体是一样的，这与纬度有关。

现在你要是跟我说我认为不错的方法都在学校里教，我应该感到很兴奋而不仅仅是惊讶。因为我们的数学教学过程总体还是不错的。而我不希望相反的情况，这样会让我很有压力。我只希望进步一点一点地到来。但我不愿意教学随着一些时代潮流而不停变化，看起来那么随意。我们要看到它们的教学价值。所以一个好的无缺陷的逻辑就是其基础。比如，我们一直需要定义，但是也需要逻辑定义，这不能被取代。真正的几何只能在更高级的教学过程时才能更好地教授，我们也要期望早点能够教这些逻辑。

不过你还得明白我并不是想颠覆之前的想法，虽然我现在有机会来反驳我之前认为不错的理论。而这批判在今天看来也很在理，但是其定义是要经过修改的。但是我们也要这样才能得以进步。

第三章　数学与逻辑

I

如果没有数学特质的理论在里面，数学是不是就成了逻辑学？而现在有一个学派，非常信仰这些，也有确定目标，在努力证明这些。他们有自己的语言，都是用一些符号来表达，而不是语言。这些语言也只有那些编出它们的人才能明白，在我们外人看来就是一些很肯定的证明而已。然而我们更进一步证明这些道理其实也不是没有任何意义的，我们还可以看到它们是不是这样在我们世界中的。

但是，我们为了了解自然，必须引入一些历史事实，就需要参考康德的一些著作。

在这之前的很长一段时间，就有“无限”的概念被引入数学中，但这个“无限”是哲学家所说的正在接近的那个“无限”。数学的“无限”就仅仅是一个数量，它可以不断增加，会超过所有极限。这个数量其实是可以变化的，而我们不能说它已经超过所有的极限了，只能说可以超过。

而康德就引入了一个实际的“无限”概念，也就是说，一个数量并没有超过所有的极限，而是我们默认已经超过了。所以，他就会这样发问：这些点是不是都超过了所有整数？这是不是平面里多余的点？

那么整数的集和平面的点数量是不是有他所说的无限数量，也就是说这无限的数比所有有限的数要大。而他就会去比较这些无限的数，在这些无限的数之间的比较中，他就会根据这些得出对它们的想象及认识，我就不多说了。

所以之后有很多数学家追随他的研究，并产生了一系列的疑问。他们对有限的数那么的熟悉，都可以将这些理论化然后与康德所说的数量有关系。在他们的眼里，如果要用完全逻辑的方法来教算术，就应该从无限数的一般规律开始，这就要在所有整数里分出一小部分。而我们要感谢这样的分类，因为这样我们才能在不借助跟逻辑无关的理论的情况下成功证明出跟这个小部分有关的特点（指整个代数和算术体系）。不过这和我们正常的认知是相违背的。我们的数学认知发展显然不走这条道路。所以我认为作者并不是梦想将这变为第二种方法以此来教学。但是至少在逻辑上，这是对的。所以这就值得怀疑。

不过，相当多的几何学家也在用这些。他们不停地得出公式，认为公式不再取代那些解释性的话语，就和普通数学书一样，这样他们就能从非纯逻辑中解脱出来，但是这种方法已经完全消失了。

但是他们很不幸地得出一个很矛盾的结果，也就是康德矛盾，我们等会儿再说。但他们并没有被这些吓倒，而是尽量改变自己得出定理，让它们不再矛盾，然而我们不能确定是不是所有新得出的定理他们都能明白。

Ⅱ

这些年里，许多纯粹数学和数学哲学方面的著作陆续出版，试图把数学推理中的哲学部分从中分离或独立出来。而这些作品在库蒂拉特先生的《数学原则》一书中都有详细的分析与解释。

在库蒂拉特先生看来，这些新著作，尤其是罗素和皮亚诺的作品，最终解决了莱布尼茨和康德之间长期悬而未决的争论。这些表明，不存在经验的综合判断（康德称呼判断的用语，这种判断既不能通过分析加以证明，也不能还原为恒等，也不能用实验确立），与此同时，它们还表明，数学完全可以还原为逻辑，直觉在这里没有任何作用。

这就是库蒂拉特先生在刚才引用的作品中想要陈述的东西，而且他在康德逝世纪念日的演讲中更加明确地阐述了这一点，因此我听到周围的人在窃窃私语："我肯定这是康德逝世一百周年的纪念。"

我们能同意这种决定性的谴责吗？我认为不能，并且我会全力证明为什么。

Ⅲ

在数学中，首先冲击我们的是它的纯粹的形式特征，希尔伯特说："我们设想三种事物，我们称其为点、直线和平面。我们规定两点确定一条直线，若不说两点确定一条直线，我们可以说这条直线通过这两点，或者说这两点位于这条直线上。"我们不仅不需要知道这些事物是什么，而且我们也不应该企图证明它。我们不需要知道，而且那些从来也没有看到过点、直线或平面的人也能像我们一样地研究几何学。"通过"这个用语，或者"位于……上"这个用语不可能在我们身上产生一种形象，因为前者仅仅是"被决定"的同义语，后者仅仅是"决定"的同义语。

这样，我们就应该明白，为了证明一个定理，不仅没有必要知道它意味着什么，甚至也没有什么好处。几何学家可以被斯坦利·杰文斯设想的"逻辑皮亚诺"取代；或者，如果你愿意的话，你可以设想一种机器，在一端输入假设，另一端就会输出定理，就像传奇的芝加哥机器一样，将活猪放入一端，另一端就会出来火腿和香肠。而数学家们不过是这些机器，他们不需要知道他在做什么。

我并不会因为希尔伯特几何学这种形式特征而责备他。因为在指出了他分配给自己的问题后，这正是他应走的道路。他希望把几何学的基本假定的数目缩减到最小，并完备地列举它们；现在，在我们思维还是能动的推理中，在直觉还起作用的推理中，在具有生机的推理中，可以说，不引入通行证未被察觉到的假定或公设是很难做到的。因此，只有在把所有几何学推理为纯粹机械的形式后，他才能保证实现他的计划并完成他的工作。

希尔伯特对于几何学所付出的努力，其他人在算数和解析方面也尽力去做。即使他们完全成功了，康德主义者最终会被谴责得哑口无言吗？也许不会，因为在把数学思想还原为空洞的形式时，它肯定是残缺不全的。

即使人们承认，所有定理都能用纯粹解析的程序，用有限数目的假定的简单逻辑组合推导出来，并且这些假定仅仅是约定俗成的规定；但是，哲学家仍然有权利调查这些规定的起源，弄清楚为什么它们会更倾向于相反的定理。

可是，从假定推导定理的推理逻辑的正确性并不应该是我们忙碌的唯一事情。完善的逻辑法则，它们是整个数学吗？不妨说，下棋的整个技巧归结为棋子走法的规则。在由逻辑建立起来的一切结构中，必须作出选择；真正的几何学家之所以明智地作出这种选择，是因为他受可靠的本能指导，或者受比较深奥隐秘的几何学的某种模糊意识的指导，而就是这些，才使得这些结构有了价值。

寻求这种本能的起源，研究这种只可意会不可言传的深奥几何学规律，对于不认为逻辑即是一切的哲学家来说，可能是一件极好的工作。但是，我本人希望提出的并不在于这个观点，我希望考虑的问题也不是这样的。对于发明家来说，所提到的本能是必要的，但是在学习先前创立的科学时，似乎没有本能我们也能行动。好了，我希望弄清楚的是，逻辑原则一旦被承认，人们是否真的能够证明——我不说发现——所有数学的真实性而不重新诉诸直觉。

Ⅳ

最近的著作能够修改我们的回答吗？对于这一问题，我曾说不能。我之所以说不能，是因为“全归纳原理”在我看来似乎是数学家所必需的，但是并不能还原为逻辑。这个原理是这样陈述的："如一种性质对数1为真，倘使它对n为真，若我们确认它对$(n+1)$为真，则它将对所有的整数都为真。"在其中，我看到了数字推理的正常优点。我并不是说，与人们设想的一样，所有的数学推理都能够还原为这个原理的应用。仔细审查这些推理，我们能看到其中应用了许多其他类似的原理，呈现出同样的必需的基本特征。在原理这个范畴中，全归纳原理只是所有原理中最简单的。这就是我把它选作典型的原因。

全归纳原理这个现行的名称，并未受到辩护。这种推理模式仍然是真正的数学归纳法，它与通常归纳法的差别仅在于它的确实性。

V

这样的原理的存在对于毫不妥协的逻辑主义者而言，是一种障碍，他们企图摆脱它！他们说，全归纳原理不是严格意义上所谓的假定或先验综合判断；它恰恰只是整数的定义。因此，它是简单的规定。要讨论这种观察的方法，我们必须仔细地审查一下定义和假定之间的关系。

我们首先回到库蒂拉特先生论述数学定义的文章，该文章发表在巴黎戈蒂埃·维拉斯和日内瓦热奥尔出版的《数学教学》杂志上，从中，我们将看到直接定义和公设定义之间的区别。

库蒂拉特先生说："共设定义不适用于单个概念，而适用于概念系统；它在于列举出把概念结合起来的基本关系，并且这些关系能使我们证明概念的其他一切特征，这些关系即是共设。"

如果所有这些概念除一个之外都被预先定义，那么这个剩下的概念按照定义将是这些共设的东西。这样一来，某些不可证明的数学假定只可能是伪装的定义。这个观点往往是合法的；例如，提到欧几里得共设，我本人就承认它。

几何学的其他假定不足以完备地定义距离。根据定义，在所有满足另外这些假定的量中，距离将是能使欧几里得共设为真的这样一种量。

我对于欧几里得共设所承认的东西，使逻辑主义者假定对于全归纳原理也为真；他们想把它仅仅看作伪装的定义。

但是，要给他们这种权利，必须满足两个条件。斯图尔特·穆勒说，每一个定义都隐含着假定，而通过这个假定，被定义的对象才被确定。依据这种说法，定义不会再是可以被伪装成定义的假定，相反，它也许是可以被伪装成假定的定义。斯图尔特·穆勒在实质性的和经验的意义上认为有“存在”一词。他的意思是说，在定义圆时，自然界中肯定存在着圆形的事物。

在这种形式下，他的观点是无法接受的。数学与事物对象的存在无关；在数学中，“存在”一词只能有一种意义，意思是没有矛盾的形式。这样纠正以后，斯图尔特·穆勒的思维就变准确了。在定义一种事物时，我们要肯定该定义不包含矛盾。

因此，如果我们有一个共设系统，并且能够证明这些共设不隐含矛盾，那么我们就认为它们表示了进入其中的概念之一的定义。如果我们不能证明这一点，就必须在没有证据的情况下承认它是一个假定；这样一来，要在共设下寻找定义，就应该在定义下发现假定。

通常，要表明定义不隐含矛盾，我们要用范例进行，我们力图使事物的范例满足定义。举一个用共设定义的案例：我们希望定义概念A，按照定义，A是任何对其他某些共设为真的事物。如果我们能够直接证明，所有这些共设对某一对象B为真，那么定义B将受到辩护，这个对象B就是概念A的范例。因此，我们能确定共设没有矛盾，因为存在着它们同时都为真的案例。

但是，这样的通过范例的直接证明并非总是可能的。

要确立共设不隐含矛盾，必须考虑从这些作为前提看待的共设中可以推导出的所有命题，并表明在这些命题中没有两个是矛盾的。如果这些命题为有限数，那么直接证实就是可能的。但这种案例很少发生，而且毫无趣味。如果这些命题在数目上是无限的，这种直接的证实就不能够进行了。这样就必须求助于一些程序，在这些程序中，一般必须要用到全归纳原理，而这个原理恰恰是已被证明的东西。

这是逻辑主义者应该满足的条件之一的说明，进而我们会看到他们并未这样做。

Ⅵ

还有第二个条件。当我们下定义时，正是利用了它。

因此，我们将在阐明的结局中寻找被定义的词。我们有权利肯定符合这个定义的共设能够代表用这个词所表示的事物吗？显然有权利，倘若这个词意义始终不变，并且我们不隐含地赋予它以不同的意义。这就是时常发生的情况，通常很难觉察它。需要查一下，这个词是怎么进入我们的论述的，它进入的大门是否实际上不隐含与所陈述的定义不同的含义。

这个困难在所有的数学应用中都有出现。人们给予数学概念以十分精练、十分严谨的定义；对于纯粹数学家来说，所有的疑问都不存在。但是，如果人们想把它应用于例如物理科学，那就不再是纯粹概念的问题，而是其他具体对象的问题，而这个具体对象往往只不过是它的粗糙图像。说这个对象满足定义，至少得近似地满足定义，就是陈述了一个新的真理，唯有经验才能够毫无疑问地提出新真理，并且新真理不再具有约定的共设的特征。

但是，尽管没有超越纯粹数学，我们也遇到了同样的困难。

你给出了数的微妙定义，而且，一旦给出了这个定义，你就不再去想它，因为实际上，它并不是教给你数是什么。你早就知道这一点，当你用钢笔写出数这个词时，你赋予它的意义与第一次碰到它时相同。为了知道这个意义是什么，以及它在这个短语或它在别的短语的意义是否相同，那就需要考察一下，你是如何被引导说出数这个词的，你是怎样把这个词引入这两个短语的。我暂时还不想详述这一点，因为我还有机会回过头来谈它。

考虑到这样一个词，我们明确地给它一个定义 A。此后，我在论述中使用它时，便隐含地假定了另一个定义 B。有可能，这两个定义指示同一事物。但是正是如此，这才是一个新真理，我们必须证明或承认它是一个独立的假定。

我们进而看到，逻辑主义者并没有满足第二个条件，正如他们没有满足第一个条件一样。

Ⅶ

数的定义很多，而且各不相同，我甚至只好放弃列举它们的作者的名字。在这里有如此之多的定义，我们不应为此而惊讶。如果其中之一是令人满意的，那么人们便不会给出新的定义。如果每一个从事这个问题的新哲学家都认为他必须发明另一个定义，这是因为他不满意前辈的那些定义。而他之所以不满意它们，是因为他认为他看到了预期理由。

在阅读论述这个问题的著作时，我深感不安，总是期待偶然碰上预期理由，当我没有及时察觉它时，我担心遗漏了它。

这是因为，要下定义不用句子是不行的，而不用数词，或只用几个词或复数词，便很难造出一个句子。因此，倾斜是很容易滑脱的，时刻都存在着陷入预期理由的危险。

接下来，我将只集中注意那些最能够隐藏预期理由的定义。

Ⅷ

在这些新研究中，皮亚诺所创造的符号语言起着十分重大的作用。

它能够提供某种帮助，但是我认为，库蒂拉特先生把过大的重要性赋予它，这必定会使皮亚诺本人感到惊讶。

这种语言的基本要素是某些代数记号，它们代表着各种连接词：如果、与、或、因此。这些记号也许是方便的，这是有可能的；但是，说它们注定要使整个哲学发生革命，则是另一回事。人们很难相信，当把“如果”这个词写成“?”，就能得到把它写成“如果”时所得不到的价值。皮亚诺的这一发明初期被称为通用书写法，这就是说，写数学论文的技艺不需要用日常语言。这个名称十分准确地定义了它的范畴。后来，由于授予它数理逻辑的头衔，它的地位也随之提高不少。这个似乎在军事学院使用的词汇，用来称呼高度机动的地面部队的军需军官之技艺、部队行军和驻扎之技艺；但是在这里，不要害怕弄混，马上就可以看到，这个新名称包含着使逻辑发生革命的方案。

我们可以看到布拉利·福尔蒂在题为《论超限数问题》的数学论文中所使用的新方法，该论文登载在《帕勒莫数学会报告》第六卷上。

这篇论文开始是十分有趣的，我在这里之所以把它作为例子举出来，是因为它是用新语言学出的全部论文中最重要的一篇。此外，由于有意大利文的隔行对照英文，未入门者也可以阅读它。

这篇论文的重要性在于，它给出了在研究超限数时所遇到自相矛盾的第一个例子。多年来，那些自相矛盾一直使数学家感到绝望。布拉利·福尔蒂说，这篇短文的目的是证明可以存在这样两个超限数（序数）a 和 b，其中 a 既不等于 b，也不大于或小于 b。

为了使读者放心，为了解释紧接着的问题，读者并不需要知道超限序数是什么。

现在，康托尔精确地证明了，在两个超限数之间，正如在两个有限数之间一样，除了在一种意义上或另一种意义上的相等和不等之外，不能有其他关系。但是，我希望在这里讲的，并不是这篇论文的实质，那样会使我离题太远。我只希望探讨形式，而且正好要问，这种形式是否能使它获得更多的活力，从而让它能补偿强加在作者和读者身上的辛劳。

首先，我们看到布拉利·福尔蒂如下定义数1：

$1=\alpha(Kon(a,h))\cdot(wuc)$

该定义十分适合把数1的概念解释给从来也没有听说过它的人。

我对于皮亚诺的学说了解得太少，因此我不敢冒昧地批评它，但是我仍旧担心这个定义包含着预期理由。这是由于考虑到，我在第一部分看见数字1，而在第二部分却变成字母Un。

不管怎样，也许布拉利·福尔蒂是从这个定义开始的，在简短的演算之后，便得到方程：$I=T'\{K\hat{on}(u,h)e(v_eV_n)\}$

leNo，

这告诉我们，1是数。

我们面对着头一批数的定义，回想起库蒂拉特先生也曾定义过0和1。

0是什么？它是空类的元素的数量。空类又是什么？它是无元素的类。

用空定义零，用无定义空，这实际上是滥用语言资源；库蒂拉特先生对他的定义进行了改进，并写成：

0=∽:Φx=∧·Q∂·∧=($xe\Phi x$)

这意味着：0是满足从来也不能满足的条件的事物的数量。

可是，鉴于从来也不的意思是从不，我看不到有什么大进步。

我赶紧附加说，库蒂拉特先生给出的数1的定义更加令人满意。

他说，1本质上是，在一个类别里面任何两个元素在数量上都是恒等的。

我已经说过，在这种意义上定义1更加令人满意，因为他没有使用一这个词。为了弥补这一点，他使用了二这个词，我担心如果问什么是二时，库蒂拉特先生也许不得不用到一这个词。

Ⅸ

返回到布拉利·福尔蒂的论文。我们已经说过，他的结论与康托尔的结论直接对立。当时，阿达马先生有一天来看我，话题落在这种致命的自相矛盾上。

我说：“在你看来，布拉利·福尔蒂的推理似乎不是无可指责的吗？”

“不，相反，我一点儿也没有发现反对康托尔的推理中的东西。而且，布拉利·福尔蒂没有权力讲所有序数的集合。”

“不好意思，他有权利讲，因为他总是能够设 $0=r(\mathrm{No},7>)$，我想知道，是谁妨碍了他，当我们把一个事物叫作 Ω 时，能够说它不存在吗？”

这是徒劳的，我不会相信他（而且，这样做也许糟透了，因为他是正确的）。这仅仅是因为我没有用足够的雄辩术来讲解皮亚诺的学说吗？也许如此，但是，在我们中间，我不认为是这样的。

因此，尽管有这种通用书写法工具，问题并没有解决。这证明了什么呢？这问题只是证明，就数而言，通用书写法足够了，但是，如果困难摆在面前，如果需要解决自相矛盾时，通用书写法就变得无能为力了。

第四章　新的逻辑思维

罗素是多么正确啊。候选人通常会煞费苦心地得到第一个假方程；但是，一旦获得，之后只有行动会为他积累令人惊讶的结果，其中一些甚至可能是正确的。

I

我们知道新逻辑要比经典逻辑丰富；不同组合的符号成倍增加，并且不再局限于数字。对逻辑这个词的意思，能给一个正确的扩展吗？检查这个问题和罗素一起寻求关于这些字的争论，这将是无用的。给他想要的一切，但是如果某些真理在不同的新逻辑下被宣布不可行，不要觉得很惊讶。大量的新观念被引入，这些不仅仅是旧观念简单的组合。罗素很清楚这一点，不仅仅只是在第一章"逻辑命题"的开始部分，而且在第二章"类的逻辑"和第三章"逻辑的联系"中也有，他介绍了一些他宣称莫名的新单词。

这并不是所有的；他同样介绍了一些他宣称不能证明的原则。但是这些不能证明的原则是源于直觉和先天综合判断。当我们在数学论文中或多或少明确阐述时，我们认为是直观的，就因为逻辑这个词的意思已经被扩大，并且我们发现它们在一本名为《论文逻辑》的书中，它们就改变了本性吗？它们没有改变本性，只是改变了地方。

II

这些原则被认为是伪装的定义吗？这将有必要用某种方式来证明

它们没有矛盾。它也需要去建立这些方法，无论这和一系列的减税之间相差多远，它永远也不会暴露于自我矛盾。

我们可能会试图作出如下解释：我们可以验证，应用于前提免除矛盾的新逻辑的操作只能给后果同样免除矛盾。因此，如果 n 次操作后我们没有遇到矛盾，$(n+1)$ 次操作后我们也不会遇到。因此，应该有一个时刻矛盾开始，它显示了我们永远不会满足，这些是不可能的。我们有权以这种方式作出解释吗？没有，因为这要利用到完整的感应；但是记住，我们目前还不知道完整的原则归纳。

因此，我们没有权利认为这些假设是伪装的定义，并且只给我们留下一个资源去承认他们中每一个新行为的直觉。而且我相信这确实是罗素和库蒂拉特的思想。

因此，9 个模糊不清的概念和 20 个不能证明的命题中的任何一个(我相信如果是我计算的，我应该会找到更多一些)都是新逻辑的基础，广义上的逻辑，是我们的直觉的一个新的、独立的行为和一个名副其实的先天综合判断。在这一点上似乎都统一了，但是罗素的主张，让我怀疑的是，在这些诉诸直觉之后，那将是结束，我们需要使没有其他人，可以在没有任何新元素的干预下构建数学。

III

库蒂拉特经常重复提到这个新的逻辑是完全独立的数的概念。我将不会通过计算他的阐述中有多少表示数字的形容词来自我愉悦，基数和序数或无限期形容词等几种。然而，我们列举了如下一些例子：

“两个或两个以上命题的逻辑结果……”；

“所有的命题都是只能有两个结果，正确与错误”；

“相对关联的两个关系是联系”；

“两项之间存在的关系”等。

有时这种不便并不是不可避免的，有时也很重要。没有两个术语的关系是难以理解的，它是不可能有关联的直觉，没有统一的两项，并没有注意到它们两个，因为如果关系是可能的，它是必要的，有且只有两个。

Ⅳ

我理解库蒂拉特所说的序数理论中所谓正确是算术的基础。库蒂拉特首先盯着皮亚诺的五个假设，这是独立的，已经被皮亚诺和帕多阿证明。

(1)零是一个整数。

(2)零不是任何整数的继任者。

(3)一个整数的继任者是一个整数。这将是适当的增加，每个整数都有继任者。

(4)两个整数是相等的，如果它们的继任者是零。

第五个假设是完整的原则归纳。

库蒂拉特认为这些假设是伪装的定义，它们通过对为零、继任者和整数的假设构成了定义。

但我们已经看到一个定义的假设是可以接受的，我们必须能够证明它意味着没有矛盾。

是这种情况吗？根本不是。

演示不能由例子来做。我们不能取出一个整数的一部分，例如前三，然后来证明它们满足的定义。

如果我取 0、1、2 这样一列数，我知道它可以满足假设 1、2、4 和 5，但是为了满足假设 3，3 是一个整数这仍然是有必要的，因此，系列 0、1、2、3 满足这个假设。我们也许会证明它满足假设 1、2、4、5，但除此之外，假设 3 要求 4 是一个整数，并且序列数 0、1、2、3、4 满足假设等。

因此，不去证明所有而是只证明某些整数，这是不可能的，我们必须放弃通过例子证明。

然后有必要得出所有假设的结果,看它们是否包含矛盾。

如果这些结果是有限的数量,这将是容易的,但它们在数量上是无限的;它们是整个数学,或者至少所有算术。

是接下来要做什么呢? 或许我们可以严格重复 3 号的推理。

但是正如我们已经说过,这个推理是完整的归纳,正是完整的归纳原则,它的理由有点儿问题。

V

"但是,"希尔伯特(Moist,P_{340})说,"在细心的考虑时我们意识到,在通常的定律逻辑的阐述中,某些基本概念的算法已经使用;例如,总体的概念,在一定程度上也是数的概念。"

"我们因此陷入了一个恶性循环,为了避免矛盾,部分同步发展的逻辑和算术法则是必要的。"

正如我们从上面看到的,希尔伯特说的在常用阐述中的逻辑原则同样适用于罗素的逻辑。因此对于罗素来说,逻辑是先于算术的;对希尔伯特而言,它们是同时的。我们将找到更多更大的差别,当我们找到时我们应当指出它们。我喜欢一步步跟随着希尔伯特的思想发展,引用文本最重要的段落。

"让我们首先考虑作为我们的基础的 1(一)。"(P_{341})请注意,这样做绝不意味着数量的概念,因为据了解,1 在这里只是一个象征,我们根本不知道它的意思。"这个东西联同本身一起分为两个、三个或更多倍……"啊! 这次不再是相同的;如果我们介绍"二""三"的话,最重要的是"更多""几个",我们介绍的数量的概念;然后我们目前发现的有限整数的定义会太迟了。我们的学者太谨慎而不理解这问题。所以在他的工作结束时,他试图进入一个真正的修补过程。

希尔伯特接着介绍了两个简单的对象“1”和“＝”，并考虑这两个对象的所有组合，所有组合的组合等。不用说，我们必须忘记这两个标志的普通含义。

后来他把这些组合大致分为两类，一类存在，一类不存在，在另有命令之前，这种分离是完全任意的。每一个肯定的声明告诉我们，某些组合属于存在的一类；每一个否定的语句告诉我们，某些组合属于不存在的一类。

Ⅵ

现在注意区别最高的重要性。对罗素来说，任何指定为 x 的对象，绝对是一个完全破坏和他认为没有意义的对象；对希尔伯特来说，它是由符号“1”和“＝”形成的一个组合，他无法想到除去已经定义的对象以外的任何组合。此外，希尔伯特用最直接的方法规划他的想法，我认为我必须毫无删节的复制他的声明（P_{348}）。

假设任意数（等效的概念“每一个”和“所有”的惯常逻辑）只代表那些想到的事情和它们与另一个的组合，在这个阶段是制定基本定义或重新定义。因此在演绎推理的假设中，发生在假设中的任意数，能够被这样考虑的事情以及它们的组合所替代。

“我们也必须适时地记住，通过追加，使新考虑事情的基本原则在假设之前扩大它们的有效性，并在必要时，做出相同的改变。”

这与罗素观点的对比是完整的。对于这个哲学家而言，我们不仅可以用 x 代替那些已知项，任何东西都能替代。

罗素是忠于他的观点的，这是理解得出来的。他从一般的想法开始，通过添加新的品质来限制它，从而变得越来越丰富。相反，希尔伯特尽可能地识别人类已知对象的组合，以便（看着他的思想的一侧）我们可以说他扩大了视野。

Ⅶ

让我们继续阐述希尔伯特的想法。他介绍了两个在他的符号语言中陈述的假设,但那表示,在不知情的语言中,每一个数量等于本身和每个操作执行后两个相同的数量会给出相同的结果。

所以说,它们是明显的,但因此去陈述它们会歪曲希尔伯特的观点。在他看来,数学必须与纯符号结合,真正的数学家应该在对它们的意义没有偏见的情况下论证它们。所以如果他的假设不适合他,那什么适合普通人。

他认为他们是代表假设定义的符号(=)迄今为止空白的意义。但要证明这个定义,我们必须证明这两个假设不会产生矛盾。对此,希尔伯特使用Ⅲ的推理,似乎没有察觉到他是使用完整的归纳。

Ⅷ

希尔伯特回忆录的末尾是十分神秘的,我不会把重点放在那上面。矛盾积累;我们认为作者隐约意识到他已经承诺的预期理由,他徒劳地寻求修补自己论点的漏洞。

这是什么意思呢?在证明点的整数定义时,假设完全归纳意味着没有矛盾,希尔伯特放弃了,正如罗素和库蒂拉特放弃一样,因为难度太大了。

Ⅸ

库蒂拉特说几何是一个巨大教条的躯体,在教条中,有着完整的归纳不进入的原则。在一定程度上这是真的;我们不能说完全没有,但它进入得非常轻微。如果我们指的是合理几何霍尔斯特德博士(纽约,1904年约翰·威利父子)依法建立希尔伯特的原则,我们看到的原则归纳首次进入 114 页(除非我做一个监督,这很有可能)。

所以,几何在几年前似乎为直觉的统治是毫无争议的一个领域,但是在今天,几何似乎是逻辑学家胜利的领域。没有什么可以更好地衡量希尔伯特的几何作品的重要性和它们留在我们观念中的深远印象。

但不要自欺,究竟几何的基本定理是什么呢?是几何学的假设意味着没有矛盾,这个我们不能证明没有原则的归纳。

希尔伯特如何证明这个至关重要的点?通过分析在算术和归纳中的原则。

如果一个发现另一个证明,它仍然需要依靠这一原则,因为必须证明假设的可能后果是不矛盾的,是无限的。

X

我们立刻得出的结论是,归纳法的原则不能被视为对整个世界变相的定义。

这里有三个事实:(1)完整归纳法的原则;(2)欧几里得原理;(3)磷的物理定律,根据它在 44℃融化(被勒罗伊引用)。

这些据说是三个伪装的定义:第一,整数的;第二,直线的;第三,磷。

我承认其中的第二种,但是我不承认其他两种。我必须解释这个明显不一致的原因。

首先,我们只能看到一个定义是可以接受的,如果这没有矛盾。我们展示了同样的第一个定义,这个证明是不可能的;另一方面,我们刚刚回忆到,希尔伯特说的第二条给出了一个完整的证明。

对于第三条,很显然,它意味着没有矛盾。这是否意味着定义可以保证被定义对象的存在?正如它本应该这样。在这里不再是数学科学定义,而是在物理科学上定义,“存在”这个词已经不再有相同的意义。它不再意味着没有矛盾;这意味着客观存在。

你已经看到第一个我在三个例子之间作出区别的理由;还有一个理由,就是在应用程序中我们必须制作这样的三个概念,它们通过这三个假设正如所定义的一样向我们陈述他们自己吗?

归纳法原理的应用可能是无数的,例如,上面我们已经阐述的其中一个,在试图证明一个聚合的假设不会导致矛盾。对此,我们考虑一个三段论的系列,我们可能会以这些假设作为前提。当我们完成了第 n 个三段论,我们看到我们仍然可以做另一个,这是第$(n+1)$个。因此,数字 n 是用来计算一系列连续操作;这是一个通过递增获得的数量增加。因此这是一个数字,从中我们可以通过连续减法回到团结。显然我们不能这样做,如果我们令 $n=n.1$,从那时起,我们应该总是获得相同数量。所以,我们引导考虑这个数 n 的方式暗含着有限整数的定义,这个定义如下:一个有限整数是可以通过连续增加获得的;这是 n 不等于 $n.1$。

那是理所当然的,但我们该怎么做呢?我们表明,如果没有矛盾,直到第 n 个三段论,那么不再会有第$(n+1)$个,并且我们不会再得出结论。你会说:我有权得出这个结论,因为整个数字是根据定义的那些喜欢推理是合法的。这意味着另一个整数的定义如下:一个整数是可以循环推理的。在特定的情况下,我们可能会说,如果没有矛盾的时候,一个三段论的数量是一个整数,带有没有矛盾的时间数量的三段论也是整数,我们需要担心没有矛盾的三段论的数量是一个整数。

两个定义并不相同,它们无疑是等价的,但只是凭借先天综合判断,我们不能从一个元素传递到另一个通过纯粹的逻辑过程。因此我们没有权利采取第二个,之后介绍了整数的方式是以第一个为先决条件。

另一方面,关于直线会发生什么呢?我对此已经作出解释了,以至于我又重复了一遍,并受束缚于我的简要概括。我们没有,因为在前面的情况下,两个等价定义逻辑上不可约的一个。我们只有一个使用单词。如果还有另一个我们觉得不能够的证明话,因为我们有直线的直觉或我们自己指出直线？首先，我们不能在几何空间中描绘它，但是只有在有代表性的空间，我们可以向自己描绘也拥有其他属性或直线的对象，保留满足欧几里得的假设。这些对象是非欧几里得的直线，这从一定的角度上不是没有意义的实体，但圆（真圆的真实空间）正交于某一领域。在这些同样具有代表性的对象中，如果这是第一（欧几里得直线）我们称之为直线，而不是后者（非欧几里得的直线），根据定义，这是合理的。

最后到达第三个例子，磷的定义，我们认为真正的定义是：磷就是我在那边烧瓶中看到的一些物质。

Ⅺ

自从我开始研究此话题，一直有一个疑问。那就是关于磷的例子："这个命题是一个真正的可验证的物理定律，因为那意味着磷都拥有相同的性质，即保存其熔点，大概在 44℃。"回答是："不，这定律是不可验证的，因为两类似磷熔点大概会在 44℃和 50℃，可能是说，毫无疑问，除了熔点，还有其他一些未知的属性，它们之间是有区别的。"

那不是我想说的话。我应该写下来，所有的物体都具有这样有限的类似性质（即在化学书中说明磷除熔点外的性质）在 44℃熔化。

更好的证据去直接区分磷的特性的方法，又一个例子。在自然界中，有许多图像或多或少不完美，其中最主要的是光线和固体的旋转轴。假设我们发现光线不满足欧几里得公理（例如通过展示一个行星的负视差），我们怎么办？我们的结论是，根据轨迹的定义，光的轨迹不满足假设，或另一方面，由定义满足的假设，光线不直。

确实我们可以自由选择一种或另一种定义，因而得出一个或另一个结论；但采用第一个将是愚蠢的，因为光的射线可能不仅仅完全满足欧几里得的假设，而是直线的其他属性，所以如果它偏离欧氏直线，不偏离固形物的旋转轴是另一个不完美的图像的旋转轴；而最后它无疑受到改变，所以这样的线，昨天是直的，明天如果一些物理环境改变了，将不再是直的。

假设现在我们发现磷不在44℃熔化，但在43.9℃熔化。我们认为磷被定义，它融化在44℃，这个熔点的磷，难道不是真的磷，或者，在另一方面，磷在43.9℃熔化？在这里我们又可以自由地采用一个或另一个定义，因而得出一种或另一种结论，但采取第一个是愚蠢的，因为我们不能通过每次确定一个新的熔点而改变一个物质的名称。

Ⅻ

总之，罗素和希尔伯特都作出了积极的努力，他们都写了一篇充满原创观点的作品，深刻而有理。这两个作品给我们太多的思考，我们有很多要学习的。

但是，说他们解决了康德和莱布尼茨的争论，毁掉了康德的数学理论显然是不正确的。我不知道他们是否真的相信自己已经做到了，如果他们相信，他们就欺骗了自己。

第五章　逻辑学的最新进展

逻辑学家的最新努力

逻辑学家试图回答前面的注意事项。为此，逻辑转换是有必要的，特别是罗素修改了他最初观点中的某些点。没有进入讨论的细节，我想回到我心中最重要的两个问题：规则的逻辑证明了他们的丰收和绝无错误吗？他们有办法证明完全归纳的原则而不是靠直觉，这是真的吗？

逻辑的绝对性

在生产力问题上，貌似库蒂拉特有着天真的幻想。根据他的说法，逻辑给予发明"高跷和翅膀"，在下一页中："十年的翅膀，没有飞！那又怎么样？"

我给予皮亚诺最高的尊重，他做了非常漂亮的事情（比如他的空间曲线），但毕竟他没有比大多数的数学家走得更快更远。

相反，我只看到符号逻辑带给发明家的桎梏。它对简洁性没有任何帮助——远非如此，如果 27 个方程需要建立一个数字，有多少需要证明的定理呢？如果我们用怀特黑德的方法区分单独的 x，唯一的类成员就是 x，必称为 x，然后只有类的成员必称为 x 和 ux。你认为这些可能会很有用的区别，会加快我们的步伐吗？

逻辑让我们不得不说所有的逻辑通常是留下来被理解的，它让我们一步一步前进，这也许是可靠的，但不会更快。

这不是你们逻辑学家给我们的翅膀，而是扶手索。我们有权要求这些扶手索防止我们的下降。这将是他们唯一的借口。当债券不能支付更多的利息时，它至少应该是一个投资。

你的规则应该被盲目地遵从吗？是的，否则只有直觉可以使我们区分它们，但是它们必须是可靠的，因为只有有一个可靠的权威，一个人才可以盲目地自信。因此，这对你来说是必需的。你应该是绝对可靠的，或者一点儿也不。

你没有权利对我们说："我们犯错误是真的，但是你也一样。对我们而言，犯错误是不幸的，一个非常大的不幸；但是对于你，犯错就是死亡。"

你可能会问：算术的绝无错误能防止错误吗？规则的计算是可靠的，但我们会看到那些不适用于这些规则的大错，但在检查他们的计算时，一度被认为他们错了。这不是在所有的情况下，逻辑学家已经应用了他们的规则，他们已陷入矛盾，这是真的，他们正准备改变这些规则和"牺牲类的概念"。如果是可靠的，为什么要改变它们呢？

"我们不是义务的，"你说，"去解决所有可能的问题。""哦，我们不要问你这么多。面对一个问题，如果你给不出解决方案，我们应该没什么可说的，但是相反你给我们两个方案和这些矛盾因素，因此至少有一个错误，这就是失败所在。"

罗素试图调和这些矛盾，只能根据他的说法"通过限制甚至牺牲类的概念"来做。库蒂拉特发现他尝试的成功之处，补充道："如果逻辑学家曾在别人失败的地方取得成功，庞加莱会记得这句话，会给逻辑学解决方案的荣誉。"

但是没有！逻辑学存在，它已经有四个版本的代码，或者说这段代码就是逻辑本身。罗素正在准备展示这两个矛盾的推理中至少一个是违背了代码？不，他是准备改变这些定律和废除其中的一些。如果他成功了，我要将荣誉给罗素的直觉，而不是他即将毁灭的 Peanian 逻辑。

自由的矛盾

我做了两个主要反对整数采用逻辑学的定义。库蒂拉特对于这些反对中的第一个会说些什么呢?

数学中存在这个词究竟是什么意思呢?依我说,这意味着没有矛盾。为此,库蒂拉特作出辩论。他说:“逻辑存在和从来没有矛盾不是一码事。它包括在一个事实——这类并不是空的。为了说:存在,根据定义,来肯定这类不是零。”

毫无疑问,这类并不是无效的,根据定义,它肯定是存在的。但其中一个肯定被剥夺了意思同其他的一样,如果它们不都是很重要,或者说,你可能看到或感觉到的物理学家或博物学家传达给它们的意思,或者一个可能设想另一个,不会卷入一个矛盾,这是逻辑学家和数学家传达给它们的意思。

对库蒂拉特而言,“证明存在不是不矛盾,但是正是存在证明了不矛盾”。为了建立一个类的存在,因此有必要建立,通过一个例子,有一个个体属于这个类。

“但是,这将是说,如何证明这个人的存在呢?存在必须被建立起来,以便类的存在可以被推断吗?没有,然而矛盾可能出现断言,我们从来没有证明一个人的存在。个人,仅仅因为他们是个体,就总被认为存在……我们从来没有表达个人存在,只是说它存在于一个类中。”库蒂拉特发现自己的断言很矛盾,他肯定不会是唯一的一个。因此,必须开一个会议。这无疑意味着个体的存在,孤独的世界中,没有什么是肯定的,不涉及矛盾;显然,若是只有它独自一个,不会让任何人难堪。顺其自然吧,我们应当承认个体的存在,绝对的说,但仅此而已。还有待证明在一个类中个人的存在,因此,它总是有必要来证明断言,“这样的个体属于这样一个类别”,本身既不是矛盾的,也不是其他被采用的假设。

“然后”，库蒂拉特仍在继续，“维持一个定义的任意性和误导性是有效的，只是在我们首先证明是不矛盾的情况下。”一个不能在骄傲和更有活力的时候声称矛盾的自由性。“在任何情况下，举证责任是建立在那些认为这些原则是矛盾的基础上。”假设被假定是兼容的，直到证明相反，就像假定被告是无罪的。不必要去添加一句“我不同意他的说法”。但是，你说，你对我们要求的证明是不可能的，你不能要求我们跳过月亮。原谅我，对你来说是不可能的，但不是你，也不是为了我们，承认归纳的原则为先天综合判断。这对你将是必要的，对于我们也是。

为了证明系统的假设意味着没有矛盾，有必要应用完全归纳法的原则；这种推理方式不仅没有“怪异”，而且是唯一正确的。曾经被引用过，这不是“不可能”，不难找到这样的例子和先例。我借用了希尔伯特的文章引用了两个这样的实例。他不是唯一一个使用它的，那些没有这样做的就是错了。我指责希尔伯特不是他求助于它（天生的数学家，例如他不能看不到证明是必要的，这只有一个可能），但是他有求助没有通过循环认识到推理。

第二个反对的理由

我指出在希尔伯特的文章中的第二个逻辑错误。今天希尔伯特被逐出教会，库蒂拉特也不再认为他是逻辑学的崇拜，所以他问我是否在正统中发现同样的错误。不，在我读过的页面中还没有看到，我不知道我是否应该在他们所编写的我不想读的 300 页中找到它。

一天，他们必须承认他们希望做任何数学的应用。这种科学并没有作为唯一的对象来永恒思考自己的中心；这与自然有关系，总有一天会碰到它。那么它将需要摆脱纯粹的语言定义和停止支付自己。

回到希尔伯特的例子：总是指向问题由递推推理，了解一个系统假设是不是不矛盾的。库蒂拉特无疑会说这个与他无关，但这也许会让那些不发言的人感兴趣，像他那样，自由的矛盾。

如上所述，我们希望建立在任意数量的扣除之后，永远不会遇到矛盾，只要这个数是有限的。为此，有必要运用归纳的原则。这里我们应该理解由有限数量的每个数字定义的归纳原则适用吗？显然不是，否则我们会导致最尴尬的后果。有权制定一个系统的假设，我们必须确定它们是不矛盾的。

这是一个被大多数科学家承认的真理；我应该在写之前阅读库蒂拉特最近的文章。但这意味着什么呢？这是否意味着我们必须确定在有限数量的命题之后不会遇到矛盾，根据定义，有限数量有循环特性的所有属性，这些属性其中一个如果失败，例如，如果我们突然想到一个矛盾，我们将同意说，问题中的数量不是有限的吗？换句话说，我们的意思是，在当我们即将遇到一个矛盾时同意停止的情况下，我们必须确保不会遇到矛盾吗？去陈述这样的命题足以谴责它。

所以，希尔伯特的推理不仅假定归纳的原理，而且它认为，这一原则不是作为一个简单的定义，而是作为一个先天综合判断。

总结：

证明是必要的。

唯一的证明可能是循环证明。

只要我们承认归纳原理，并且如果我们不把它作为一个定义，而是作为一个综合判断，这就是合法的。

康托尔的二律背反

现在检查罗素的新回忆录。这个回忆录从征服困难的观点出发，那些困难由康托尔提出，二律背反频繁地被暗示。康托尔认为他可以构造一个无限的科学，其他人在他打开的方式中前进，但他们很快就违反了奇怪的矛盾。这些自相矛盾已经很多，但最著名的是：

(1)布拉利·福尔蒂矛盾；

(2)策梅洛·柯尼希矛盾；

(3)理查德矛盾。

康托尔证明了序数(超限序数的问题是，他引入的一个新概念)可以在一系列线性范围内变化；也就是说，两个不平等的顺序其中一个总是小于另一个。布拉利·福尔蒂证明相反，事实上他说物质，如果一个数可以在一系列线性范围内所有的序数中变化，这个系列将定义一个序数大于所有其他的序数，我们可以事后毗邻1，然后会再次获得一个仍然很大的序数，这是矛盾的。

稍后我们将回到有着许多不同性质的策梅洛·柯尼希自相矛盾。理查德矛盾如下：考虑所有通过有限数量的数进行定义的十进数；这些十进制数字合计为一个K，很容易看到这个合计是可数的，也就是说，从1到无穷大，我们可以有许多不同的小数的组合。假设编号，并定义一个N，如果第N个十进制N个数的组合E是：

0,1,2,3,4,5,6,7,8,9

N的第n个十进制数应当是：

1,2,3,4,5,6,7,8,1,1

正如我们看到的，N不等于E的第n个数，因为N是任意的，N不属于E，但N应该属于这个集合，因为我们已经用有限的数定义了它。

稍后我们将看到，理查德给他自己的悖论，这种延伸，比照，其他像悖论的睿智的解释。再次，罗素引用另一个非常有趣的悖论：不能被一个小于100个英语单词组成的短语定义的最小整数是什么？

这个数字是存在的，事实上，这个数可以被一个数量明显有限的短语来定义，因为英语的言语在数字上不是无限的。因此他们其中会比其他人少一个。另一方面，这个数字不存在，因为它的定义意味着矛盾。这个数字，事实上，被由不到100个英语单词的用斜体印出的短语定义，根据定义，这个数字不应该能够由短语定义。

锯齿形理论和无类理论

罗素对存在的这些矛盾的态度是什么呢？在分析了我们刚才所说的，还有一些引用之后，给他埃庇米尼得斯的观点，他毫不犹豫地得出这样的结论："一个变量的命题函数并不总是确定一个类。"一个命题函数（也就是说一个定义）并不总是确定一个类。"命题函数"或"标准"可能是非谓语的。这并不意味着这些非谓语命题确定一个空类，一个无效的类；这并不意味着 x 值满足定义和能够作为类的元素之一没有意义。元素存在，但它们无权团结合成一个类。

但这仅仅是开始，知道如何识别一个定义是或不是表语是有必要的。为了解决这个问题，罗素在三种理论之间犹豫，他称作：

A. 锯齿形理论；

B. 理论的大小的限制；

C. 无类理论。

根据锯齿形理论（命题函数）确定一个类的定义，当它们非常简单时；只有当它们是复杂和模糊的时候，停止这样做。现在，谁将决定一个定义是否可以被视为足够简单而可以接受的？这个问题没有答案，如果不是完全无能为力的忠诚声明："使我们认识到这些定义是否是表语的规则是极其复杂的，并且不会因为任何貌似合理的原因推荐它们。一个错误可能会被弥补，通过更大的智慧或使用没有指出的差别。迄今为止一直在寻求这些规则，我无法找到除了缺乏矛盾之外的其他任何指导原则。"

因此，这个理论仍然很模糊。罗素所说的"锯齿形"无疑是区分埃庇米尼得斯的观点的特定的特征。

根据大小限制的理论，如果一个类太长了，它就不再有权存在。也许这是无限的，但是不应该太过了。但我们总是遇见同样的困难，什么具体时刻开始太过了？当然这个困难没有被解决，并且罗素继续第三理论。

在无阶级理论中，禁止讲“阶级”这个词，这个词一定是被各种拐弯抹角地说。这和逻辑思维方式的改变有多大关系呢？谈论整个逻辑变得有必要。想象一个页面的逻辑会抑制所有的命题，它是一个类的问题。在一个空白页只会有一些分散的幸存者。

尽管如此，我们看看罗素如何犹豫和修改他提交的迄今为止采用的基本原则。用标准来决定一个定义是否太复杂或太长，这些标准只能通过直觉来证明。

罗素最后倾向于无阶级理论。尽管如此，逻辑是重塑，并且目前尚不清楚有多少可以挽回。不必要添加一句 *Cantorism* 和逻辑学是单独考虑。真正的数学，可能会按照自己的原则继续发展，没有外界的打扰，一步一步前行，以一贯的坚持到底和从不放弃的精神征服到最后。

正确的解决方法

我们应该在这些不同的学说当中作何选择呢？在我看来解决的方法出现于理查德的一封信里，这封信发表在 1905 年 6 月 30 日的 *revue generale des science* 杂志上。在阐述了我们称之为理查德矛盾的问题之后，他给出了解释，回忆了此前已经作出的有关于这个矛盾的解释。E 是所有用有限个数的字母定义的集合，却没有介绍集合 E 本身的概念。E 的定义将包含一个恶性循环；我们一定不能用集合 E 本身来定义 E。

现在我们已经用有限个数的单词定义了 N；这是事实，但是却是在集合 E 这个概念的帮助下完成定义的。并且这也是为什么 N 不是 E 的一部分的原因。在理查德选择的例子当中，通过完整的证明得到结论，而且结论会有力地出现在论文中。但是在验证过之后可以发现相同的解释对其他的矛盾有利。因此那些应该被视为不可预测的定义其实包含了恶性循环。并且之前的例子有效地表明了我想要表达的意思。这就是罗素称之为“曲折”的东西吗？我只提出这个问题却不做出回答。

感应原理的演示

让我们先来测试传说中的感应原理的演示，尤其是怀特黑德和布拉利·福尔蒂的那些演示。

我们应该先从怀特黑德的演示测试，并愉快地利用某些罗素在其最近的回忆录中提出的新名词。将包含 0 且如果其包含 n 那么也包含 $(n+1)$ 的所有类称为递归类。如果一个数字是所有递归类的一部分，就将这个数字称为归纳数字。那么在什么情况下，才会有这种在怀特黑德的证明中起到不可或缺的、“可预测”而且最终可以接受作用的定义呢？

为了与前面所述相符，由于在递归类的定义中，归纳数字的概念不在其中，所以给出的定义能够被递归类理解非常重要。否则我们就会再次掉进引起矛盾的恶性循环中去。

现在怀特黑德并没有采取这种预防措施。怀特黑德的理由是会因此产生谬误；同样会引起矛盾。当得到错误的结果时，这种假设是不合逻辑的；即使偶然得到正确的结果，仍然是不合逻辑的。

一个包含恶性循环的定义无法定义任何事。我们确信，说不管通过任何方式给出定义，0 至少属于归纳数字所在的类，这样的说法是没什么用的；知道类是否无效不是什么问题，问题在于恶性循环能否被消除。一个不可预测的类不是空类，而是一个边界被破坏了的类。

布拉利·福尔蒂给出了另一种演示。但他义务性地给出了两种假设：第一，总有一个无限类存在；第二，第一条假设并不比将要被证明的原理容易理解。第二条假设不仅不容易理解，而且还是错误的，正如怀特黑德已经作出的演示；而且如果一个公理用明白易懂的语言表述，尽管它表示通过几个对象组合成的组合的个数将少于组成这些组合的对象数,新成员第一眼看到这个公理的时候却往往仍然会以为它是对的。

策梅洛假设

策梅洛的一个著名演示建立在以下假设之上:在任何集合(或者任何组成大集合的小集合中也一样)中我们总可以任意地选择一个元素(即使这个大集合可能包含无限集)。这个假设在没有说明的情况下已经被上千次地应用,但是一旦被说明,就有人提出质疑。一些数学家,像波莱尔坚决反对这个假设;其他人则持支持态度。让我们一起来看看在罗素的最后一篇文章里他是怎么思考的吧!他没有直接说出来,但他的思考非常具有提示性。

首先来看一个生动的例子:假设我们有很多双鞋子,并且有全部数字可以利用,这样一来就可以把第一双鞋子到最后一双鞋子都用数字表示出来,从而得到我们拥有鞋子的数量。鞋子的数目和鞋子的双数相等吗?如果每双鞋中左右脚可以区分出来的话,那么答案就会是肯定的;这样实际上给出右脚第 n 双鞋子的($2n.1$)这个数和左脚第 n 双鞋子的 $2n$ 这个数字就已经足够了。然而如果右脚的鞋子和左脚的鞋子长得一样,那么鞋子的数目和鞋子的双数就不再相等,即答案是否定的,因为相似的运算将会变得不可能实现,除非我们承认策梅洛的假设,于是我们就可以从每双鞋子中任取一只而将它看成右脚的鞋子。

总　结

一个真实建立在逻辑分析学原理之上的演示由一系列的命题组成。一些作为前提的命题具有同一性和明确性;其他的命题会由假设一步步演绎出来。但是尽管每个命题和接下来的命题联系相当明显,也并不能一眼就看出我们怎样从第一个命题直接得出最后我们试图将其看作新的事实这样的结论。但是如果我们用这些命题的定义来连续地代替有关方面的不同表述，而且如果这样的操作尽可能地被完成，那么最后将会只留下同一性，所以将会最终归纳为一个庞大的恒真命题。逻辑推理因此只剩下恒真命题，除非通过直觉取得丰硕成果。

这是我很久以前写的，逻辑学崇尚反命题，认为反命题实际上通过证明新的事实证明了逻辑合理性。这个过程是通过什么样的机制来完成的呢？为什么在应用于它们的推理论证中，过程被这样描述——即用它们的定义来取代定义的条件——难道我们没有看到它们分解成像普通推理一样的定义了吗？这是因为这个过程并不适用于它们。为什么？因为它们的定义不能作为表语而且将得出我上文提到的这种隐藏的恶性循环。在这些条件下，逻辑推理并非没有效果的，它会制造矛盾。

是相信实际的无穷的存在性催生出了那些无法预测的定义。让我来解释一下。在这些定义中，“全部”这个词，正如以上引用的例子中所示。当和一个对象的无穷数量有关时，“全部”有一个非常确切的含义，需要有一个实际的（完全给出的）无穷。否则这些对象都不能被认为在它们被定义之前已经先被假设，而且如果概念 N 的定义取决于全部的 A 对象，而且对象 A 中有一些不可定义的并不受到概念 N 本身影响的对象，那么它可能会变成一个恶性循环。

简单来说形式逻辑的规则是所有可能分类的性质。但是对于将被应用到的对象，这些分类保持不变以及在论证过程中不需要修改它们，这两个条件是非常必要的。如果我们要分类有限数量的对象，那么保持分类不变非常简单。如果对象在数量上无限多，那就是说一个持续可见的对象更新，不可见的对象产生，就可能发生新对象的产生，随之需要对分类作出修改，从而使我们自身陷入矛盾。并没有实际上（完全给出）的无穷。经典学者忘记了这一点，并且陷入矛盾。确实经典学者一直在为人类服务，但是这种服务的适用条件是解决一个条件已经被精确定义的真实问题。对于其他有待解决的问题，我们可以勇往直前。

逻辑学者像经典学者一样也忘记了这一点，而且遇到了相同的麻烦。但是问题在于了解对他们来说走这条路是偶然还是必然。对我而言，答案是毫无疑问的；对于罗素逻辑，相信一个实际的无穷存在是必须的。这一点正好跟希尔伯特逻辑相反。希尔伯特采用了延伸的逻辑学观点，准确地说是为了防止与经典学者相同的矛盾。罗素采用了内涵的逻辑学观点。所以对他来说属与种相互矛盾，种属矛盾于全部。如果种属是有限的，那么这个观点并非不方便的；如果种属是无限的，那么必须假设这个无限，就是说把这个无限看作实际的(完全给出的)。并且我们不仅有无限的分类，当我们绕过属直接到种，通过新的条件限制这个概念，那这些条件在数量上仍然是无穷多的。因为它们一般地表达了设想的对象表现出与无穷类中全部的对象有这样或者这样的联系。

但是那都是古老的历史了。罗素觉察到了危险并请了律师。他想颠覆每件事，而且，都是可以被简单理解的事，他正准备着不仅可以介绍新的，将会允许以前被禁止的运算的准则，还准备着禁止以前他认为符合逻辑的运算。并不满足于崇拜他推翻的事情，他还准备推翻他崇拜的看起来更加严肃的事情。他没有给高楼添上翅膀，反而削弱它的根基。

古逻辑学已死，如此多的学说群龙无首，以至于之字形学说和无类说已经就继承权展开争论。要想判断新的事物，我们需要等待它的到来。

第三部分 新的力学

第一章 力与辐射

I

动力学的普遍原理从牛顿时代开始就已经成为物理科学的基础，而且在以前看起来是不可动摇的，那么现在这些准则是在被抛弃的前夕还是最终得到深刻的修改呢？这是很多人多年以来一直在苦苦追问的问题。根据他们的观点，镭的发现推翻了我们一直坚信的科学教条：一方面是不可能完成的金属的嬗变，另一方面是力学的基本原理。

也许让一个人将这些新奇的事物作为最终建立的标准，而将昨天崇拜的神像打破，这样太草率；也许在选择之前，应该等待得到更多的、更有说服力的实验结果，这样才合适。从今天起，了解那些建立在非常重大的学说与论据上的新的学说和论据，非常重要。

通过几句话让我们来回想一下那些准则的构成：

(1)除了受到外力作用，质点的运动是孤立的，保持匀速直线运动；这是惯性定律：没有力就没有加速度。

(2)动点的加速度与所受外力合力的方向保持一致；这个合力与一个被称为动点质量的系数的商相等。

这样定义的动点的质量是定值;它不取决于动点所具有的速度;不论受到多大的力,力的方向与速度平行,使速度变大或者变小,还是恰恰相反,与速度方向垂直而使运动向速度方向的左边或者右边发生偏移,也就是说使运动轨迹发生弯曲,动点的质量都是不变的。

(3)影响质点的所有力均来自其他质点;它们只取决于质点的相对位置和不同质点具有的不同速度。

将第二准则、第三准则综合起来,就得到相对速度原理,不论系统以定坐标系还是以匀速直线运动的动坐标系作为参考,系统都具有相同状态这一定律,我们发现不可能区分以动坐标系为参考的相对运动和绝对运动。

(4)如果质点 A 对质点 B 有力的作用,物体 B 对物体 A 有力的反作用,那么这两个力是两个相等的作用力且在同一条直线上,力的作用方向相反。这是作用力与反作用力原理,或者更简单地说,反作用力原理。

天文发现和最平常的物理现象好像给了这些原理以坚定、精确、完全的肯定。就目前的情况而言,这是事实,但这是因为我们一直都用非常小的速度做实验。比如水星是太阳系九大行星中运动最快的星球,具有接近 100km/s 的运动速度。如果这颗星球以目前速度的 1000 倍进行运动会不会仍然具有相同的状态呢?我们发现目前还不用担心这个,不论汽车技术如何进步,似乎还有很长时间才需要我们不得不放弃将经典动力学原理应用于机械产品中。

那么,如何才能将速度提高到 1000 倍于水星运动的速度,或者如何将速度提高到光速的十分之一或者三分之一,甚至让更接近于光速的目标变成现实?这需要借助阴极射线和镭射光线的辅助。

我们知道镭可以发出三种光线,在下文中,除非作出明确的说明,我们探讨的均为与阴极射线类似的射线。

在阴极射线被发现之后出现了两种学说:克鲁克斯将此现象归因于名副其实的分子轰击,赫兹将现象归因于宇宙的特殊波动。这是一个世纪前因为光而将物理学家分为不同阵营争论的一次革新；克鲁克斯提出了微粒说，被遗弃的光；赫兹赞成波动说。事实似乎支持了克鲁克斯的观点。

从一开始就已经承认了阴极射线带有负电子电荷；它们通过磁场和电场运动；这些运动相当精确，例如这些相同的场会产生自高速且带有强电流的抛射体。这两种运动取决于两个量：一个是速度，另一个是抛射体的电子电荷和它的质量之间的关系；我们既无法知道质量的绝对值，也不能得到电荷量，只有电荷量与质量之间的关系是可知的；事实上，如果我们同时将电荷和质量的值分别变为原来的两倍，不改变速度，我们就可以得到两倍的作用于抛射体的作用力；但是，既然质量也变为两倍，那么加速度的值就会保持不变。两种运动的观察将会因此让我们得到两个等式来确定未知量。我们发现一个介于 1 万 km/s 和 3 万 km/s 之间的速度；相对于电荷与质量的比值，这是一个非常大的数值。我们可以比较这个速度和由电解得到的与氢离子有关的相应的比值；我们发现阴极抛射体带有电解质中相同质量氢离子所携电量 1000 倍的电量。

为了确认这些观点，我们需要一个直接的速度测量来与计算得到的速度作对比。汤姆森的经典实验得出了小于此计算速度 100 倍的结果；但是他们产生错误的确切原因被揭开了。维舍特在一次利用电磁振荡安排的实验中再次拾起了这个问题；结果支持了这个学说，至少确定了量级；重复进行这些实验会有很大益处。然而可能波动说看起来无力解释这个事实的结合体。

以镭的射线作为参考的相同计算赋予速度以更大的结果：10 万～20 万 km/s 甚至更大。这些速度远远超出我们所知范围。我们早就知道光速是 30 万 km/s，这是事实；但是它还没有应用于任何实际问题当中，如果我们对阴极射线采用微粒说，那么物质分子将真正地推动问题中速度的解决进度，并且能够合适地对力学基本定律对高速运动物体的适用性进行探究。

Ⅱ

我们知道电流会产生感应现象，准确来说是自感现象。当电流增加时，就会产生一个趋向于抵抗电流增加的自感电动势；相反，如果电流减小，自感电动势趋向于使电流保持不变。因此电感与电流的每次变化趋势相反，就像力学中物体惯性抵抗物体的每一次速度的变化一样。

自感现象是名副其实的惯性现象。仿佛如果不使周围的物质环境处于运动之中，就算作其他的任何事情都无法使电流产生。而且似乎周围的物质因此趋向于保持电流强度的恒定。必须克服这个惯性来产生电流，也必须再次克服此惯性来使电流得到释放。

大量抛射体构成的阴极射线带有负电荷，可以被比喻为电流；毫无疑问此电流是变化的，至少在普通传导中的电流，物质不做运动且电流在物质中循环流动时，第一眼看上去是这样的。这是一种对流电流，这时电荷依附于一个物质载体上，被载体携带着一起运动。但是罗兰已经证明对流电流和传导电流产生的效果是相同的。首先，如果不是这样就会违反能量守恒定律；其次，*Crémieu* 和彭德已经通过某种方法直接对这些传导电流的影响进行利用。

如果阴极粒子的速度各不相同，相应的电流强度也会不同；而且会产生趋向于抵抗这种变化的自感现象。这些粒子会因此具有双倍的惯性：一是它们自身的惯性；二是由自感引起的表观惯性，其效果与粒子自身惯性相同。它们将会因此而具有总的表观质量，有其自身真实质量和产生于电磁源的一种虚拟质量。计算表明这种虚拟质量随着速度的不同而具有差异，自感产生的惯性力当抛射体的速度增加、减少或者发生偏离的时候具有不同值，因此电流强度是和总表观惯性力联系在一起的。

因而当真实作用力平行作用于粒子的运动方向并趋向于使粒子加速，和垂直作用于速度方向从而趋向于改变速度的方向，这两种情况下的总表观质量是不同的。因此,有必要区分纵向总质量和横向总质量。这两个总质量同时取决于速度大小。这是从亚伯拉罕所做的理论工作得到的。

前面我们提到过测量,我们究竟应该决定测量两种运动的什么量呢?一方面我们要测量速度,另一方面要测量电荷与横向总质量的比值。怎么测量?在目前的条件下,我们可以分别测量出总质量中的真实质量部分和虚拟电磁质量部分吗?如果我们只有所谓的阴极射线,那么根本不能幻想完成测量;但令人高兴的是,我们有镭射光线,而且正如我们所见,明显速度更快。这些射线不全都相同,并且在电场和磁场的作用下表现各异。我们发现电场引起的偏差是磁场引起偏差的函数,并且我们可以通过镭射光线感光板来接收两个场作用下的运动的粒子,并拍下运动曲线来代表这两种运动的关系。这是考夫曼从速度和电荷与总表观质量的比值的关系中推导出来的,我们将这个比值叫作 e。

人们可以假设有多种光线,每一种光线都分别通过一个确定的速度、确定的电荷以及确定的量对其特征进行定义。但是这个假设实际上是不可能的,难道同一条光线中的光微粒可以永远保持相同的速度吗?如果假设所有抛射体的电荷和真实质量相同的话就会更加自然,它们之间的差异仅仅取决于各自的速度(如果速率是速度的函数;虽然虚拟电磁量取决于速度,但是通过单独观察,总体表观质量却必须依靠速度来决定,尽管真实质量不取决于此而且保持恒定)。

亚伯拉罕的计算让我们明白"虚拟质量是速度的函数"这一定律。考夫曼的实验让我们明白总质量多样性定律。

两个定律的比较让我们确定总质量中真实质量的比重。

这就是考夫曼用来确定比重的方法。结果是非常令人惊讶的:真实质量始终为零。

这个结果得出完全出乎意料的结论。以前只被证明于阴极体的结论延伸到了所有个体。我们所谓的质量只是表面现象;所有的惯性都来自电磁源。但那时质量不再恒定，质量将随着速度的增加而增加；当速度单位达到 1000km/s 时，质量继续增加，当速度达到光速时，质量增加到无穷大。横向质量将不再等于纵向质量：它们只会在速度不是很大的时候接近相等。力学第二定律将不再正确。

Ⅲ

在目前我们所处的时间点，这个结论似乎为时尚早。

人们能够把这样的光微粒证明的东西用于所有的物质吗？这种光微粒仅仅是物质的射线，也许不是真正的物质。但是，在开始研讨这个问题之前，必须先谈谈另一种射线。我要提到极隧射线，即戈德斯坦的阳极射线。阴极，与携有负电的阴极射线射出带正电的阳极射线。总体来说，这些阳极射线不会被阴极所排斥，它们被阴极限制在离它很近的周边的范围之内，由此形成了一个“麂皮垫”区域，不是很容易被察觉，但是如果把阴极穿孔变成有孔阴极，并且如果它完全堵塞住了导管，阳极射线就会布满阴极的后部，与阴极射线方向相反，这样就被容易研究它们了，这就表明正电荷、电磁以及电流偏离现象仍然存在，但是阴极射线更虚弱了。

镭同样会发出跟阳极射线相似的射线，并且更容易被吸收，我们称之为$\propto$射线。

我们也可以通过阴极射线，测量两者差值然后推算出速率和系数 ε 的值。其结果不如阴极射线稳定，速率和系数 ε 相较更小。电正性的微粒所带电性比电负性的要小，有可能是，我们推测它们电性相同，因此反过来可以得到电正性颗粒更大一些，这种可能更正常一些。这些微粒，使一些带正电，其他的一些带负电，被称为电子。

电子不仅仅存在于这些速率很大的射线当中。我们应该从不同的角色来看待它们，正是电子构成了光学和电力的基本现象。这个伟大的研究受到关注要得益于洛伦兹。

物质是由携带大量电荷的原子单独组成的，如果它是不带电的，那是因为这些电子的正反电荷互相抵消了。我们可以想象，比如说，太阳系由大量的正电子组成，许多小行星受重力吸引遍布在其周围，负电子被携带中央电子的相反电子所吸引。这些行星的负电荷会平衡太阳的正电荷，所以这些电荷的代数和就会归零。

这些电子在以太中游离。以太是完全一致的，其内部微小变异的传播遵循着相同的法则，就像在真空内的光和赫兹振动一样。它里面除了电子和乙醚一无所有。当发光波进入存有大量电子的以太时，电子在以太的微扰下被带动，接着作用于以太。这可以解释折射、分散、双折射和吸收现象。因此，如果电子在某种情况下被带动，它会干扰到围绕在周围的以太并引起发光波，这也可以用来解释白炽物体的发光。

某些物体，比如说金属，必须有固定电子量，通过它们可以保证移动电子的完全自由，阻止电子脱离金属物体并从物体表面离开，而这些物体表面是与外部空间或者空气隔离的，或者是其他的非金属物体。

根据气体的分子运动论，这些可移动的电子在金属体内会有反应，若气体被限制住，瓶中气体内的分子会存在于瓶中。但是，在不同电压的影响下，可移动的负电子会完全倾向于一端，可移动的正电子则倾向另一端。电流就是这样产生的，这也是这些材料会成为导体的原因。另一方面，若我们接受气体分子运动论的同化理论，可得知温度越高，电子的速率越大。当这些可移动电子的其中一个碰到不可穿越的金属材料的表层，它的表现就像台球撞击到垫子一样，它的速度瞬间改变了方向。但是当一个电子改变方向时，我们更进一步地看到，它催生了发光波，这就是为什么液体金属在加热时会释放出光。

另外一些材质中，比如电介质和透明的物体中可移动的电子相对更加自由。它们似乎依附在吸引它们的固定电子上。它们离固定电子越远，其间的吸引便会越大，就越容易将它们拉回。因此这些电子只能有短暂的偏离，它们不能循环流动，只能在限定的位置上波动。这是这些材质不能成为导体的原因，并且，这些材质常常是透明的、可折射的，既然发光波的振动会引起可移动电子的传播,振动受到影响,因此会产生扰动。

我不能备述详情,我只说这个理论可以解释所有已知的事实,还预测了新的理论,比如说塞曼效应。

我们现在面临着两种假设:

(1)正电子的实质量很大,远大于虚构的电磁质量,单独的带负电荷的电子质量较小。我们甚至可以假定除了这两种电子,还存在着中性原子,仅有其自身的质量。在这种条件下,力学并未受到影响,无须触及法则,真实的质量是恒定的;运动能力在自感应的影响下变得错乱,就如我们所知的那样;此外,这些扰动几乎是微不足道的,除了带负电荷的电子,它们没有什么质量,并不构成影响。

(2)还有一种观点,我们也可以假设并不存在中性原子,正电子和带负电荷的电子一样没有实质量。但是接着,实质量消失了,质量这个词语也不再有任何意义,否则它会指明虚拟的电磁质量。在这种情况下,质量永远不会恒定,横向质量和纵向质量不再是相等的,力学原则也会被推翻。

首先做阐述。我们已经提到,相同的电荷,正电子的总质量要比带有负电荷的电子质量大得多,自然而然地我们会想到,正电子抛开它虚拟的质量,存在着客观的实质量,就可以解释这种差别。这又将我们指向第一种假说。但是我们也可以假设实质量对这些或其他的来说都是空的,若电子越小,正电子的虚拟质量就会越大。我深思熟虑地说:足够的小。事实上,这种惯性假说在起源上仅仅是电磁的。它将自己转变为以太内的惯性;电子对它们自身来说不再意味着任何事情;它们仅仅是以太内的洞,围绕在周围的以太运动着;这些洞越小,乙醚就会越多、越大,自然而然,就会成为以太内的惯性。

在这两种假说中,我们该如何抉择呢?我们可以从阳极射线入手,就像考夫曼处理β射线一样!这是不可能的,这些射线的速度实在是太小了。可能,要完全理解这个创造者的假说,得有新的考虑。

第二章　力学和光学

光行差的现象是布拉德雷发现的。从望远镜中观察到恒星释放出的光需要一段时间；在这段时间内，受地球运动的影响，望远镜已经发生了位移。如果望远镜准确对应着恒星的位置，形象就会被定格。当光线传递到行星的电脑上时，这种穿插不会在同一个点。因此，望远镜在那交叉的线带来的形象会把我们引导到一个错误的点。导致天文学家不能将望远镜对准光源的绝对运动，也就是说恒星没有绝对的位置，只有在地球的参考下相对速度的一个位置，也就是说对准一个恒星的显著位置。

光线的速度是已知的；因此可以假设我们有办法计算出地球的绝对速度。（我待会儿会解释“绝对”这个词的用法）不是那样一回事；我们实际上已知观察到的恒星的显著位置，但是我们不知道它们的真实位置，我们只是在光度上知道光的速度而不是在方向上。

如果地球的绝对速度是直接而统一的，我们就永远不会去怀疑光行差这种现象；光行差是可变的，它由两部分组成：太阳系的速度，这是直接而统一的；以太阳为参照的地球的速度，这是可变的。如果太阳系的速度，也就是说恒定的部分单独存在，那么观测到的方向就是非可变的。这种角度的观测就叫作恒星的限定性显著位置。

考虑到地球运动的两个方面，我们应该有一个实际的显著位置，它像一个椭圆形围绕着那个显著位置运动，这就是我们观察到的椭圆形。

忽略非常小的数量，我们可以看到这个椭圆形的维度取决于以太阳光速为参考的地球运动的速度，所以地球相对于太阳的相对速度也被考虑进来。

这个结果是不准确的，这只是估算值，需要我们进一步推算这个近似值。这个椭圆形的维度也取决于地球的绝对速度。让我们来比较一下不同恒星的椭圆形的长径:我们理论上应该有测量这个绝对光速的方法。

这可能并没有刚开始看起来的那般惊奇,事实上我们的问题是,并不是相较于真空的速度,而是相较于以太的速度,这是在绝对静止时的速度。

此外,这种方法是纯粹理论上的。事实上,光行差是非常小的,这个椭圆形光行差的可能变化量实际上更小,如果我们将光行差作为第一次序来理解,椭圆形的光行差则是第二次序:大约是一秒的百万分之一,工具是绝对无法测量的。更进一步地说,我们应该看到,为什么上述的理论不应该被采纳,为什么即使我们的工具一万倍的精确也无法测得绝对速度。

有人可能会想到其他的方法,事实上办法是有的。光在水中的传播速度与空气中是不同的;我们不能通过望远镜首先在空气里,接着又在水中去比较两个恒星的显著位置!结果不太理想,反射和折射的规律不会因为地球运动而改变。这一现象有两种可能的解释:

(1)以太可能不是静止的,但是它是由运动的物体所携带的。那么折射不会因为地球的运动而发生改变就不足为奇了。毕竟,棱镜、望远镜和以太在转化中是一体的。至于畸变本身,可以这样解释,在宇宙空间内,以太静止时折射发生在分离的表面。正是在这种假说下,在移动物体的电动力学下创立了赫兹理论。

(2)另一方面,菲涅尔假定以太在真空中是绝对静止的,其静止时在空气中是绝对的,不论这种空气的速度是怎样的,部分由折射媒介携带着。洛伦兹将这个理论论述得更加详尽。他认为,以太是静止的,只有电子是运动的;在真空中的以太是个问题,在空气中则不成问题,其携带的物质是零或者几乎是零;在折射媒介中,干扰和以太的变化同时发生,电子在以太的搅动下发生摇摆,波动也随之而来。

若要在这两种假说中权衡,我们要参考菲佐的实验,比较下条纹干扰的测量,在静止时或在运动时空气中的光速。这些实验证实了菲涅尔的部分携带假说。迈克逊也给出了同样的结果，验证了这个假说。所以赫兹假说是不予采纳的。

但是，如果以太不是因地球运动而存在的，我们就可以通过光学现象观测到地球的绝对速度，或者说未移动的以太的速度。实验并未对此作出有效的解答，到现在，实验步骤层出不穷，不尽相同。不管用什么方法，不会新公布出什么，只会是相对速度，我指的是相较于其他物质某些特定实质材料的速度。事实上，如果光源和观测设备存在于地球上并参与它的运动，不论在地球轨道运动参考下的观测设备位置如何，实验结果就会永远是相同的。

到目前为止，如果我们忽略光行差的小数量偏差，这个假说能更好地解释这个结果。这个解释也适用于当地时间这个概念，由洛伦兹引进，我会试图阐释明白。假设有两个观测者，将其中一个放在 A 点，另外一个放在 B 点，通过光信号设定他们的手表。他们商量好，当处在 B 位置的人的手表走了一个小时后就给 A 发送信号，A 一看到信号就将手表设置在相同的时间。如果这件事单独的完成了，会存在系统上的错误，因为当光从 B 传递到 A 时，花费的时间是 t，这时 A 的手表的时间就会慢于 B 的时间，时间长度是 t。这个错误很容易纠正。交换信号也是可行的。A 反过来给 B 发送信号，在这种新的调整后，B 的手表的时间会慢于 A 的时间，这个时间长度是 t。于是，取两次较准的算术平均值将是充分的。在这种方法的指导下，假设的是从 A 到 B 的时间和从 B 返回 A 的时间是一样的。如果观测者是静止不动的，那么就是成立的。如果他们被曳引公共平移，情况就不再是如此了，例如，这是因为 A 到那时将遇到从 B 发出的光，而在光来自 A 之前，B 将离开。因此，如果观察者一起具有公共平移，如果他们不怀疑这一点，那么他们的校准将是有缺陷的，他们的手表将不指示同一时间，每一个钟将显示它所在地点的地方时间。

这两个观测者无法接收到这些信息，如果不移动的以太能够以相同的速度传送给他们发光信号,如果他们传送的其他信号是他们随身携带的物体。观测者观察到的要么太早,要么太晚,只有当传递时间不存在时,它才可以立即被看到。但是靠手表就可以观测到是错误的,那么就不会被收到,形状也不会发生改变。

只要我们忽略掉畸变的偏差,这就很容易得到解释,考虑到这一点,这个实验就不能准确的得到证明。但是当迈克逊想出了一个更好的步骤时,这个问题得到了解决。

这两位物理学家假设所有的物质在传递过程中会经历收缩,但是它们垂直的尺寸在这个过程中保持不变。这种收缩适用于所有物质。此外,它非常快,大约是两百万分之一秒的速度。我们的测量工具不能够发现它,哪怕再精确也不行。我们的测量棒在测量物体时同样存在着收缩。如果测量表是完全准确的,当我们指向物体时,仪表相应地就会运动,除非准确地找到方向,仪表就不会停止。尽管仪表和物体都改变了,长度和方向也是准确的,因为改变是同时进行的。但是当我们测量长度不用仪表,而是用光穿过物体时,情况就不一样了。这就是迈克逊所做的。

一个球体在运动时会做扁平的椭圆形轨迹,但是观测者只会觉得它是个球体,因为他自身也在经历相应的变形,所有的物体都可以作为参考点。另一方面,光波的表面仍然纹丝不动地保持着球形,但它看起来就像是加长的椭圆形。

接下来呢?假设观测者和光源一起被携带平移,从光源发出的波面将是球面,这些球面以光源的相继位置为中心;从这个中心到光源的实际位置的距离将与在发射后逝去的时间成正比,也就是说与球面的半径成正比。因此,所有这些球面关于光源的实际位置 S 与同位相似球面。可是,对于我们的观察者来说,由于收缩,所有这些球面将被拉成椭面,而且所有这些椭面关于点 S 将是同位相似椭面;所有这些椭面的离心率是相同的,只取决于地球的速度,我们将如此选择收缩定律,以便点 S 可以处在椭球的子午面的焦点上。

我在前面已经说过，根据一般的理论，天文学光行差的观测可以告诉我们地球的绝对速度，前提是我们的仪器是千万倍的精确。我必须修改我的陈述。在绝对速度的影响下，观察角度会发生变化，但是标有刻度的圆在测量角时在传递中会变形，因此角度测量会出现误差，第二次测量会弥补第一次误差。洛伦兹·菲兹杰拉德的假说在一开始显得极其杰出，我们能说的就是，他的假说是对迈克逊实验结果的直接表达，如果我们通过光穿过物体的时间来测量长度的话。

不论如何，相对论是自然界的普遍法则这是无可置疑的，相对性原理是普遍的自然定律，人们任何想象的办法永远只能证明相对速度，所谓相对速度，不仅是指物体相对于太阳的速度，而且是指物体彼此相关的速度。如此之多的不同实验给出了一致的结果，以至于我们感到被诱导把相称的价值赋予相对性原理，例如与当量原理对称的价值。无论如何，恰当的做法是，看看这种观察事物的方法可以导致我们得到什么结果，然后把这些结果提交实验对照。

让我们来看看有什么作用和反作用的平等原则成为洛伦兹理论。考虑那些因任何原因开始移动的电子；它产生于空间扰动；在一定的时间结束时，此扰动到达另一个电子 B，其将从其平衡位置受到干扰。在这些条件下不能有作用力和反作用力之间平等，至少如果我们不考虑空间，只有电子是观测到的，因为我们的问题是由电子引发的。

将问题进行更精确的计算，我们会得出以下结果：假设一个赫兹器放置在抛物面反射镜的焦点是机械连接；本装置发出的电磁波和镜像反映在同一方向；卸料器将辐射能量控制在一个确定的方向，计算结果表明，卸料器反冲像大炮发射的一颗炮弹。大炮发射炮弹是反冲作用力和反作用力平等的自然结果。但在这里，不再是相同的。

如果我们承认赫兹理论，它将物质用力量绑在一起送上天空，这样，太空就可以完全被物质所携带，这是必要的，对第一个问题的回答是肯定的，也是没有必要的。

这将是完美的修正，如通过行动和反应的平等原则的要求，即使在最小的屈光介质，即使在空气中，甚至在星际间的空隙，那里就像物质残留，多么微妙。

但我们已经说过实验不允许保留赫兹理论，因此采用洛伦兹的理论，放弃反应原理。

我们已经看到上面这些促使我们把相对性原理作为自然界的普遍规律的原因。让我们来看看这个原则会导致什么后果，它应该被视为最后证明。

首先，它要求我们推广洛伦兹和菲兹杰拉德的假设上，所有机构的收缩。特别是，我们必须将这个假设延伸到电子本身，亚伯拉罕认为这些电子是球形且不变形；有必要对我们承认这些电子，球形时静止，在运动时经受洛伦兹收缩然后采取扁平椭圆体的形式。

电子的变形会影响其力学性能。事实上，这些带电电子的位移是一个真正的对流，这些带电的电子是一个名副其实的对流和它们的明显的惯性是由于这种电流的自我感应：专门作为负电子的关注，我们不知道，对于积极的电子而言，变形取决于它们的速度，从而改变了它们的表面上的电流，从而使这一速度变化，这一变化将作为速度的函数。

在这个价位上，补偿是完美的，并且将与相对论的要求形成完美的关系，但只有在条件：

(1)正电子没有真正的质量，只有一个虚构的电磁质量，或至少，它们的真正的质量如果存在，也是不恒定的，变化的速度符合相同的规律。

(2)所有的力都是电磁起源的，或者至少是因为它们随速度的变化而变化，与电磁起源的力量相同。

它仍然是一个显著的合成，停止片刻，看看下面是什么。首先，没有更多的问题，因为积极的电子不再有真正的质量，或至少没有恒定的质量。我们的力学原理建立在质量不变的基础上，因此必须进行修改。同样，电磁的解释必须寻求所有已知的力，特别是万有引力，或至少万有引力定律必须如此修改，这种力是以相同的方式改变的电磁力。我们将返回到这一点。

所有这一切，乍一看，有点儿做作，尤其是电子的这种变形。但事情可以以其他方式呈现，以避免把变形假设在推理的基础上。考虑电子作为材质分析，并询问其质量如何作为速度不违反相对性原理的变化而变化。或者，还是更好的，问电场或磁场的影响下，它们的加速度是多少，这个原则不能违背，假设速度非常小，我们会发现使质量或这些加速度变化的，好像是在电子接受洛伦兹变形。

认真地测量场的密度。在这种新的实验形式下，他们支持阿伯翰姆的学说。然后相对性原理就不会具有我们尝试赋予它的严格的值；所以将不再有任何理由来相信正电子像负电子一样可以独立于真实质量而存在。然而，在明确地运用这个结论之前，进行一点思考是必须的。问题的重要性在于希望考夫曼的实验被另一个实验者来进行重复操作。令人难过的是，这个实验非常微妙，以至于只有具有考夫曼一样能力的物理学家才有可能操作成功。所有的预防措施都已经适宜地准备好，我们发现已经基本没有什么其他可以做的了。

然而有一点我希望能够引起注意：那就是静电场的测量，这是所有其他测量的基础。静电场由冷凝器的两个转子产生；而且，在两个转子之间，需要制造一个极其完美的真空领域，以保持完全的孤立状态。然后两个转子的电位差就被测量出来，通过对两个转子之间距离的分离来得到静电场。这是假设了静电场始终如一的情况；这样能行吗？可能在转子的邻近区域并没有很明显的电势降落，例如带负电转子的周围？可能在金属和真空的交汇处有电势差，还可能在带正电转子的周围的电势差的值与带负电转子的周围的电势差并不相同；让我产生这样想法的是在水银和真空两种不同介质状态下会产生不同的场强这样的现象。不管可能性多么微小，似乎都应该被考虑。

I

在新动力学中，惯性定律仍然是正确的，就是说一个孤立电荷保持匀速直线运动。至少这是普遍假设；然而，林德曼反对这个观点；我不希望参与到这场争论当中，我也没法阐述我的观点，因为这太复杂了。无论如何，对学说的微小的修改就能够避免林德曼的反对意见。

我们知道，一个淹没在流体中的物体如果有运动，将会受到相当大的阻力，但这是因为我们这里考虑的流体是有黏性的；在理想流体当中，完全不会受到黏性力的作用，物体将会在流体中搅拌起流峰，类似一种觉醒；物体离开流体时，需要一个很大的力来使其运动，因为不仅要使物体运动，还要抵抗流体的觉醒。但是，一旦物体具有运动，如果不受到阻力就会保持运动下去，因为物体提前就会携带有流体的摄动，除去流体的总增量。因此什么事都可能发生，似乎物体的惯性也增加了。环境中电子的增加也会有相同的表现形式：在物体周围，环境被搅拌，但是这个摄动会伴随着物体的运动而产生；所以，对于依附于电子之上的观测体来说，伴随着这个电子周围的电场和磁场看起来会保持不变，只有电子的速度发生变化时它们才会发生变化。因此，必须施加一个力使电子产生运动，因为这个力是产生这些电场和磁场中的能量所必需的；相反地，一旦物体具有运动，就不必再在其上保持力的作用，因为已经产生的能量将会紧随电子作为觉醒能量。这个能量，因而只能增加电子的惯性，就像淹没在理想流体中的物体所产生的对流体的搅拌的增加一样。无论如何，至少负电子没有除去自身之外的额外的惯性。

在洛伦兹的假设中，活动是环境物质的唯一能量，不成比例。毫无疑问如果很小，那么能感觉出活动成比例关系，运动的度量和成比例，两个质量(横向质量、纵向质量)保持恒定而且两者相等。但是当速度趋近于光速时,这里的活劲、运动的度量和两个质量就会无限制地增加。

在阿伯翰姆的假设中,表达方式更复杂,但是我们刚才所说的在要点上仍然是对的。

那么质量,即运动的量,当速度与光速相等时,活劲变得无穷大。

因此得到没有物体可以以任何方式达到超越光速的速度这一结论。而且事实上,当物体的速度增加时,它的质量也是成比例增加的,以至于它的惯性作为越来越大的障碍物来阻止其速度的任何新的增长。

然后一个新的问题就出来了:让我们来承认相对性原理,一个处于运动之中的观察者没有任何方法来观察自己的运动。如果没有处于绝对运动之中的物体可以超越光速,但是可以尽可能地任由自己有选择地接近光速,那么就应该相应地将我们的观察者自己作为参考系来考虑相对运动。然后我们可能会尝试如下的解释:观察者可能达到 20 万 km/s 的速度;以观察者为参考系的物体在其相对运动之中可能达到相同的速度;物体的绝对速度会达到根本不可能达到的 40 万 km/s,因为它超过了光的速度。这只是一个表象,当被用来解释洛伦兹评估本地时间时就会消亡。

Ⅱ

当一个电子在运动时,它会在其周围的空间中产生摄动;如果它的运动是匀速直线的,这个摄动会因我们在前面的部分提到过的觉醒而减弱。但是如果运动是曲线或者运动发生变化,摄动就不再相同。这时摄动可以被看作其他两个摄动的叠加,朗之万将这两个摄动命名为速度的波动和加速度的波动。速度的波动是只发生在匀速运动中的波动。

至于加速度的波动,这其实是与光的波动完全类似的摄动。电子一具有加速度,光的波动就会随之产生,而且随后会由一系列具有光速的球面波来进行传播。因此有如下结论:在匀速直线运动中,能量完全守恒;但是,当具有加速度的时候,就会有能量的损失,此能量将会以发波的形式消散并进入宇宙的无限循环。

然而,此加速度的波动的效果,特别是相应的能量的损失,在很多情况下是可以忽略不计的,就是说不仅在常规力学和天体运动中,而且甚至在速度非常大的镭射光线中,此加速度波动引起的能量损失都是可以忽略不计的。然后我们可以把自己局限于应用力学的定律,将力看作加速度和质量的乘积,然而,根据上面已经解释过的定律,这里的质量是随着速度的变化而变化的。那么我们就说运动是拟稳定的。

如果在加速度非常大的任何情况下,结果将会是不同的,最主要的如下所示:

(1)在炽热的气体中,某些电子以相当高的频率做振荡运动;振荡运动的位移非常小,速度有限,并且加速度非常大;能量随之传递给空间物质,这就是为什么这些气体会在与电子振荡的相同时间段内发光。

(2)相反地,当气体吸收光的时候,这些相同的电子以非常大的加速度做振荡运动并吸收光。

(3)在赫兹放电器中,在金属物质中循环运动的电子,在放电的瞬间,会承受一个突然的加速度,并开始高频振荡运动。因此得到一部分能量以赫兹波动的形式放射出去的结果。

(4)在炽热的金属中,被封闭在金属中的电子被巨大的速度推动;一旦接触到它们无法通过的金属表面,它们就会被反弹回去并因此承受一个相当大的加速度。这就是金属会反光的原因。黑体发光定律的细节被这个假设完美地解释了。

(5)最后当阴极射线撞击到阳极时,由负电子构成的被非常大的速度推动的这些射线就会突然被捕捉到。由于它们因此承受的加速度,它们在空间物质中产生波动。根据某些物理学家的观点,这样的波动就是波长很短的光线——伦琴射线的起源。

第三章　新的力学和天文学

质量可以从两个方面来定义：

(1)力和加速度的比的定义；是度量物体的惯性的量，这是质量的真正定义。

(2)在牛顿定律中的定义是物体施加于外部物体的引力定义。我们应该区分质量惯性系数和质量系数的吸引力。根据牛顿定律，这两个之间有严格的比例系数，但这是证明只对速度的动力学的一般原则是适用的。现在，我们已经看到，惯性质量系数的增加速度；我们应该得出这样的结论：质量吸引系数增加同样的速度和惯性系数成正比，或者说，正好相反的是，吸引系数保持不变。这是一个我们还没有确论的问题。

从两个方面来说，如果引力系数将取决于速度，而这两个物体的速度相互吸引一般是不相同的，这个系数取决于这两个的速度大小。

这个问题我们只能作出假设，但导致我们最终是自然而然地调查这些假设的兼容相对论的原则，这些原则是大量存在的；而在这里我要阐述的是洛伦兹定理。

我们首先考虑的是电子静止，两个带相反电荷的电子相互吸引；在一般的理论中，它们共同的行动与它们的电荷成正比；因此如果我们有四个电子，两个带正电的电子 A 和 A' 以及两个带负电的电子 B 和 B'，四个电子带有绝对值相同的电荷量，A 和 A' 将会发生排斥，在相同的距离，B 和 B' 同样会发生排斥，而 A 和 B' 或是 A' 和 B 会相互吸引。如果 A 和 B 相互靠的非常近，就像 A' 和 B'，将系统 $(A+B)$ 加在 $(A'+B')$ 上，那么我们将得到精确地相互补偿的两个斥力和两个引力，其总作用力将是零。

现在恰恰应该把物质分子视为一个太阳系，一些正电子和一些负电子在其中环行，按照这样的方式，所有电荷的代数和将是零。因此，物质分子完全类似于我们说过的系统$(A+B)$，以至于两个分子相互之间总的电作用应该为零。

但是，实验证明，这两个分子由牛顿万有引力相互吸引。于是我们作出两个假设：可以假设万有引力和静电吸引没有关系，前一个是由于截然不同的原因所引起的，它在某种程度上可以进行简单的相加；要不然，我们可以假定静电引力不与电荷成比例，电荷$+1$施加给电荷-1的吸引力大于两个$+1$电荷或两个-1电荷的相互斥力。

换句话说，由正电子产生的独特电场和由负电子产生的电场可以叠加，可是它们依然是很独特的。正电子对于由负电子产生的电场比对于由正电子产生的场更加敏感，对于负电子而言，情况正好相反。很明显，这个假设在某种程度上使静电学复杂化了。但是，它使万有引力还原成为静电学。总之，这是富兰克林的假设。

现在，如果电子运动，会发生什么情况呢？正电子将以太中引到东海，在那里将会产生电场和磁场。对于负电子来说，情况将是一样的。因此，正电子以及负电子由于这些不同场的作用而要经受机械冲力。通常按照这个理论来说，有正电子的运动所产生的电磁场，对于两个记号相反而绝对电荷相同的电子施加具有相反的相等作用。从而，我们无法方便地区别由正电子运动所产生的场和由负电子运动所产生的场，而仅考虑这两个场的代数和，也就是只考虑合成场。

相反地，在新的理论中，源于正电子的电磁场对于正电子的作用通常要遵循通常的定理；它源于负电子的电磁场对于负电子的作用相同。现在，让我们考虑源于正电子的场对于负电子的作用（或者相反的）；它将仍然遵守同一个定理，不过将具有不同的系数。每一个电子对于异名电子产生的场比对于同名电子所产生的场更为敏感。

这就是洛伦兹假设，对于速度不大的一些情况，它将可以还原为富兰克林假设。因而，对于这些低速度，它们能证明牛顿定律。而且，因为万有引力划归为电动学起源的力，洛伦兹的普遍理论将适用，从而将不违背相对性原理。

我们可以看到，牛顿定律将不再适用于高速运动的物体，对于运动的物体来说，必须要修正这一点，对于运动的电子来说，正好也必须以相同的方式修正静电力学定律。

我们知道，电磁扰动是以光速传播的。我们回想起来，按照拉普拉斯的计算，万有引力至少是以比光快一千万倍的速度传播的，从而，它不会是电磁场的起源，因此，我们可能被诱导放弃继续探索的理论。拉普拉斯的结果是众所周知的。但是人们一般不了解它的意义。拉普拉斯设想，如果万有引力的传播不是瞬时的，那么它的传播速度便与被吸引的物体的速度结合在一起，就像是光行差现象中的光所发生的情况一样，从而有效力不是沿着联结两物体的直线，而是与这条直线形成一个小角度。这是极为特殊的假设，还没有充分辩护，无论如何，它与洛伦兹的假设大相径庭。拉普拉斯的结果未构成反对洛伦兹理论的证据。

与天文观测比较

前面的理论能够与天文实际的观测相一致吗？

首先，如果我们采纳这些理论的话，那么行星运动的能量就会因为加速度的波效应不断消散。由此可以得到结论，恒星的平均运动会不断地减速，仿佛这些恒星在具有阻力的媒介质中运动一样。不过这种效应是极其微弱的，就连最精密的观测也无法分辨出来。天体的加速度也比较微弱，以至于加速度的波效应不断地积累，但是由于这种积累本身非常慢，要让它变得明显起来，需要观察数千年。因此，让我们把运动视为准稳运动做一下计算，这是在下述三个假设下进行的：

A. 承认亚伯拉罕的假设（电子不能变行），并保持牛顿定律的通常形式；

B. 承认洛伦兹关于电子的假设，并保持牛顿定律的通常形式；

C. 承认关于洛伦兹电子的假设，像我们在前一节中所做的那样修正牛顿定律，以便使它与相对性原理变得一致。

在水星运动中，这种效应将是最为显著的，因为这会是水星具有的最大速度。迪赛廊在承认韦伯定律的前提之下，从形式上做出了类似的计算；我回想起来韦伯企图同时说明静电现象和电动力学现象，他假设电子（它们还没有被命名）沿着联结它们的直线相互施加吸引力和排斥力，这些力不仅取决于它们相互之间的距离，而且要取决于这些距离的一阶和二阶导数，从而取决于它们的速度和加速度。韦伯的这个定律虽然是不同于当今趋向盛行的那些普遍的定律，但是仍然与它们有着某种相似的地方。

迪赛廊发现，如果牛顿引力符合韦伯定律的话，那么对于水星近日点，从中就会产生 14°的长期变化，这是在它被观测到而人们无法说明的同一个意义而言的问题。不过由于它比较小，实际上是 38°。

让我们重提假设的 A、B、C，首先要研究一下被一个固定中心吸引的行星的运动。假设中 B 和 C 不会再被区分出来了，这是因为，如果吸引点是固定的话，那么它所产生的场将会是纯粹的静电场，其中引力和距离的平方成反比变化，这是与库伦的静电定律相一致的，与牛顿定律是等价的。

如果把新定义作为活劲的话，那么活劲方程将会仍然适用；按相同的方式，面积方程将会被另一个等价方程所替代；动量矩是常数，而动量必须按照新动力学来进行定义。

唯一敏感的效应将会是近日点的长期运动。依据洛伦兹理论，对于这一个运动，我们将会发现韦伯定律所给出来的一般结果；依据亚伯拉罕的理论,它将是五分之二。

现在,如果我们要假设两个运动物体绕它们的公共重心运动的话,该效应只会有很小的差别。因此,水星近日点的运动在洛伦兹的理论中是7°,而在亚伯拉罕的理论中是5.6°。

而且,该效应是与n×a的三次方成正比的,其中n为恒星的平均运动,a是它的轨道半径。对于行星来说,借助于开普勒定律,于是该效应将会与a的五分之二次方成反比变化;因此,除水星之外,它将是不可察觉的。

新的力学和天文学

尽管n非常大,但是由于a很小,所以对于月球而言,它同样是难以觉察的;简单地用一句话来概括就是,相较于金星而言,它要比水星小了约5倍,但相较于月球而言,它比水星小了600倍。至于说金星和地球,我们可以附加来说,近日点的运动(从这种运动的同一个角度来说)是很难借由已有的天文观测来辨认和区别的,这主要是因为它们的运动轨道的偏心率要远远小于水星的偏心率。

总之,天文观测唯一的敏感效应很可能是水星近日点的运动,这是在已经被观测到却没有被说明的同一意义上来说的,但是这种效应甚是微弱,难以被发现。

这些都是不能被用来当作佐证新力学的证据的,这是因为对于大多数的水星异常现象来说,都是需要额外找寻其他证明的;但是,也不能将它看作否认新力学的存在。

勒萨热理论

如果比较一下这些看法和已有的用来说明万有理论的理论,我们会发现这是十分有趣的。

想象一下，在星际中，细微的微粒在各个方向上正在高速移动。在空间中孤立的物体将脱离这些微粒冲击的影响，这是由于冲击被均匀的分散。但是，如果存在 A 和 B 两个物体，那物体 B 会起到有效的屏蔽作用拦截部分微粒，一旦 B 消失，A 会受到微粒的冲击。因而，A 在与 B 不同方向上受到的冲击将不会受到补足，或仅有部分会被补足，这会推动 A 冲向 B。

以上就是勒萨热理论。接下来，我们会先从普通力学的角度来研究它。

首先，这一理论要求的冲击是怎么实现的呢？它是通过理想弹性体定律实现的，抑或是通过无弹性体的定律实现的，还是通过折中的定律实现的呢？勒萨热微粒无法像理想弹性体一样作用；否则，其效应会是零。

由于物体 B 所拦截的微粒会被从物体 B 弹回的其他微粒替代。计算证明，补偿是完全的。因此，冲击一定会使微粒损失能量。这种能量将以热的形式表现。可是，这样会产生多少热呢？请注意，引力能够穿过物体。因此，如果我们以地球而言，我们一定不要把它想象成一个固体屏障，而要把它想象成由许多很小的球形分子构成的，这些分子各自起着小屏障的作用，但是在这些分子之间，勒萨热的微粒可以自由流动。

这样，不仅地球不是固体屏障，而且也不是筛子，因为虚空占据的空间比充实的空间要多。要认识这一点，请回想一下拉普拉斯已经作出的证明，引力在穿越地球时，它最多减弱千万分之一。他的证据是相当令人满意的：事实上，如果引力被它穿越的物体吸收，它就不可能与质量成正比。对于大物体而言，引力要比小物体弱一些，因为引力要穿越的厚度更大。因此，太阳对地球的引力比太阳对月球的引力要弱一些。因此会使在月球的运动中有很明显的不同。如果我们采纳勒萨热理论，我们就会得出，构成地球的球形分子的总表面是地球总表面的千万分之一。

开尔文曾证明，当我们假设粒子完全没有弹性时，只有勒萨热理论推导出牛顿定律。因此，地球施加在距离为1、质量为1上的引力。同时与构成地球的球形分子的总表面积S，微粒的速度，由微粒形成的介质的密度p的平方根成正比，所产生的热将与S、密度p以及速度V的立方成正比。

但是，考虑在这样的介质中运动物体的阻力。事实上，物体不经受某些冲击就不能运动。相反地，当冲击在相反方向到来之前，它就离开了，使得在静止状态实现的补偿不能继续存在。计算出的阻力与S成正比。我们知道天体就好像没有经受阻力一样地运动着，观测的精度使得我们可为媒质的阻力设置一个界限，这种阻力会变化。而引力随S变化。我们看到，阻力和引力平方二者之比与乘积S成反比。

因此，我们有乘积S的较低界限，我们已经有的较高界限(由引力被它所穿过的物体的吸收来决定)。因此，我们有速度的较低界限，它至少必须是光速的一定倍数。

由此我们能够推导出产生的热量，这一热量足以使温度在短时间内上升到很高。在给定时间内，地球能够接收的热量比太阳在同一时间发出的热量高很多倍。这里所说的热量不是太阳向地球发射的热量，而是太阳向所有方向辐射的热量。

显而易见，地球不能长期经受这样的统治方式。如果我们反对开尔文的观点，赋予勒萨热微粒以不完全的速度，却不是零的弹性，那么我们就有可能得出较少奇怪的结果。实际上，这些微粒不会完全转化为热，但是所产生的引力同样是较小的。也许只有转化为热的这一部分对引力有贡献。可以归结为同一事实：明智地使用强有力的定理能使我们解释这一点。

可以改造勒萨热理论，禁用微粒向来自空间各个点的光波在所有方向穿过以太。当实物接收到光波时，由于麦克斯韦·鲍尔托利压力，光波便向它施加力学作用，恰如它受到实物抛射体的冲击一样。所以，所讨论的光波可以起勒萨热微粒的作用。例如，这是托姆西纳先生所假定的东西。

困难并没有因为这一切而消除，传播速度只能是光速，对于媒质阻力来说，我们这样可能得出不能容许的数值。除此之外，如果光完全被反射，效应就是零，就像在理想弹性微粒的假设中所提到的。

要有引力，必须使光部分被吸收。但是，此刻产生热。这些计算基本与勒萨热理论所作的计算无异，该结果保持着相同的奇异特征。

另外，引力不被它所穿越的物体吸收，或者根本不被吸收。我们所知道的光并不是这样的。能够产生牛顿引力的光与普通光显著不同，例如它是波长很短的光。如果我们的眼睛对这种光敏感，整个天空在我们看来似乎比太阳还要明亮得多，以致太阳对我们来说也许成为黑色而特别突出。否则太阳就会排斥，而不是吸引我们。由于这一切理由，可以说明引力的光也许更像伦琴射线，而不是更像普通光。

此外，X 射线恐怕也无能为力。不论这种射线在我们看来有多大的贯穿能力，它也不能穿透整个地球。因此，必须设想 X 射线的贯穿能力比普通 X 射线的贯穿能力强。而且，一部分 X 射线的能量必须消失，否则就不会有引力。如果你不希望它转化为热——这会导致产生大量的热。你就必须假定，它在任何一个方向以二次射线的形式辐射出去，二次射线比 X 射线贯穿能力更大，否则它们本身便会扰乱引力现象。

当我们试图给予勒萨热理论以生命力时，我们就得做这样复杂的假设。但是，我们所说的一切都预先假定力学的普通定律。

如果我们承认新动力学。事情会变得更好吗？首先，我们能够保持相对性原理，让我们先赋予勒萨热理论以它的初始形式，并假定实物微粒穿过空间。如果这些微粒是完全弹性的，它们碰撞的定律能够与相对性原理一致，但是我们知道，此时它们的效应是零。因此，我们必须假定这些微粒不是弹性的，从而很难设想碰撞定律符合相对性原理。此外，我们还会发现显著的热量产生了，而且会发现完全可以觉察到的媒质的阻力。

如果我们禁用这些微粒，转向麦克斯韦·鲍尔托利压力的假设，困难也不会小一些。这是洛伦兹本人在 1900 年 4 月 25 日向阿姆斯特丹科学院所作的专题报告中尝试的事情。

考虑一个沉浸在以太中的电子系统。光波在每一方向透过以太，这些电子之一被这些光波冲击而开始振动，它的振动将与光的振动同步。不过，如果电子吸收一部分入射能，它可能有相位差。事实上，如果它吸收能量，这是因为以太的振动激励电子。因此，电子必须比以太作用慢。运动的电子类似子运流。因此，每一个磁场，尤其是由光扰动本身引起的磁场。必然对这个电子施加力学作用，这种作用是很微弱的，而且它改变电流的记号。不论怎样，如果在电子振动和以太振动之间有相位差，平均作用力便不为零。平均作用力与相位差成正比，与电子所吸收的能量成正比。在这里，我不能涉及计算的细节，只要提一下就足够了：最终结果是任何两个电子的引力，该引力与距离的平方成反比，与两个电子所吸收的能量成正比而变化。

因此，没有光吸收，从而没有热量产生，就不可能有引力。这就是决定格伦兹放弃这一理论的原因。归根结底，这一理论与勒萨热·麦克斯韦鲍尔托利理论没有什么差别。如果他把计算推到极端，也许还会更为沮丧。他会发现，地球的温度每秒都在增加。

我已极力用几句话尽可能完备地给出这些新学说的思想，我试图说明它是如何诞生的，否则，读者也许会因为它们的大胆而惊恐不安。新理论还未被证明，远远没有证明，只是它们建立在具有充分权重的概率的集合上。

新实验无疑将告诉我们，重视最终应该如何思考它们。问题的难处在于考夫曼实验和可以着手证实它的实验。

在结束时，请允许我告诫一句。假定在若干年之后，这些理论经受了新的检验并取得胜利，那时我们的中学教育将面临很大的挑战：某些教师无疑将希望为新理论谋求地盘。

新奇的事物是如此吸引人，它是如此难对付，以至好像没有取得高度进展，至少将有希望向学生打开视野，在教授普通力学之前，让他们知道普通力学的时代已经过去，它充其量只对拉普拉斯足够有用。于是，他们将不习惯普通力学。

让他们知道普通力学仅仅是近似的。这样做好吗？好的，不过为时已晚。当普通力学已经渗透到他们的骨髓时，当他们将养成只是通过它进行思考而不存在不学它的习惯时，人们就可以方便地向他们表明它的界限。

他们必须经历的正与普通力学一致。他们永远必须使用的，唯有普通力学。无论汽车进步到何种程度，我们的交通工具从来也达不到普通力学不再正确的速度。新理论仅仅是奢侈品。只有当不再有任何损害必需品的危险时，我们才应当想到奢侈品。

第四部分 天文科学

第一章 银河与气体的理论

在这里展开的思考迄今还未引起天文学家的注意，除了开耳芬勋爵的精巧观念外。在这里几乎没有任何东西引用了，他的观念开辟了研究的新领域，但是还有待贯彻到底。我也没有什么独创性的结果要透露。我能够做的一切就是给出所提出的观念，但是迄今还没有一个人着手解决它。每一个人都知道，大量的现代物理学家如何描述气体的组成。气体是由不计其数的分子构成的，这些分子以高速在任意方向上运动。这些分子也许彼此超距作用，但是这种作用随距离增加而急剧减小，以至它们的轨道依然是明显的直线。只有当两个分子碰巧相互十分接近地通过时，它们就不再是这样的了。在这种情况下，它们相互之间的引力成斥力使它们向右或向左偏折，这就是人们有时所说的碰撞。但是该词不是按它的通常意义来理解的。两个分子没有必要进入接触状态，只要它们彼此充分接近，使它们的相互吸引变得明显就足够了。它们所经受的偏折的规律与真正的碰撞无关。

这种不计其数的微尘杂乱无章的碰撞，似乎只能引起无法解决的混沌。面对这种状况，解析必定也会停滞不前。但是，大数定律，即偶然性的最高定律能够给我们以帮助。面对无序，我们必定束手无策，但是在极度无序时,统计定律重建起心智能够在其中恢复一种平均秩序。正是这种平均秩序的研究构成气体运动论。它向我们表明分子的速度均等地分布在所有方向上,这些速度的大小因分子不同而异。但是,即使这种变化也服从所谓的麦克斯韦定律,这个定律告诉我们,有多少分子以某一速度运动。只有气体偏离这个定律,分子的相互碰撞在改变它们的速度的大小和方向时,趋向于使气体迅速地恢复原状。物理学家力求用这种方法说明气体的性质,没有未取得成功的,马略特定律即是。

现在考虑银河,我们在其中也可以看到不计其数的微尘,只是这种微尘的颗粒不是原子,它们是恒星。这些颗粒也以高速运动着,它们彼此超距作用。不过这种作用在大距离时如此微弱,以致它们的轨道是直线的。可是,它们之中的两个可以不时地趋近,足以从它们的路线偏离。犹如彗星运行到十分接近木星那样。一句话,在巨人的眼里,他们看太阳就像我们看原子一样,银河似乎只是一个气泡而已。

开耳芬勋爵的主导观念就是这样的。从这一比较中可以得出什么呢?它精确到何种程度呢?这就是我们必须一起研究的。但是,在达到确定的结论之前,为了避免过早作出判断,我们要预见到气体运动论对于大文学家来说将是一个模型,他不应该盲目遵从这个模型,不过他从中可以有利地启迪灵感。直到现在,天体力学仅仅开始处理太阳系或某些双星系统。面对银河显示出的集合物,或恒星团,或可以分解的星云,天体力学退缩了,因为它在其中看到的只是混沌。但是,银河并不比气体复杂。统计方法建立在概率运算的基础适用于气体,也适用于银河。首先重要的是要把握两种情况的类似之处以及它们的差异。

开耳芬勋爵极力用这种方式确定银河的尺度。为此我们便归结为计数用望远镜所能看到的恒星,但是无法保证,在我们看得见的恒星背后不存在我们看不见的其他恒星。因此,我们用这种方法能够测量的不可能是银河的大小,它是我们仪器的视野。

新理论终归向我们提供了其他对策。事实上我们知道距我们最近的恒星的运动,我们能够形成关于它们的速度的大小和方向的观念。假如上面提出的观念是精确的,这些速度就应该遵守麦克斯韦定律。可以说它们的平均值将告诉我们,哪一个对应于我们虚设的气体的温度。但是,这个温度本身取决于我们的气泡的维度。实际上假设在虚空中发出的气体质量的要素按照牛顿定律相互吸引,那么气体质量将如何作用呢?它将呈球形,而且由于引力,密度在中心将较大,压力从表面到中心也将增加。因为外部的重力被吸引向中心,最后越向中心温度越高,温度和压力通过所谓的绝热定律相关联。犹如在相继的大气层中所发生的情况一样。正是在表面,压力将是零。它将与绝对温度相同,也就是说,与分子的速度相同。

在这里问题产生了:我已经说过绝热定律,但是这个定律对于所有气体是不同的,因为它取决于两种气体的比热之比。对于空气和相似的气体这个比是 1∶42。但是把银河类比为空气恰当吗?显然不恰当,像水银、氢、氦都应视为单原子气体。也就是说比热之比应该被视为等于?事实上,例如我们的一个分子也许就是一个太阳系,而行星是微不足道的角色,太阳才算数,因此我们的分子实际是单原子的。即便我们以双星为例。很可能,一个可能接近它的陌生恒星的作用在能够扰乱这两个组元的相对轨道之前好久,便足以明显地使该系统的一般平移运动偏折。简言之,双星的行为能够像不可分割的原子一样。无论如何,气体球越大,在其中心的压力从面还有温度也可能越大,因为压力随所有叠置层的重量增加。可以假定,我们几乎处于银河系的中心。通过观察恒星的平均团有速度,我们将知道。哪一个对应于我们气体球的中心温度,我们将决定它的半径。

我们可以通过下述考虑得到该结果的观念:作一个较简单的假设,即银河是球形的。其中质量是以均匀的方式分布的,由此可得,其中的恒星描绘出具有同一中心的椭圆。如果我们假定速度在表面变为零,便可以根据活劲方程计算中心的速度。于是我们发现,这个速度与球的半径和它的密度的平方根成正比。如果这个球的质量是太阳的质量。而它的半径是地球轨道的半径,这个速度就是地球在轨道上的速度。但是,在我们假定的情况下,太阳的质量应该分布在半径很大的球内。这个半径是最近恒星的距离,因此密度要小。现在速度是同一数量级,因此半径必须大很多倍,这给出银河系中的恒星大约是十亿个。

你可能会说这些假设与实际大相径庭。首先,银河不是球形的,我们将马上想到这一点,而且气体运动论也与均匀球的假设不相容。在按这个理论进行精密的计算时,我们无疑应该得到不同的结果。不过大小的数量级相同,现在在这样一个问题中。材料是如此的不确定,以至大小的数量级是对准的唯一目的。

在这里,第一个评论呈现出来。通过近似计算,我再次得到开耳芬勋爵的结果,这明显与观察者用望远镜作出的估价一致。于是,我们必须得出结论说我们十分接近于洞察银河系。可是,这能使我们回答另一个问题。之所以存在我们看见的恒星,是因为它们闪闪发光。但是,在这里不可能有在星际空间环行而长期以来依然不知道其存在的暗星吗?开耳芬勋爵的方法给予我们的也许是包括暗星在内的恒星总数。因为他的数据可以与望远镜观测的数据比较,这意味着,不存在暗物质,或者至少没有像明物质那么多的暗物质。在进一步之前,我们必须从另一个角度观察问题。银河真的如此构成了严格意义所谓的气体图像吗?你知道克鲁克斯引入了物质的第四态的概念,其中变得稀薄的气体就不再是真正的气体了,而成为他所谓的辐射物质。考虑一下银河的微小密度,它是气体物质的图像还是辐射物质的图像?被称为自由程的这一思考将向我们提供答案。

气体分子的轨道可以看作由很小的弧联接起来的直线线段形成的。

这些小弧对应于依次的碰撞，这些线段每一个的长度就是所谓的自由程。当然，对于所有的线段而言，这个长度是不同的。但是我们可以取平均值，这就是所谓的平均自由程。气体的密度越小，平均自由程越大。如果平均自由程比气体装入容器的尺度还大，以致分子有机会不经历碰撞而越过整个容器，那么容器中的物质就是辐射物质。如果情况相反，它就是气体物质。由此可得，同一流体在小容器中可以是辐射物质，而在大容器中可以是气体物质。在克鲁克斯管中，这也许是要使真空完善一些，就必须使管子大一些的原因。

那么，对于银河来说，情况如何呢？就是密度十分微小的气团。但是它的尺度很大。恒星有机会穿过它而不受碰撞吗？也就是说，恒星有机会穿过它而不充分接近另一个恒星通过，从而明显地偏离其路线吗？所谓充分接近我们意指什么呢？

星球明显地偏离其轨道！我们所说的“足够近”是什么意思呢？这种说法明显地有一些武断。以海王星到太阳的距离为例，它意味着很大程度上的偏差。假设每个星球都被一个同样半径的星球环绕，那么只有直线才能从这些星球之间穿过。银河系中相同距离的星球，其半径大小均在十分之一秒，而宇宙中有千百万颗星球。把宇宙中无数的星球排列成十分之一范围的圈，这些圈会容纳数目庞大的星球。然而事实远非如此，它们只能容纳千分之十六的星球，所以银河不是气态的物质，而是克鲁克斯光物质。然而，由于之前的结论是完全不精确的，因此我们需要进一步完善。

但是又有了另一个难题：银河并不是球形的，迄今我们也推断出它应该如此，因为这是宇宙中隔绝的气体要维持平衡状态所必须的形式。补充一点，球形的星团普遍存在，也很好地证明了已提出的观点。赫歇尔已经详细阐释了它们不容忽视的外形。他提出，聚集的星球都统一地分散分布着，因此这种星团是均匀的，每颗星球都会呈椭圆形，其轨道也会同时相互绕开避免相交。最后，星团又会回到最原始的结构，而这种结构也会十分稳定。不幸的是，星团并不是均匀的，中心部分凝结得更多，我们甚至能看到星球的均匀分布，因为聚集中心更厚，但是它没这么重要。因此我们更愿意将星团比作一种隔热的平衡的气体，这种聚集导致了球形外形的形成，因为这种外形是气团平衡的形状。

你会说，这些星球的聚集比银河小太多了，它们可能只是一个组成部分，尽管这种聚集很稠密，它们更可能会成为相似的物体而不是发光体。气体只在无数颗粒的碰撞下获得隔热的平衡条件，这是可以调整的。假设聚集的星球有足够的能量以保证到达表面时速度为零，那么它们就可能在不碰撞的情况下穿过星团，而能在要去的表面着陆继而再次穿行。在穿行多次之后，星球最终会由于碰撞而偏离轨道。在这些条件下，仍有物质会被认作气态。如果偶然情况下，在星团中存在速度更快的物质，那么它们早就脱离了星团，并且绝不会再回来。在这些推断下，测算已知的星团，探索其密度分布的规律，验证气体是否隔热就变得十分有趣。

但是回到银河系的话题，银河系并不是球体，而且更应该将其描述为一个平的盘子。很明显，没有脱离表面速度的星球将会以不同的速度到达星团中心，因此，当星球从银河系中间的附近区域或是在银河系的边缘地区开始，后者的速度会大得多。到现在为止，我们已经推测到，在人类的观察范围内，具有合适速度的星球一定能与那些星团相提并论。这就涉及一大难题。我们已经为银河系设定了各个维度的值，也通过观测相同量级及其轨道灰尘的合适速度，但是我们测量的是哪个维度呢？是厚度，还是银河系的半径呢？毫无疑问，这是个中间量，但是怎样测度厚度或银河系半径本身呢？用以测量计算的数据十分匮乏，我以我有限的知识或多或少基于深层次讨论而决定赋值的可能性。

紧接着，我们发现自己面临着两大假设：不仅银河系的星球被速度驱动着成为银河系中最重要的部分，而且其他统一地分散在与银河系平行的各个方向。在这种假设下，对星球移动的观测显示大多数的星球都与银河系平行，这也是一定的。我不知道这个观点是否引起了系统地讨论。另一方面，这样的平衡只是暂时的，由于小行星的碰撞，星球会在长时间范围内，在垂直于银河系的方向上获得较大的速度，那么它就有可能偏离原有的轨道，则整个银河系会向球体转变——气团唯一的平衡形态。

或者整个系统是由一个共同的旋转体系推动发展的，而在这种情况下，星球被压扁，就像地球、木星，以及其他所有旋转的星球。当这种压平的力量足够大时，旋转速度也会非常快；"毫无疑问的急速"一词也需要根据使用情境理解。银河系的密度比太阳小 1025 次方，旋转的速度比太阳少 $\sqrt{1025}$，所以这种急速旋转和压平的力量是等价的。1013 倍的速度比地球的速度要慢，相当于一个世纪的十三分之一秒，是一个非常非常快的速度，对于稳定的平衡状态而言，这速度快到几乎不可能维持平衡。

在这种假定情况下，星球可观测的特有的移动向我们展示了统一的分布，也不会再有多数星球与银河系相平行的情况出现了。

宇宙没有告诉我们关于旋转本身的信息，因为我们就在旋转中的星球上生活。如果这些螺旋状的星云是其他的银河系，对于我们所知的银河系而言犹如外星，它们没有在承受这种旋转，而我们在学习它们特有的移动方式。它们真的离我们非常遥远，如果一个星云有银河那样的容积，如果它的表面半径达到了，那么它比银河系的半径要大 1 万倍。

但是这也不会有任何影响，因为这并不是我们向它们索求银河系的信息并加以编译，而只是关于旋转本身。星体通过明显的移动告诉我们地球昼夜交替的规律，尽管它们之间隔着无边无际的距离。不幸的是，银河系可能存在的旋转，以及很可能与此相关的"急速"，从观测角度而言都是非常缓慢的。除此之外，对于星云的指向也不能做到十分精确。

因此千百年来的观测对于研究事物而言十分必要。

然而也可能在这第二种假设条件下，银河系的形状可能是最终平衡的状态。我不打算深入讨论这两种假设的相对价值，因为第三种假设或许更加可信。我们知道在未知的星云中，有几种星云十分特殊：不规则的猎户星云、行星状的和环形星云以及螺旋星云。前两种星云的光谱已经被确定，它们都是不连续的。因此，这些星云不是由恒星组成的。此外，它们在宇宙中的分布看起来取决于银河系，然而又有着脱离的倾向，或者说恰恰相反，它们正在靠近银河系，也就是说它们将要成为这个系统中的一部分。另一方面，螺旋星云通常被认为是独立于银河系的，据推测，和螺旋星云一样，这些星云由无数的恒星组成。总之，它们在远离我们的其他星系中。斯塔通诺夫最近的调查倾向于认为银河系本身就是一个螺旋星云，而我希望谈的是第三种假设。

我们如何解释这些螺旋星云呈现出的单一的特征？这些特征都太规律也太恒定以致无法将其归于偶然。首先，为了看看这些特征是否足以说明星团是旋转的，我们可能会获悉旋转的意义。所有这些螺旋星云都以同样的方式旋转，很明显围绕星云中心旋转的"翅膀"较中心相对延迟，这也验证了旋转的规律。但是这并不是全部，这些星云不能与剩下的气体相比，也不能与远离在一致的旋转下、处于相对平衡状态的气体相比，这一点也是显而易见的。要把这些星云和内部永恒的移动相比较。

举个例子，假设中央星云的旋转是非常快速的(你明白我这个词的意思)，对稳定的平衡环境而言还要快速，那么离心力就会使星球摆脱引力，星球在脱离轨道然后产生相异的气流。在脱离轨道的过程中，当旋转恒定，旋转速度加快，角速度就会减小。这就是为什么"挥动的翅膀"比中心要滞后。

从这一点看，没有一个真正的永久运动，中央核会不断失去物质，这将永远不会返回，并逐步流失。但我们可以修正这个假设，随着它的消失，星体通过停止来失去速度和结束，在这一刻重新拥有它的吸引力使它回到核，所以它会有向心流。如果我们采取在战斗中执行一个改变前的队伍比较，我们就必须假设向心流的一级和二级离心流，事实上，这是必要的，复合离心力是由群的中心层在极端层引力补偿的。

此外，随着一定时间内永久制度建立本身的结束，被弯曲的群，引力行驶时的支点的动翼倾向于低的支点，支点在动翼往往会加速这一翼，不再增加其滞后的发展，所以，最后所有的半径端用匀速转动。我们还可以假设原子核的旋转速度比半径快。

还有一个问题：为什么这些向心力和离心力的群往往集中在自己的半径，而不是到处传播自己即"为什么这些光线均匀分布"，如果群集中了自己，那是因为已经存在大量的吸引者，从它们的邻居的核上走出去的星星，生产后的一个不等式，它倾向于强调自己这样。

为什么这些光线会有规律地分布？这是不太明显。假定没有旋转，所有的星体都在两个平面直角中，在这样一种方式下，这两架飞机的分布是对称的。

如果相反，有旋转，我们要找到平衡类似的形态与四个弯曲的光线，等于彼此相交在 90°，如果是足够快速的旋转，这个平衡点是稳定的。

所说的内部电流显示它感兴趣的是系统地探讨适当的运动总量；与我们现在正在做的第一个版本相比较，这可能是在一百年内完成第二版发布的图。

但在最后，我想请你注意一个问题，那就是银河系或星云的年龄，如果我们认为自己看到的是肯定的，我们可以得到它的想法。这种气体给我们的那种统计平衡的模型，是只有在大量的影响下才建立的。如果这些影响是罕见的，它只能在一个很长的时间；如果真的银河系（或至少是包含在它的群），如果星云已经达到这种平衡，这意味着它们都很古老了,我们将有它们的年龄下限。同样,我们应该有一个更高的极限,这种平衡不是最终的,也不能永远持续。螺旋星云的磨损最终迫使气体停止运动;但运动气体是黏稠,其速度因磨损减小。这里相当于黏度(这取决于分子碰撞的机会)是极其轻微的,因此目前的制度可能坚持极其长的一段时间,但不是永远的,所以,不出意外我们的银河系也变得无限大。

这也不是所有的,我们对大气层要考虑的问题是:在表面上必须有一个温度无限小,分子的速度几乎为零。但这是一个问题的平均速度;作为结果的影响,其中的一个分子可能获取(很少,这是真的)一个巨大的速度,然后它将冲出大气层,一旦冲出大气层,就永远不会回来了;因此我们的大气层排出极度缓慢。银河也会形成失去恒星的时间机制,这同样限制了它的持续时间。

如果这样计算银河系的年龄,我们将获得巨大的数字,但是这里呈现出了一个问题,某些物理学家,依靠其他方面的考虑,认为太阳只能有一个短暂的存在,大约 5000 万年,我们至少会比这大得多。我们一定要相信银河系的进化是开始于当物质还是暗物质的时候吗?但是,组成银河系的恒星是如何同时达到“成人期”,这个时期维持得如此短暂!还是它们一定是都相继地到达那里,那些我们能够看到的和那些一直熄灭的或者整天都是亮着的恒星相比,只是一小部分?但是怎样把这个和我们所说的关于暗物质的值得注意的比例达成一致?我们应该抛弃两个假设中的一个吗?哪一个?我制止自己,在没有试图去解决它的时候指出它的困难,因此我应该以一个大大的疑问结尾。

然而,提出问题是很有趣的,即使当解决方案看起来还很遥远。

每个人都理解我们对地球是如何形成的以及地球维度的兴趣;但是有些人或许会被地球形成和维度的精确度震惊,这些都是测量技师努力探寻之后得到的。这是(精确度)一个没有用的奢侈品吗?测量技师花费这么多努力到底有什么好处?

如果一个国会议员提出这个问题的话,我想他会说:“我相信测地学是最有用的科学之一,因为它也是花费我们最多时间精力的科学之一。我会努力给你们一个稍微更精确的答案。”

那些伟大的艺术作品,不论是在和平时期还是在战时,都不需要长时间的研究,这节约了不少摸索时间、计算失误和不必要的费用。这些研究只能基于一张好的地图。但是如果没有基于一个坚固的框架来构建这张地图,那么这张地图就只能是一个没有价值的幻想,就像一个站立的人没有骨架一样。

现在,大地测量给了我们这个框架。所以,没有测地学就没有一张好的地图;没有好的地图就没有伟大的公共建筑。

毫无疑问,这些理由还不够充分用来解释大地测量的过多费用,但是这是实际家争论的地方。不是基于上述理由我们认为应该坚持测地学,还有更高层面的东西,如果把所有因素考虑进来的话,那些才是更重要的。

所以另一方面,我们应该提出这样的问题:测地学能更好地帮助我们去了解自然界吗?测地学能让我们理解自然界的团结与和谐吗?在现实中,一个孤立的事实是只具有轻微的价值,而且只有当他们准备进行新的征程时,对科学的征服才是珍贵的。

如果在地球椭圆体上发现了圆形隆起物,这次探索就它本身而言是没有意义的。从另一方面来看,如果我们去探寻隆起的原因,我们希望通过这次发现探索自然界新的秘密,那么这次探索就变得珍贵。

在 18 世纪,当莫佩尔蒂和拉孔达曼勇敢地挑战如此反面的气候,这不是一个单独的关于我们星球形状的问题,而是整个世界体系的问题。

如果地球是平的,那么牛顿胜利了,他的重力学说和整个现代天梯机制一起获得了胜利。

今天,在信仰牛顿学说的人的胜利过去了一个半世纪以后,想想测地学就没有教给我们任何东西吗?

我们知道什么不在我们的星球里。矿井钻孔技术的应用让我们了解了地下 1.2 千米厚的地层，也就是说，地球总地层的百万分之一的部分。但是，在这下面是什么呢？

在儒勒·凡尔纳梦想的非同凡响的旅行里，或许将我们带去最少探索的区域是去地球中心。

但是那些埋藏很深的我们无法触及的岩石，在它的吸引力上得到应用，它们的吸引力具有不确定性并且使地球椭圆体变形。测地学因此可以测量这些岩石，这么说吧，可以从岩石的分布中分辨出来。这样我们就可以看到那些儒勒·凡尔纳只用想象的方式展示给我们的神秘区域了。

这不是空想。费伊比较了所有的测量工具，得到了一个震惊我们的结果：在海洋深处是密度很大的岩石，相反，在大陆下面是架空层。

新的观察或许会修改这些结论的细节。在任何情况下，我们尊敬的院长展示给我们的是去哪里探索，测量技师可能会教给下一任测量技师什么，对地球内部构造的强烈求知欲，甚至是希望探索这个星球过去和起源的思想。

那么，我为什么给这章取名为《法国测地学》呢？这是因为，在每个国家，不同于其他任何国家，《法国测地学》这门科学已经形成了民族特质。我们很容易知道这是为什么。

竞争是一定存在的。科学竞争总是有礼貌的，或者说至少大部分是这样；在任何情况下，竞争是必要的，因为它们总是富有成效的。在那些要求长久努力和众多合作者的企业当中，个人是不受重视的，当然除了他自己之外，没有人有资格说：这是我的工作。因此，不是在人与人之间，而是在民族之间，竞争一直在持续。

第二章　法国测地学

因此，我们被带领去寻找我们可以引以为豪的法国的一部分。

18 世纪初，在信仰牛顿学说的人当中出现了长期相信地球是平的讨论，根据地心引力，曾被不准确测量给欺骗过的卡西尼，相信地球是拉长的。只有直接观察才能解决这个问题，我们的科学团体承担了这个时代的巨大任务。

当莫佩尔蒂和克莱罗测量极圈下的子午线时，布盖和拉孔达曼去了安第斯山，那里原先归西班牙统治，如今属厄瓜多尔共和国。

我们的使节遇到了巨大的困难。这种游历并不像今天这样简单。

事实上，莫佩尔蒂执行任务的这个国家不是沙漠，他在拉普兰人中反而得到了那些极寒地带航行者不能体会到的心底的满足。在那些地方有蒸汽船，每年夏天吸引了大量的游客，包括英国年轻人。

但是那些天库克的代理并不在，而且莫佩尔蒂坚信他完成了一次极地探险。

可能他并不是完全错的。俄罗斯人和瑞典人在一个有真正冰冠国家的群岛上做过类似的测量。他们有大量其他资源，而且时差弥补了纬度问题。

莫佩尔蒂的名声传播得益于 *Akakia* 博士的力推，这个科学家曾触怒过伏尔泰，他后来成为哲学巨人。第一次被大褒扬，但是这种自命不凡令人畏惧，随后的日子非常糟糕。伏尔泰自己也知道一些。

伏尔泰称和蔼可亲的莫佩尔蒂为极圈的侯爵、宇宙外的压延工，称卡西尼为至高无上的奉承者，还有艾萨克·莫佩尔蒂爵士。他写道："我以一个普鲁士国王的水平要求你，只是缺乏一个几何学者。”但是不久，情况有变，他不再神化莫佩尔蒂。往昔的阿戈尔英雄，引起奥林匹斯山众神对他工作的审视，又将他拴在疯人院。他不再赞扬莫佩尔蒂的崇高，表现出专横得意的态度和一副完全不懂科学但是满篇谬论的样子。

我不关心英雄般的论战。但是，请让我基于伏尔泰诗篇做一些思考。在他的“论中庸”(对中庸没有褒贬)中，写了这样的诗：

您阴郁般证实了牛顿不出门就能了解到的东西。

这句诗(取代了第一段时期夸张的褒扬)非常的缺乏公正，无疑，伏尔泰大智若愚。

随之，这些发现仅仅被认为不离开人们的住所就能够完成。

如今，只有理论才容易被轻视。

这是对科学的目标的一种误解。

自然是否反复无常，或者被千篇一律所统治！这是一个问题。事实向我们揭露出来科学很迷人而且值得研究。但是如果不是从实验中得出理论，我们从哪里找到这个意外的发现！去验证这个是否存在或者它失败了，这也是我们的目的。结果这两个我们必须做比较的条件都不可或缺。忽略其中的一个都将变成谬论。如果分割开来，理论将变得空洞，实验将变得盲目。每个都会毫无用处和趣味可言。

因此 *Mauper* 值得这个荣誉。他确实不能和牛顿相比，牛顿得到了神的鼓舞，更别说他的合作者克莱罗。现在还不是鄙夷的时候，因为他的工作很有必要，而且如果在 17 世纪法国被英国超越，将在下个世纪进行报复。不仅仅是克莱罗·达兰贝尔、拉普拉斯所拥有的天赋，莫佩尔蒂和拉孔达曼长期的耐性也起了作用。